Sangyo Kenkyujo was established in 1959 for the purpose of conducting theoretical and empirical research on economic and industrial studies in the context of the existing economic conditions of Japan. The institute consisted of the three sections: Economics, Law, and Behavioral Science. The principal task of the institute is to undertake research activities, both of an academic nature and a practical nature, which would increase knowledge about reality and/or support the enhancement of social science theories.

慶應義塾大学産業研究所叢書

地球温暖化と東アジアの国際協調

CDM事業化に向けた実証研究

Library of Keio University Sangyo Kenkyujo

和気洋子・早見 均 編著

慶應義塾大学出版会

はしがき

　本書は，平成14年度（2002年度）慶應義塾大学大型研究助成による研究プロジェクト「中国の環境保全と地球温暖化防止のための国際システム構築に関する研究」の成果をまとめたものである。

　本研究の背景には，1997年度から5年間にわたる同大学未来開拓学術推進事業による研究プロジェクトによって実施された広範なボトムアップ的な実証実験とそこで築かれた貴重な研究組織体制とが，大きな学術的資産として継承されている。加えて，本書の中心的テーマであるクリーン開発メカニズム（CDM）に関する研究が，2003年度文部科学省21世紀COEの一つとして採択された慶應義塾大学「日本・アジアにおける総合政策学先導拠点」において，日中政策協調の取り組み事例としてCDM事業化の実証実験が今後さらに継続されることになったことに感謝したい。

　1997年気候変動枠組み条約第3回締約国会議（COP3）で合意された京都議定書には，地球温暖化防止のための新しい国際枠組みが条文化された。そのなかで，京都メカニズムについてはその後の交渉を通じてかなりの程度の運用規定が決められてきたが，植林プロジェクト等のCDM事業化などの詳細ルールに関しては論議および交渉がいまなお継続中である。東アジアにおける地球温暖化問題への対応を考えるとき，われわれはCDMを継続的に研究する意義があると考えている。附属書II国と途上国との間におけるCDMプロジェクトの運用が重要な鍵となるとの問題意識に基づき，国際制度設計をめぐる意思決定課題を中心に早い段階から執筆者一同でCDM研究を進めてきた。

　本研究のもう一つの目的は，東アジアにおける実効ある地球温暖化防止策と国際環境協力を模索するために総合的なアプローチをするということである。中国の経済発展とエネルギー・環境保全という動学的軌道上での政策問

題をにらみながら総合的に研究することの必要性を強く感じるからである。地球温暖化防止が国際公共財であればフリーライダー等の問題は避けられない。たとえ経済がグローバル化しつつあるとしても，各国の持続的発展の視点を踏まえながら，政治・経済・文化などその国の地域的特性を分析し，研究を推進することは，机上ではない実践的な解決策を求めるために一層，重要なことである。

本書における主たる内容は，第1に，中国の環境問題に対する制度的特徴は，中央および地方のいずれにおいても環境行政の政治的地位が低く，多様な利害が錯綜する環境保護行政を効果的に執行できないこと，そして近年では，環境保護に対する新たな取り組み主体として人民代表大会がその活動を活発化させていることなどである（第1章）。われわれの研究プロジェクトとの関係においても，中国における環境ガバナンス構造の変化が，未来開拓プロジェクト時代から継続する植林活動に対する地方行政部門，地域住民，あるいは地域メディアなどのコミットメント動向のなかに観察されるところである（第2章）。

第2に，瀋陽市康平県の植林プロジェクトに関して，CO_2吸収量の測定や投資費用の計算など基礎的なデータ調査・分析を行い，CDM事業化の可能性を検証した（第3章）。その結果をふまえ，瀋陽プロジェクトは小規模ではあるが，その他のAIJ（共同実施活動）植林プロジェクトと比較しても，経済性および環境面で優位であるとの結果を得ている（第4章）。

第3に，地球温暖化対策のための国際協力としてさまざまな枠組みが考えられる。日中韓の東アジア地域において，CDM事業化の促進のために取引コストを削減するような協調的スキームが実行可能かもしれない（第5章）。自由貿易協定が経済効果と環境保全との両面に良好な影響を与える可能性もあり得る（第6章）。そして，いずれ中国を含む途上国はGHG（温暖化ガス）抑制に向けて自らも国際的責務を負うことになろうが，ポスト京都のコミットメント・ルールが大きな課題となる。ここでは柔軟な一つの基準を提言する（第7章）。

CDMプロジェクトの投資国とホスト国とがWin-Win関係を維持するという国際協調メカニズムは，さまざまな運用ルール上の障害を取り除かなけ

ればならないものの，環境保全が経済発展と共存するという持続可能な発展のヴィジョンを具体化するためのスキームとして評価でき，それだけにポスト京都も視野に入れながら引き続き検証していきたい研究課題である。

　最後に本研究プロジェクトの遂行ならびに本書出版に関係した多くの皆様に改めて感謝を表意する。

研究代表　和気洋子

目　次

はしがき

第1章　中国の環境問題と政治
　　　　　　　　　……………………小島朋之・加茂具樹　1

　　1．はじめに　1
　　2．環境保護行政の特徴　4
　　　(1)　中央における環境保護行政の実態　4
　　　(2)　地方における環境保護行政　10
　　　(3)　地方における環境保護行政が抱える課題　11
　　3．人民代表大会の環境保護活動　13
　　4．環境保護と民意の高揚とメディア　17
　　5．おわりに　20

第2章　瀋陽市康平県における植林活動の実践
　　　　　　　　　………………吉岡完治・小島朋之・中野諭・
　　　　　　　　　　　　　　　早見均・桜本光・和気洋子　23

　　1．はじめに　23
　　2．未来開拓学術推進事業の時代（1997年度〜2001年度）　25
　　3．慶應義塾大学大型研究助成プロジェクトの時代
　　　　（2002年度〜2003年度）　28
　　4．おわりに：
　　　　未来に向けての慶應義塾COEプロジェクト　31

第3章　植林活動によるCO_2吸収の測定と予測
　　　　―瀋陽市康平県におけるCDMの可能性と実践―
　　　　　　　　………………早見均・和気洋子・小島朋之・
　　　　　　　　　　　　　　吉岡完治・王雪萍　37

　　1．はじめに　37
　　2．植林プロジェクトの概要　38
　　3．植林によるCO_2吸収量の測定　39
　　4．植林によるCO_2吸収量の将来予測　47
　　　(1)　成長曲線の推定　47
　　　(2)　体積指数（D^2H）と成長量の関係　50
　　5．CDMプロジェクトとしての植林活動の継続性　53
　　6．おわりに　56

第4章　CDMをめぐる議論と植林プロジェクトの評価
　　　　　　　……………………………鄭雨宗・和気洋子　59

　　1．はじめに　59
　　2．ヨハネスブルグ・サミットとCOP8　61
　　　(1)　ヨハネスブルグ・サミットでの議論と評価　61
　　　(2)　COP8の概要と論点別議論　62
　　　(3)　COP9における論点別議論　65
　　3．CDM関連の議論　68
　　　(1)　CDM関連内容　68
　　　(2)　CDM植林活動　71
　　　(3)　CDM植林プロジェクトの事例　75
　　4．植林プロジェクトの現状と評価　79
　　　(1)　AIJプロジェクトの概況　80
　　　(2)　植林関連プロジェクトの位置付け　82
　　　(3)　瀋陽プロジェクトの評価　84
　　5．おわりに　86

第5章　北東アジアにおける多国間 CDM プロジェクトの検討
　　　　　　　　　　……………………中野諭・鄭雨宗・王雪萍　109

　　1．はじめに　109
　　2．中国の CDM 政策と中国・オランダ間の
　　　　CDM プロジェクト　110
　　　(1)　中国の CDM に対する姿勢の変化　110
　　　(2)　オランダの CDM プロジェクトの展開　115
　　3．日本の対中国 CDM プロジェクトの現状と課題　119
　　　(1)　日本の地球温暖化対策関連 ODA とその限界　119
　　　(2)　日本の温暖化対策における CDM の位置付け　121
　　　(3)　日本の対中国 CDM プロジェクトの現状　122
　　　(4)　日中 CDM プロジェクトにおける論点　123
　　　(5)　日本・オランダの対中国 CDM プロジェクトの比較　130
　　4．日中間 CDM プロジェクトにおける韓国の役割　135
　　　(1)　CDM プロジェクトをめぐる韓国の現状　135
　　　(2)　CDM プロジェクトと取引コスト　139
　　　(3)　韓国の CDM プロジェクト参加による
　　　　　取引コストの削減効果　142
　　5．おわりに：
　　　　北東アジアの CDM プロジェクト実現に向けて　153

第6章　東アジアにおける自由貿易協定とその環境影響分析
　　　　　　　　　　………………竹中直子・鄭雨宗・和気洋子　157

　　1．はじめに　157
　　2．中国の貿易自由化と環境負荷の関係
　　　　―ケーススタディ 1 ―　158
　　　(1)　分析の視点　158
　　　(2)　「貿易と環境」の関係　159
　　　(3)　分析概要・方法　162
　　　(4)　中国の貿易自由化が両国の経済・環境に与える影響　166
　　　(5)　まとめ　174

3．日韓 FTA による環境への影響分析
　　　―ケーススタディ 2 ―　176
　　(1)　分析の視点　176
　　(2)　モデルの構造　177
　　(3)　日韓の貿易構造の現状　181
　　(4)　日韓 FTA による環境への影響　190
　　(5)　まとめ　195
4．おわりに　199

第 7 章　地球温暖化問題ガヴァナンスのための公平基準
　　　　―途上国のコミットメントに向けて―
　　　　　………………ラピポン バンチョン-シルパ・
　　　　　　　　　　　和気洋子　211

1．はじめに　211
2．CO_2 排出とエネルギー供給に関する地域研究　214
　　(1)　地球規模でのアジアの役割について　214
　　(2)　東アジアでの CO_2 排出　215
　　(3)　エネルギー供給構成の比較　218
3．CO_2 排出量増加の原因について　223
　　(1)　分解方程式とエネルギー構成における変動　224
　　(2)　エネルギー強度の決定要因：タイと中国の対比　229
4．経済・エネルギー・環境における「切断」と「結合」　235
　　(1)　環境クズネッツ曲線：CO_2 問題解決に
　　　　望みは存在するか　235
　　(2)　所得水準とエネルギー需要　239
　　(3)　国際貿易と排出削減政策　241
5．CO_2 排出のグローバルシェアと GDP：新しい基準　244
　　(1)　地球規模での参加のための多様な基準の調和　244
　　(2)　多国間の問題および残差分析　251
6．おわりに　256

執筆者紹介　261

第1章

中国の環境問題と政治

小島 朋之・加茂 具樹

1. はじめに

　多くの報告や報道が指摘するように，中国における環境問題は深刻である[1]。そして問題が深刻であるがゆえに中国共産党と政府の指導者は，環境問題を党と国家にとっての重要な政治課題と認識してきた。

　一般的に，中国における環境保護に関する取り組みは，1973年8月に開催された第1回「全国環境保護会議」に始まると言われる。中国の長期的かつ基本的な環境保護に関する戦略や政策を決定する国家としての最高レベルの会議である同会議において，周恩来総理は「全面企画，合理的配置，総合利用，害を益に代え，大衆に依拠し，皆で行動し，環境を守り，人民に幸福をもたらす」という環境保護活動の32文字方針[2]を提起し，また会議は初の環境保護に関する法規とも言える「環境の保護と改善に関する若干の規定」を承認した[3]。その後83年12月に開催された第2回会議は，環境保護の取り組

---

[1] 例えば，「中国環境保護法」によってその公開が定められている「中国環境状況公報」などによって，中国の環境汚染の状況が確認できるだろう。同公報は，国家環境保護総局のウェブ・サイト (http://www.zhb.gov.cn/) にて閲覧が可能。また，国家発展改革委員会地区司と国家信息中心が共同で運営している「環境発展」(http://sdep.cei.gov.cn/) でも関係する資料を確認することができる。

[2] 「全面規劃，合理布局，綜合利用，化害為利，依靠群衆，大家動手，保護環境，造福人民」。

[3] 国家環境保護総局 (2000年10月19日)「"九五" 以来我国環境保護事業重大成就」(http://203.207.228.17/green/enviresub/source/af2000101601.htm)。

みを「基本国策」と位置付けるとともに、「経済建設，都市農村建設と環境建設を同時に企画し，同時に実施し，同時に発展させる」こと、「経済効果，社会効果，環境効果を統一させる」という環境保護に関する取り組みの基本方針を提起した[4]。

そして近年、とりわけ1996年3月に開催された第8期全国人民代表大会第4回会議以降、環境問題に対する取り組みは「持続可能な発展」という文脈のなかに位置付けられるようになっている。

実際、同会議が採択した「国民経済と社会発展第9次五カ年計画（九五計画1996-2000年）と2010年までの遠景目標要綱は、それまでの「経済システムと経済成長のパターン」を根本的に転換して速度のみならず効率性をも重視した社会経済の発展を実現することを目標とし、「今後15年の発展ないし現代化全般の達成」のためには「人口の増加を抑制し、資源を合理的に開発、利用し、生態環境を保護し、経済と社会とが協調しあう、持続可能な発展を実現する」ことが不可欠であると指摘していた[5]。またそうした認識の伝達と徹底を目的として開催された第4回全国環境保護会議（96年7月）において、国家の最高指導者として初めて出席した江沢民国家主席（同会議には国家主席の肩書きで出席）は[6]、「社会主義現代化の建設のなかで、持続可能な発展戦略の遂行を終始一貫して重視しなければならない。このとき、必ず人口と環境および資源に対するバランスに配慮し、目前の経済発展にとらわれるのではなく、後世代のことも考慮し、将来にわたる発展にそなえた条件を創造し、資源浪費と環境汚染を未然に防ぐような姿勢を示さなければならない」と述べたのであった[7]。

現在遂行中の「第十期五カ年計画（2001-2005年）（十五計画）」期の環境

---

4) 「一定要提倡幹実事的好風気　李鵬副総理在国務院環境保護委員会第一次会議上的講話1984年7月10日」国務院環境保護委員会辦公室編『国務院環境保護委員会文献選編』（中国環境科学出版社、北京、1988年）5-9頁。

5) 「関於国民経済和社会発展"九五"計画和2010年遠景目標要綱的報告1996年3月5日第八届全国人民代表大会第四次会議上」『人民網』（http://people.com.cn/GB/other4349/4456/20010228/405437.html）。

6) 1996年の第4回会議開催まで、党総書記が出席したことはなかった。73年8月の第1回会議には周恩来国務院総理、83年12月の第2回会議は李鵬副総理、89年4月の第3回会議は宋健国務委員、01年の第5回会議は朱鎔基国務院総理が出席。

保護に関する取り組みもまた,「九五計画」の認識を引き継いでいる[8]。同期の環境保護に関する活動計画を策定した後に開催された第5回全国環境保護会議において朱鎔基国務院総理は,「環境保全は中国の基本国策の一つであり,持続可能な発展戦略の重要な内容であり,中国の現代化建設が成功するか否かと,中華民族の復興に直接かかわるものである」と述べ,また「国民経済の持続的で,急速かつ健全な発展を保つと同時に,必ず環境保全をよりいっそう目だった地位に置き,いっそう力を入れ,計画と措置を実行に移すことに力を入れ,新しい世紀の環境保全の新たな局面を切り開くことに努めなければならない」と強調するのである[9]。このことは,今日,環境保護に対する取り組みが,「持続可能な発展」の実現を追求し始めた中国政治における主要な課題として位置付けられるまでに,政治的重さを増してきたことを示していえると言えよう。もはや環境問題に対する党と国家の取り組み

---

7)「在第四次全国環境保護会議上的講話　江沢民」『中国環境年鑑1996年』(中国環境年鑑出版社,北京,1996年),特編1‐2頁。また実務的にも同会議は重要な会議であった。会議では「九五計画」の下での具体的な環境保護政策と事業に関して議論し,「世紀を跨いだ環境保護活動の目標と任務および措置を明確にした」。例えば「汚染防止と生態保護の双方を重視する方針」を確定し,「世紀を跨ぐグリーン・プロジェクト計画(跨世紀緑色工程規劃)」や「汚染物排出総量規制計画(汚染物排放総量控制計劃)」など,初めて具体的な環境保護事業計画を提起したのである。「依法保護環境　実現可持続発展──国務委員,国務院環境保護委員会主任宋健　在第四次全国環境保護会議閉幕式上的講話」『中国環境年鑑1996年』(中国環境年鑑出版社,北京,1996年)特編10-13頁。「在第四次全国環境保護会議開幕式上,李鵬総理報告」『人民日報』1996年7月16日。

8)「国民経済の比較的速い発展速度を保ち,経済構造の戦略的調整において明確な成果を上げ,経済成長の質と効率を著しく高めること,2010年に国内総生産を2000年の倍とするために基礎を固めること」など「十五計画」の目標の一つとして,「生態建設と環境保護の強化」を掲げている。「生態建設と環境保護の強化」について具体的には,「持続可能な発展の主な期待される目標」として以下の点を掲げている。「人口の自然増加率を9以内に抑え,2005年の全国総人口を13.3億人以内に抑えること。生態系の悪化の勢いを抑え,森林被覆率を18.2％に高め,都市の緑化被覆率を35％に高めること。都市と農村の環境の質を改善し,汚染物質の排出総量を2000年より10％減少させること。資源の節約と保護において明確な成果を上げること」。「国民経済和社会発展第十個五年計画要綱2001年3月15日第九届全国人民代表大会第四次会議批准」『人民網』(http://www.people.com.cn/GB/shizheng/16/20010318/419582.htm)。

9)「朱鎔基同志在第五次全国環境保護会議上的講話」『中国環境年鑑2002年』(中国環境年鑑出版社,北京,2003年),特編13-16頁。

如何が，中国政治の展開を左右し得る存在にまでなったというわけである。

　本章の目的は，こうして重要な政治課題となった環境保護に対する党と国家の取り組みの実態と特徴を整理し，その問題点を抽出することを通じて，環境問題に対する党と政府の取り組みのあり方について論じる手がかりを導き出すことにある。具体的には環境保護に対する取り組みの主体である環境保護行政と，近年環境保護に対する新たな取り組み主体として，その活動を活発化させつつある人民代表大会に注目したい。

2．環境保護行政の特徴

(1) 中央における環境保護行政の実態

　1989年に施行された「環境保護法」第7条は，「全国の環境保護活動に対して統一の監督管理を実施する」国務院の環境保護行政主管部門の設置を規定している。現在は国務院直属機関である国家環境保護総局が環境保護行政を主管している。そして，県級以上の地方行政区において，管轄地域内の環境保護行政活動に対して統一の監督管理を実施するのが，各級政府に組織されている環境保護局である。

　しかし，これら国家環境保護局を含む環境保護行政主管部門は，単独で環境保護行政を実施するわけではない。同法第4条，7条，12条，13条，14条にそれぞれ規定されているように，複数の他の行政部門とともに環境保護行政を展開している。

　表1-1が示すように，環境保護行政は多数の行政部門が実務を担当している。そこで合理的な環境保護行政を実現するためには，自ずと各部門が表出する利害の調整が不可欠と言える。中国政府はこうした現実に応えるべく，早い段階から環境保護行政に関する複数の行政部門間の利害の調整組織を立ち上げていた。国務院が決議した「環境保護活動に関する決定」に基づいて，1984年5月以降設置された「国務院環境保護委員会」がそれである。

　同委員会発足と同時に定められた「国務院環境保護委員会職責と組織構成」は，同委員会を国務院の環境保護活動を展開するにあたっての議事協調

表1-1　環境保護法に規定されている環境保護行政主管部門の職責（一部）

第7条	国家海洋行政主管部門，港湾監督部門，漁業漁港監督部門，軍隊における環境保護部門，および各級の公安部門，交通部門，鉄道部門，航空管理部門は，それぞれ関連する法律規定に従って，環境汚染防止体制に対する監督管理を行うことになっている。 土地，鉱産物，林業，農業，水利に関する県級以上の地方各級政府の行政主管部門は，自然資源保護の管理監督を実施する。
第4条および第12条	県級以上の人民政府の環境保護行政主管部門は，他の部門と共同して環境保護計画を作成し，計画部門がこれを総合的にバランス調整した後に，国民経済と社会発展計画に組み込む。
第14条	建設プロジェクトの環境影響報告書は，プロジェクトがもたらす汚染と環境への影響を評価し，予防措置を規定したうえで建設プロジェクトの主管部門が予備審査を行う。その後，同報告書を規定の手順に従って環境保護行政主管部門に報告し，許可を得なければならない。計画部門は，環境影響報告書に対する認可が下された後に，建設プロジェクトの設計任務書を認可することができる。

機構と位置付け，「国家の環境保護と経済活動の協調的発展に関する重大な方針・政策，措置を審議する」こと，「環境保護に関する技術的・経済的な政策を審議し，国務院に対して提出する」ことをその主要な職責として定めていた。まさに同委員会は，環境保護行政に関する複数の行政部門の利害調整を担当する組織として設置されたのである[10]。

たしかに同委員会が対象としなければならない行政部門は多様であった。表1-2は，第3期国務院環境保護委員会に出席する行政部門を一覧にしたものである。言い換えれば同表は，環境保護行政を展開するにあたって利害を共にする行政部門の一覧とも言えよう。同期を含め各期の委員会には非常に広範囲の行政部門が出席していた[11]。会議には，計画部門，公安司法部門，

---

10) 同様な職能をもつ調整組織が同時に地方各級人民政府内にも設置され，国務院環境保護委員会は地方各級の環境保護委員会の活動に対して指示を出すこともその職責とされている。「国務院環境保護委員会組成和職責」国務院環境保護委員会辦公室編『国務院環境保護委員会文献選編』（中国環境科学出版社，北京，1995年）7-9頁。

11) 第1期国務院環境保護委員会の構成員は以下のとおり。主任：李鵬（国務院副総理）。副主任：宋平（国務委員），建設部，国家科学技術委員会，国家経済委員会。委員：国務院副秘書長，財政部，農業牧畜漁業部，林業部，建設部，地質鉱産部，

表 1-2　第 3 期国務院環境保護委員会（1993年から1998年）[12]

主　任	宋建（国務委員）
副主任	国務院副秘書長，国家環境保護局局長，国家計画委員会副主任，国家経済貿易委員会副主任，国家科学技術委員会副主任，農業部部長，林業部部長，人民解放軍総後勤部副部長
委　員	外交部副部長，国家体制改革委員会副主任，国家教育委員会副主任，国防科学技術工業委員副主任，公安部副部長，司法部副部長，財政部副部長，人事部副部長，労働部副部長，地質鉱産部副部長，建設部副部長，電力部副部長，石炭工業部副部長，機械工業部，電子工業部副部長，冶金工業部副部長，化学工業部副部長，鉄道部副部長，交通部副部長，水利部副部長，国内貿易部副部長，対外経済貿易合作部副部長，広幡電影電視副部長，衛生部副部長，中国人民銀行副行長，税務総局副局長，国家工商行政管理局局長，土地管理局副局長，海関総署副署長，国家旅游局副局長，国務院法制局副局長，軽工業総会副会長，紡績総会副会長，新華社副社長，中国科学院副院長，人民日報社副総編纂，光明日報社総編纂，経済日報社総編纂

　農工水産漁業部門，鉱工業部門，エネルギー部門，法政部門，軍をはじめとして，教育文化衛生，報道部門までをも含めた40部門以上が出席していたのである。数度の国務院機構改革を経て行政部門の総数は年々減少しているにもかかわらず出席する行政部門数は増えており（当初は23部門であったが，

　　　国防科学技術工業委員会，人民解放軍総後勤部，衛生部，公安部，冶金工業部，機械工業部，核工業部，石炭工業部，石油工業部，化学工業部，軽工業部，交通部，水利電力部，労働人事部，国家海洋局。「国務院環境保護委員会組成人員名単」国務院環境保護委員会辦公室編『国務院環境保護委員会文献選編』（中国環境科学出版社，北京，1988年）4頁。
　　　第 2 期国務院環境保護委員会の構成員は以下のとおり。主任：宋建（国務委員）。副主任：能源部部長，農業部部長，国家科学技術委員会副主任，国家計画委員会副主任，国家環境保護局局長。委員：国防科学技術工業委員会副主任，国家教育委員副主任，公安部副部長，司法部副部長，財政部副部長，人事部副部長，労働部副部長，地質鉱産部副部長，建設部総規格師，鉄道部副部長，交通部副部長，機械電子工業部副部長，冶金工業部副部長，化学工業部副部長，軽工業部副部長，紡績工業部副部長，水利部副部長，林業部副部長，商業部副部長，対外経済貿易部副部長，広播電影電視部総編纂室主任，衛生部副部長，国家海洋局局長，国家建材局副局長，国務院法制局副局長，中国石油化学総公司副総経理，中国有色金属総公司副総経理，中国人民解放軍総後勤部副部長，中国科学院副院長，新華社総編纂，人民日報社副総編纂，光明日報社副総編纂，経済日報社総編纂。「国務院環境保護委員会組成人員名単」国務院環境保護委員会辦公室編『国務院環境保護委員会文献選編』（中国環境科学出版社，北京，1998年）9-10頁。
12)　「第三届国務院環境保護委員会組成員名単」『中国環境年鑑1994年』（中国環境年鑑出版社，北京，2005年）特編88頁。

その後教育文化衛生，報道部門が加わり40数部門にまで拡大している），そこに環境保護行政をめぐる利害の広さと複雑さを確認することができるだろう。

なお，こうした行政部門間の利害調整組織の日常の事務処理は，国務院に組織されている環境保護行政主管部門内の秘書処が担当すると規定されていた。また1998年には，国家環境保護委員会を含む各級の環境保護委員会は廃止され，国務院環境保護委員会の職責は環境保護行政主管部門である国家環境保護総局が引き継いでいる。

さて，国務院環境保護委員会が廃止されるまでは，その事務機構でもあり，また国家の環境保護行政の執行機関でもある国務院の環境保護行政主管部門について，第1回国家環境保護会議以降の行政組織上の変化を示したものが表1-3である。同表からは，20年を経て，国務院における環境保護行政主管部門が，臨時組織的な存在（環境保護指導小組）から，行政部委の一局（城郷建設環境保護部環境保護局），副部級行政組織（国務院環境保護局），正部級行政組織（国務院環境保護総局）へとその行政組織上の地位を高めてきたこと，また1998年に国家環境保護総局が国務院環境保護委員会の職能であった環境保護行政に関する調整機能を国家環境保護総局が吸収し，なおかつ国家科学技術委員会から原子力安全監督管理機能と生態・生物技術環境保全の管理機能が移管されたこと等，その職責が拡大してきた実態を確認できる。あたかも20年間を経て国務院の環境保護行政主管部門が，多様な行政部門の利害が錯綜する環境保護行政に関して主導的な行政権限を掌握してきたかのようである。

しかし行政権限・利害の調整機能をもったとはいえ，また行政組織上の地

表1-3 国務院における環境保護行政主管部門の変遷

1974年	はじめての環境保護行政主管部門として，環境保護指導小組が発足。
1982年	城郷建設環境保護部の下に環境保護局が発足（臨時的組織から正式な行政部門へ）。
1984年	国家環境保護委員会が発足。事務機構は国家建設部の下部組織である国家環境保護局が担当。
1988年	国家環境保護局が国務院の直属機関として発足（副部級組織へ昇格）。
1998年	国務院環境保護委員会が廃止。国家環境保護総局が発足（正部級組織へ昇格）。

位が部長級となったとはいえ，権限の拡大の実態は環境保護に関する監督や監視等の強化にとどまるものであり，複数の産業部門や自然資源の管理部門に関係する環境保護計画の立案までをも国家環境保護総局が一元的に主管するようになったわけではない。

　例えば2001年12月に国家環境保護総局より提出された，「十五計画」期の国家環境保護計画である「国家環境保護第10期5ヵ年計画」（以下，「環境保護十五計画」）の作成にあたって，国家環境保護総局にはほとんど主導権はなかったようである。王心芳・国家環境保護総局副局長が行った「環境保護十五計画」に関する説明のなかで，そうした実態が明確に示されている[13]。

　　「国家環境保護総局（以下，総局）は「十五計画」の制定活動を非常に重要視し，早い時期から取り組んできた。1999年以降，総局は「環境保護十五計画」を起草し始めるとともに，国家発展計画委員会による「国民経済と社会発展第10次5ヵ年計画・生態建設と環境保護重点特定計画」（以下「生態建設と環境保護特定計画」）の制定に協力し，2001年初になって「環境保護十五計画」の起草作業を基本的に終えた」。
　　その後，「国家発展計画委員会による「十五計画」の制定に関する統一配置に基づき，」……「総局の「環境保護十五計画」は国務院の批准を得て印刷・配布されるものであることから，2001年3月末，「両会（全国政治協商会議と全国人民代表大会）」の閉幕後の印刷・配布を計画していた。しかし，2001年2月9日，温家宝副総理が環境保護活動に対する報告を聴取した際に示した「環境保護十五計画」の制定および第5回全国環境保護会議の開催に関する重要指示（①全人代会議において国家の「十五計画」要綱が既に採択されているのだから，同要綱に基づき「環境保護十五計画」は制定されなければならない。②第5回全国環境保護会議は「環境保護十五計画」の制定に重点を置くべきであり，同会議での討議を経て，同計画を国務院に提出し，承認を得た後に実施する）にもとづき，国務院は数回にわたり「環境保護十五計画」を修正した上で，計画の視点の高さ，深さ，注力度を大幅に向上させ，プロ

13）「関於《国家環境保護"十五"計画》的説明　国家環境保護総局副局長　王心芳」『中国環境年鑑2002年』（中国環境年鑑出版社，北京，2003年）特編63-65頁。

ジェクト計画を重点的に制定した。

　同年7月に入り「環境保護十五計画」を国務院の各部門および各省・自治区・直轄市に提出し，意見を求め（筆者注：2001年12月26日付けの国務院の「国家環境保護総局の環境保護十五計画に対する回答」によれば国家発展計画委員会と，国家経済委員会，国家経済貿易委員会，財政部など[14]），フィードバックされた意見に基づいて修正を加えた後，11月初めに国務院に同計画を提出。国務院における，総量，プロジェクト内容，投資，政策など一連の重要な問題を巡って関連部門と調整を経て，同計画は2001年12月26日に承認された。

　こうした国家環境保護総局が単独ではなく関係する部門（具体的には計画部門）との調整の下に環境保護計画の作成をすすめている実態は，計画作成過程に関して国家環境保護総局はあたかも計画部門の事務局的な存在かのような印象を与える。とはいえ中央における環境保護行政が，「持続可能な発展」という国家の発展戦略に位置付けられている以上，環境保護行政に関する重要な問題の決定は，国家発展計画委員会と，国家経済委員会，国家経済貿易委員会，財政部の手にあることは必然なのかもしれない[15]。

---

14)　「国家環境保護総局　国家発展計画委員会　国家経済貿易委員会　財政部　関於印発《国家環境保護"十五"計画》的通知」『中国環境年鑑2002年』（中国環境年鑑出版社，北京，2003年）特編43-63頁。

15)　この他，環境保護計画との関連で言えば，現在，環境保護産業政策や発展計画の制定にかかわる職能は国家環境保護総局にはない。それは1998年の国務院機構改革にともない，国家環境保護局から国家経済貿易委員会に移管されている。その結果，例えば「十五計画」期の「省エネルギーおよび資源の総合利用」に関する「十五計画」は国家経済貿易委員会によって策定されている。そして2003年4月に再度の国務院機構改革が実施された結果，同職能は国家発展改革委員会の管轄下に移行した。同委は，「持続可能な発展戦略を推進し，資源節約・総合利用計画を研究・立案し，生態環境創新計画の編成に参画，資源節約・総合利用政策を提案し，生態環境創新と資源節約・総合利用にかかわる重要問題の調整。環境保護産業の調整事業の実施」を職能の一つとして盛り込むこととなった。また，中国の持続可能な発展の実現に向けた活動指針といえる「中国アジェンダ21」を実施するための広範な環境政策にかかわる組織である「中国21世紀議程管理中心（中国アジェンダ21管理中心）」は，国家発展改革委員会と国家科学技術部の管轄下にある。「中国21世紀議程管理中心」(http://www.acca21.org.cn/)。「中国21世紀議程」(http://www.acca21.org.cn/cca21pa.html)。

(2) 地方における環境保護行政

　こうした環境保護行政に関する環境保護行政主管部門の権限が限定的であるという特徴は，地方においても同様である。

　例えば，前述の「環境保護法」第12条が「県級以上の人民政府の環境保護行政主管部門は，他の関連部門と協働して所轄地域の環境保護計画を作成し，計画部門が総合的に均衡化を図ったうえに承認を得て実施する」と規定しているように，地方の環境保護計画の立案に関して，地方の環境保護行政主管部門はその主導権を掌握しているわけではない。

　また「環境保護法」第7条は「県級以上の地方人民政府の環境保護行政主管部門は，他の行政部門と協働のもとに所轄地域の環境保護活動に対して統一の監督管理を実施する」と規定している。しかしその後に地方の環境保護行政主管部門の活動のあり方を規定した文献からは，同部門が環境保護計画の立案を除く他の環境保護行政に対しても十分に主導性を発揮できていない様子を確認できる。

　例えば1996年8月に国務院が決議した「環境保護活動のいくつかの問題に関する決議」は，「環境保護活動に関して当該行政級政府首長の責任の下に実施されるべきこと」，「政府首長の活動業績を審査するにあたって環境保護活動の成果を主要な指標の一つとすること」，を確認している[16]。また，これに関連して党中央組織部は98年に「党政領導幹部の活動業績審査に関する暫定規定」を発出し，中央（党中央，国務院，全人代常務委，全国政協常務委，最高人民法院，最高人民検察院）の領導幹部と県級以上の党政領導幹部（党委・人代常務委，紀律検査委，法院，検察院）の活動業績を審査する基準の一つに，環境と生態保護活動に関する業績を盛り込むよう指示している[17]。

　1996年の国務院通達が地方環境保護行政への行政首長責任制の徹底を確認

---

16) 「国務院関於環境保護問題的決定（1996年8月16日）」（http://www.zhb.gov.cn/649646453861384192/20030326/1037344.shtml）。

17) 「党政領導幹部考核工作暫行規定（1998年5月26日）」http://www.ntlz.gov.cn/show.asp?clsid=141?infoid=498）。

したのは,「環境保護法」第7条で規定するような環境保護行政主管部門が主導的に環境保護に関する統一的な監督管理を実施しにくい地方の現状を反映していると言えよう。要するに,一行政機関ではなく行政首長が担当しなければ環境保護行政は展開し得ないのである。また98年の党中央組織部の暫定規定が発出されたのも同様の背景があるのだろう。多くの場合,地方行政幹部の業績評価の基準として環境保護行政の業績は軽視されており,それゆえに行政幹部は環境保護行政に活動の力点を置かず,その結果として環境保護行政は他の行政と比較して軽視されているのである。98年の暫定規定は,そうした環境保護行政が軽視されている状況の改善を目的としたものと言えよう。軽視されている行政部門が,多様な利害が錯綜する利害を調整することが求められる行政活動を主導できるはずはない。

(3) 地方における環境保護行政が抱える課題

こうした地方行政部門における環境保護行政主管部門の地位の相対的な低さは,効果的な環境保護行政を実施するうえで大きな障害と言えよう。

なぜなら河川・湖沼・海洋等の水質汚染をはじめとした環境汚染は,一般的に複数の行政管轄地域や行政級に跨る問題であり,単独の行政管轄地域内で解決する問題ではないからである。そうした環境汚染に対して適切な環境保護行政を展開するためには,全国的なあるいは複数の行政管轄地域を跨る規模での統一的な行政活動が不可欠であり,上級の環境保護行政主管部門の指示が下級の同部門へ伝達されること,あるいは同級の複数の行政部門間で優位的に複数の行政部門間の利害を調整する活動を展開することが肝要といえるからである。

憲法第107条は「地方各級政府は,管轄地域の経済,教育,科学,文化,衛生,体育,都市と農村の建設などの活動を管理する権限,命令と決定を下す権限,行政幹部の人事権をもつ」と規定する。その結果,例えば市級人民政府の一部門である市級環境保護行政主管部門に対する省級環境保護行政部門の指示は市級人民政府を通じて伝達されることになる。市級環境保護行政主管部門は,市級人民政府が省級人民政府の指示と他の市級行政部門の活動

とを調整したうえで立案した環境保護行政に関する指示を受けることになる。このとき，市級人民政府が環境保護行政をそれほど重視しない場合，環境保護行政主管部門の活動の優先順位と重要性は低くなる。仮に上級環境保護行政主管部門が厳格な環境保護行政の実施を要求したとしても，下級の環境保護行政主管部門はそれを徹底し得ないのである。単純に言えば，経済活動を重視する人民政府であった場合，上級人民政府が環境保護活動の強化を指示したとしても，予算配分の関係上それは徹底され得ないかもしれないのである。また環境保護行政主管部門も人事権という強制力がなければ上級の命令を遵守しようとしないはずだ。こうして環境保護行政にとって，同級の行政部門間のなかでの行政的地位の低さと上下の行政級間の主管部門の直接的な行政権力関係の希薄さは問題と言えるのである。

　すでに党と国務院は，環境保護行政に関してこうした問題の存在を認識しているようである。まさに「環境保護法」第7条の「国家の環境保護行政主管部門は全国の環境保護活動に対して統一の管理，監督を実施する」との規定は実質的には履行され得ないことから，例えば1990年代以降，国務院と党がいくつかの通知や規定を発出して，行政権力関係の要の一つである人事権を通じて上下の行政級の環境保護行政主管部門間の行政権力関係の緊密化を図ろうとしている。

　前述の1996年の国務院による決議は，「地方各級環境行政主管部門の主要指導幹部の任免に際しては，上級の環境保護行政主管部門の意見を求めなければならない」としている。また，党中央組織部は99年に「環境保護部門の幹部管理体制の調整に関する問題についての通知」を発出し，環境保護行政主管部門幹部の人事異動に際して，同行政部門と同級の党委員会は，上級の環境保護行政部門の中に設置された党組織（党組）の意見を参考にして判断しなければならないとしている[18]。同級と上級の2つの党組織による人事管理というわけである。また同通知の翌年2000年6月に発出された「国家環境保護総局が人事局地方幹部管理課を成立させたことに関する通知」[19]は，国家環境保護総局党組の授権の下に国家環境保護総局行政体制・人事局地方幹部管理課が，省級党委員会組織部と協力しながら省級環境保護局の指導幹部人事管理業務を担当するとした。この2つの通知のねらいは，上級と下級の

環境保護行政主管部門間の（2000年の党の通知の場合は国家環境保護総局と省級環境保護局との間の）行政権力関係のより一層の緊密化を，党組織間の権力関係を通じてより進めようしていると言えるのである。

こうした諸規定が発出されることを通じて，党と政府は，全国的な規模での統一的な環境保護行政を展開するために重要な上級・下級の環境保護行政主管部門間の「風通しの良い」関係を実現しようとしたのであろう。

とはいえ，そうした環境保護行政が抱える縦（上下の行政級間）に行政権力関係が分断しているという状況は，環境保護行政に限ったことでもなく行政組織の一般的な特徴とも言えよう。また環境保護行政主管部門が，環境保護行政のなかで主導権を発揮できないという横（同級の他の行政部門間）に分断していることも，前述のとおり「発展は絶対の道理」の下で「持続可能な発展」を目指している中国においては必然と言えるのかもしれない。その意味において，環境保護行政のこうした状況の変化は容易ではなさそうである。

3．人民代表大会の環境保護活動

上述の環境保護行政が内包する制度的な特徴は，中国政治に民意という概念が浸透しつつあるなかで，少しずつではあるが変化をみせようとしていると言える。具体的には，憲法が人民代表大会（以下，人代）に賦与している人代の監督権（選出した国家機関の活動が違憲であるかどうかを人代が監督

---

18)「関於転発中共中央組織部《関於調整環境保護部門幹部管理体制有関問題的通知》的通知」(http://www.zhb.gov.cn/649929024054755328/20030123/1036707.shtml)。党が国家を指導する中国政治においては，党は行政部門を含むあらゆる国家機関に対して指導権をもっている。そのため，「環境保護法」第7条の「県級以上の地方人民政府の環境保護行政主管部門は，他の行政部門と協働のもとに所轄地域の環境保護活動に対して統一の監督管理を実施する」とは，実質的には「地方人民政府内の環境保護行政主管部門内部の党組が，……統一の監督管理を実施する」と読み替えることができる。また，憲法第107条の「地方各級政府は，管轄地域の経済，教育，科学，文化，衛生，体育，都市と農村の建設などの活動を管理する権限，命令と決定を下す権限，行政幹部の人事権をもつ」とは，「地方各級党委員会は……」と読み替えることができるのである。

19)「関於成立総局人事司地方幹部管理処的通知」(http://www.zhb.gov.cn/649929024054755328/20030123/1036708.shtml)。

する権限）を行使して，環境保護行政に対する監督活動を展開し始めたことによる変化である。

　従来，中国の政治過程は「党委揮手，政府動手，人大挙手（党が指図し，政府が指図にもとづいて活動し，人代がこれを承認する）」と表現されてきたように，人代には実質的な政治権力はなかった。しかし1980年代以来，党が政治的正当性の追求を目的とした政治改革を進めてきた結果，「以法治国（法にもとづいて国を治める）」という概念や，党の意思を国家に押し付けるのではなく，法に基づいた手続きに則って党の意思を国家の意思に置き換えることの重要性が指摘されるようになり，政治過程における人代の存在が再認識されてきた。その結果，それまで住民が環境問題を含む社会生活上の問題に直面した場合，問題解決のために行政部門や党組織に対して働きかけることが一般的であったものが，近年では問題解決のために住民が人代代表に問題を訴え，人代代表は行政部門に働きかけて（監督して）問題解決に取り組む，という構図が増えてきたと言われるのである。

　全人代常委会辦公庁研究室が編纂した『地方人代是怎様行使職権的』（1992年）や『地方人代職権行使実例選編』（96年），また『地方人代代表是怎様開展工作的』（96年），『地方人代監督案例選』（01年）などの研究誌は，環境問題への取り組みを含む近年の活発な人代の活動を紹介している[20]。以下，そうしたいくつかの事例を取り上げて環境保護行政に対する人代の監督活動をみてみよう。

事例その一：遼寧省遼陽市白塔区人代の場合

　遼寧省遼陽市白塔区瓦窯子街道の住民100人は，鉄鋼圧延工場や工業石炭工場等に囲まれた環境下で，深刻な大気汚染と騒音汚染に苦しんでいた。

---

20) 曹啓瑞・黄士孝・郭大材主編『地方人代代表是怎様開展工作的』（中国民主法制出版社，1995年）。全国人代常務委辦公庁研究室編『地方人代行使職権実例選編』（中国民主法制出版社，1996年）。董哲・肖元編『地方人大監督案例選』（人民日報出版社，北京，2001年）。全国人大常委会辦公庁研究室編『地方人大是怎様行使職権的』（中国民主法制出版社，北京，1992年。中国人大制度新聞協会・全国人大常委会辦公庁新聞局編『人大制度　好新聞選評（第二集）』（中国民主法制出版社，北京，2001年）。中国人大制度新聞協会・全国人大常務委辦公庁新聞局編『人大制度　好新聞選評（第三集）』（中国民主法制出版社，北京，2002年）。

1990年以来，幾度にもわたり住民は区や市政府関係部門に集団で上訴してきたものの問題の根本的な解決はなされないままであった。他方，同街道を管轄する遼寧省遼陽市白塔区の人民代表大会は，住民の上訴を受けた後に，関係部門および関係する代表を組織して，繰り返し現地視察を行い，問題の深刻さを確認した。しかしながら，問題解決のための権限は「区」には所在しなかったことから，区人代は，その上級行政区域である遼陽市人代が92年年初に開催する会議開催の直前に，白塔区に居住する遼陽市人代代表を幾度も訪問し，情況説明を行った。その結果，遼陽市人代代表でもある白塔区人代主任と市人代代表10数名が，92年と93年の2度にわたって市人代会議に対して瓦窰子街道の問題解決のための議案を提出し，その結果，市政府は問題の深刻性を認知し，市長自ら関係部門の責任者とともに現地視察を行い，問題の解決を図った。

事例その二：広東省開平市人代の場合

1970年代に建設された広東省開平市水口鎮に存在するセメント工場の近くには，開平市住民の飲料水の取水口があるだけでなく，村落，学校や商店などの人口密集地内に立地していた。

工場は環境汚染問題に対して一定の対策を講じてはいたものの，問題の防止は徹底されていなかった。それゆえに工場が所在する開平市人代会議と水口鎮人代会議では，同工場の環境汚染の防止を要求する議案が繰り返し提起されており，市人代は市党委員会や市環境保護局を督促して問題の解決にあたっていた。しかし，技術不足と資金不足，そのほか様々な問題により問題の根本的な解決を果たせていなかった。

1992年に至り，工場周辺の住民はこの環境汚染問題の改善を求めて，あらためて市政府の指導者に繰り返し陳情した。これを受けて同年10月に開平市人代は，工場が所在する水口鎮で人代代表座談会を開催し，住民の市政府関係部門に対する意見と提案を聴取した。その結果として，人代はセメント工場による汚染問題を解決しなければ，政府と人民の関係に大きな問題が生じかねないこと，経済建設の発展に負の影響があり得ると認識し，徹底的な問題の解決を決意した。座談会終了後，市人代は市党委員会に対して報告書を

提出し，市党委員会は市政府に対して真剣に問題解決にあたるよう要求し，市政府は同問題を専属で担当する副市長を任命し，94年8月までには問題を基本的に解決した。

事例その三：浙江省杭州市人代の場合

杭州市薪王路は，西湖に近く庭園形式の住居が多い地域であった。しかし同地区の一部の住宅が食堂に改築されたことによって，清潔かつ安寧な居住環境が破壊され，食堂から排出される油煙や騒音，汚物汚水の投棄は近隣住民の日常生活に深刻な影響を及ぼすようになっていた。

1993年以来，当該地域の住民が政府や新聞社に訴え出たものの，根本的な解決をみるに至らなかった。93年8月6日，杭州市人代は，一部の杭州市居住の全人代代表，省人代，市人代代表とともに薪王路近辺の食堂を視察した。視察の結果，代表らは環境汚染の深刻さを認識し，市人代が政府を督促して環境保護法など関連法律に依拠して速やかに問題を解決することを提案した。そして8月23日には，市人代の主要な指導者は都市建設を担当する副市長に対して書簡を送り，問題の迅速な改善を要求した。また24日には，市人代会議において市政府による環境保護執法検査情況報告を聴取した際に薪王路の問題の解決が手緩いとして，市政府により一層積極的に問題を解決するよう批判した。これを受けて市政府の関係部門は，9月1日に10店の営業停止命令を発した。他方11日には市人代は再度主任会議を開催し，市政府の同問題に対する取り組みの実態を聴取し，期限を決めて問題の解決を図ることを求めた。その後，10月14日に市人代会議において代表は，政府関係部門による薪王路の食堂整理情況報告を聴取し，程なく同問題は基本的に解決をみたのである。

これらの事例からは，住民の意見や要求を人代代表が聴取し，彼らが人代会議に対して議案を提出することによって行政へ住民の要求が伝達され（場合によっては，党組織が介在することもある），行政は人代に督促されるかたちで環境問題の改善に着手する，という構図を確認できる。憲法が定めるように，国家の権力機関としての人代が，行政執行権を賦与している行政部

門の環境保護行政を権力機関として監督するわけである。人代は監督活動を通じて，環境保護行政という複数の行政部門の調整を実施するのである[21]。

4．環境保護と民意の高揚とメディア

では，なぜ環境保護活動をはじめとする問題に関して，人代は活動を活発化させてきたのだろうか。その一つは住民の権利意識（納税者意識・知る権利）の高揚である。近年，環境問題をはじめとして民生問題を中心に人代代表が行政部門の活動を積極的に監督する事例が報道されている広東省下の人代の活動，いわゆる人代の「広東現象」を事例にそれを確認しておこう[22]。

「広東現象」に最も早く注目したと言われる陸介標・江蘇省人代常務委副秘書長（兼人代常務委研究室主任）は，広東地区の人代代表が，活発な活動を展開しはじめた要因について，以下のように指摘している。それは一つに「広東の市場経済が比較的早くに発展し成熟し，広東社会が，市場経済の公正・公平・公開の原則を政治にも実現し保証するよう要求しはじめたこと」である。そしていま一つには「広州市民が『納税者意識』を手にしたこと」を指摘している。陸によれば，広東省域内における徴税可能な税収規模が拡大したが（陸によれば1995年の80億元から5年で160億元に拡大），このうち，所得税が占める割合は39％に達している。これだけの納税規模を背景に，広州市民は「自らが納めた税金の使途あるいは利用状況の合法性，また国家機関は納税者の意見と利益を尊重して税金を運用しているか否か」，あるいは「納税に見合った居住環境の追求」という権利意識をもつようになったという。

---

21) 近年，行政各部門主導の立法は往々にして立法を担当した部門の利益誘導を図った立法となることを全人代会議が批判している「王明時提出要避免部門利益法律化」『中国人大新聞』2000年10月31日（http://zgrdxw.peopledaily.com.cn/gb/paper95/1/class009500001/hwz21856.htm）。

22) 呉習「人大工作中的"広東現象"」『人民代表報』2000年9月7日。呉習は陸介票の筆名。呉習「透視人代工作中的"広東現象"」『海南人大』2001年第5期。呉習「人大工作中的"広東現象"値得関注」『人大与議会網』（http://www.yihuiyanjiu.org/jdltd.asp?id＝211）呉習「透視人代工作中的"広東現象"」『中国人大新聞』2001年7月12日。

「広東現象」を体現する人代代表の一人として、「スター代表（明星代表）」と評されている王則楚・広州市人代常務委（現、広東省人代常務委）は、広東地域の人代代表が活動を活発に展開してきた要因を「人民の知情権（知る権利）意識」の高揚と表現している。王は「広州市の財政収入の70〜80％が非国有企業、また税収の25％以上が個人所得税による。こうした状況を背景に、住民は自分の納めた税金がどのように使われるのか、納税したからには民政サービスの向上を当然な権利として認識している。住民の生活水準が高まり、自らが生活する生活環境への関心が高まりつつある」と指摘している[23]。

　たしかに、そうした民意を反映したかのように、広東省人代をはじめとして広東省下の各級人民代表大会は、民生関係の政策決定への住民参加制度を積極的に推進している。例えば1999年5月に第9期広東省人代常務委第10回会議は、郵便、電気、水道、ガス料金、医療、ごみ収集費など公共性の高い料金徴収に関して、それぞれの主管行政部門が独断で価格設定をしないように、料金設定のためには、価格の変更を実施する行政単位と同級の人代代表や政協委員、政府関係者、企業および消費者代表が出席する公聴会制度の導入を規定した「中華人民共和国価格法の広東省での実施方法」を採択している[24]。また教育・養老保険関連基金の収支、電器・ガス・医療・公共交通機関等の価格調整など、17項目の広東省民の生活に密接な関係のある事項を決

---

23)「粤人大代表『説話影響力』日増」『大公報』2001年10月4日。「王則楚：人大要做"鋼鉄図章"」『南方周末』2001年3月8日。および筆者によるインタビュー（2002年1月19日、広州）。

24)「広東省実施《中華人民共和国価格法》弁法」『広東省人大法規』（http://www.gdnet.com.cn/script/chenglong/fagui/index.asp?flag=01）。同弁法の実際の運用に関して以下のような事例がある。2000年3月、広州市水道水公司は、水道料金の価格引き上げ案を広州市物価局に提出し、引き上げに関して同局からの原則的な同意を得たのち、同法の規定に従って、価格引き上げに関する「公聴会」の開催を計画した。しかし、同公司は公聴会に人代代表の出席を求めていなかったため、人代代表は、代表の出席のない「公聴会」は違法であると指摘すると同時に、「公聴会」開催前に人代代表に対する「説明会」の開催を要求。その後、同公司は「説明会」を開催するものの、会に出席した代表は、公司に対して価格引き上げ理由やコスト計算の妥当性を厳しく追及し、最終的に、公司は「公聴会」開催を撤回しただけでなく、価格引き上げ案をも撤回した。

定するにあたって，政府は人代に報告し，意見を聴取しなければならないとする規定が盛り込まれた「広東省各級人民代表大会常務委が検討し決定する重大事項に関する規定」を2000年7月に広東省人代常務委が採択している[25]。広東社会における「情報を知る権利についての意識（知情権意識）」の高揚が，住民の環境問題を含む民生分野の問題に対する関心を強め，人代代表が積極的に活動を展開しやすい環境を作り上げていると言えるのかもしれない。

いま一つの環境保護活動をめぐって人代が活動を活発化させてきたのは，その活動を積極的に報道するメディアが存在するからである。実際，広東省では人代会議内外での人代代表の活動が広く新聞報道され，その結果として内外の注目を集め「広東現象」と言われるようになった。「広東現象」の象徴的事例とされている広東省人代会議における仏山市代表団が広東省環境保護局の環境行政に対する公聴会を開催したことや，また同局の回答を不服として同代表団が提出した同局副局長の解任提案に至るまでの，仏山市代表団代表と省環境保護局幹部の一つ一つの発言を，当時のメディアは詳細に報じていた[26]。

元来，そうした公聴会の開催等は，手続きが煩雑であることや，公聴される行政部門の幹部が人代代表の元同僚であることが多く，会の開催によって彼らの面子を損なう恐れがあること，公聴会の開催が議事進行を妨げる恐れがあるから等の理由で，人代代表は公聴会の開催を忌避する傾向にあったという[27]。にもかかわらず広東省下の人代代表が公聴会の積極的な開催を要求

---

25) 「広東省各級人民代表大会常務委員会討論決定重大事項規定」『広東省人大法規』（http://www.gdnet.com.cn/script/chenglong/fagui/index.asp?flag=01）「人大終於有了"話事権"」『南方都市報』2000年7月29日。
26) 例えば「人大代表質詢場面火爆　省環保局被指厳重失職」『南方都市報』2000年1月26日。「"你們的環保意識比老百姓還差"省人大代表質詢省環保局現場直撃」『南方都市報』2000年1月26日。「質詢会"火薬味"濃」『南方日報』2000年1月26日。「"你不感到良心受到譴責?"人大代表質詢環保局　本報記者現場直撃」2000年1月27日。「衆代表再次説"不"」『南方日報』2000年1月27日。「代表建議撤換副局長」『南方日報』2000年1月28日。
27) 例えば「試論人大代表或人大常委会組成員質詢権的行使」『中国人大新聞』2000年12月28日。「質詢案提出難原因何在」『法制日報』2001年2月1日でそうした分析がされている。

するようになったのは，新聞報道を意識した人代代表のパフォーマンス的な活動があったのかもしれない。仏山市代表団団長である鐘信才は公聴会の開催について「新聞報道の支援があってこその活動」と告白するのである。

5．おわりに

　本章は，はじめに環境問題に対する行政部門の取り組みの制度的側面に注目してその実態とその特徴を整理した。その特徴の一つは，環境保護行政主管部門は，環境保護に関する監督や監視等の活動について主管するのであって，環境保護政策の方針や環境保護事業計画など環境保護に関する重要な行政活動を主管する能力は持ち合わせていないということである。いま一つには地方においては，環境保護行政の政治的地位が低く，多様な利害が錯綜する環境保護行政を効果的に展開しにくいということである。さらに本章は，近年の環境問題を含む人代の活発な活動に注目し，人代の活動が環境保護行政の内包する制度的な特徴を克服するうえで重要な鍵を握っていることを確認した。

　そして，近年の人代の環境保護をはじめとした活発な活動は，環境保護意識を含む権利意識・知る権利意識の高揚という民意が背景となっていること，また人代代表の活動をプレーアップするメディアの存在も重要な意味をもっていることを指摘しておいた。今後，人代の環境保護問題に対するより一層の積極的な活動を得るためには，環境保護意識の高揚を背景とした環境保護活動への住民参加をより一層推進させ，また積極的に人代代表の活動をマスメディアが報道してゆくことが必要と言えるだろう。

　そのためには，例えば1990年代以降，上海市人代や広東省人代が制定した「環境保護条例」に盛り込まれている，環境影響評価の手続きに関して公聴会の開催を定めた規定など，環境保護に対する取り組みの過程への住民参加を実現する手段の確保が要求されるはずだ[28]。また99年2月の第9期広東省

---

28)「広州市環境保護条例」(http://www.gzepb.gov.cn/zcfgbz/wj/shbfg/200311260111.htm),「上海市環境保護条例」(http://www.sepb.gov.cn/falv/shhuanbaotiaoli.asp)。

人代第2回会議で修正された「広東省人民代表大会議事規則」第4条が「会議の状況は新聞発布会や記者招待会あるいはその他の適当な方法で報道する」と規定しているような，人民代表大会の活動と情報のより一層の公開化に関する法整備が重要と言えるだろう。

　ただし中国政治にとって問題であるのは，上述のような法整備は，これまで党がすべてを独占してきた政策決定過程と民意の集約と表出の手段を人代の活動を通じて開放することを意味する点である。意思決定の開放と情報の開放は党が国家を指導するための政治的資源の開放を意味する。人民の利益に直結する環境問題であるからこそ，党は，党がこれまで独占してきた政治的資源を開放することを完全に拒否することは難しいだろう。はたしてそうした「開放」は如何なる結果をもたらすのだろうか。本章の目的を越えて，中国政治を展望する上で興味深い視点である。

第2章

瀋陽市康平県における植林活動の実践

吉岡 完治・小島 朋之
中野 諭・早見 均
桜本 光・和気 洋子

1．はじめに

　古くからある公害問題は，事件の深刻さに反し加害者と被害者が比較的はっきりとわかり，それに対処する立場も明確であった。それは，「排出をしない，どうしようもない時は安全な物に変えて排出する」という原則で，人々の合意が得やすかったと言える。つまり毒は量的規制によって対処するという考え方が貫けるわけである。しかし，国境を越えた酸性雨や温暖化ガスなど，現代の地球環境問題では話が変わってくる。なにしろすべての人々，国々が加害者であり同時に被害者であるから，根本的な解決はわれわれの生活，経済活動を捨てなければならないということになりかねない。また，被害が明確でなく多くの人々にとって実感がわかないことから，ダラダラと対処を遅らせてしまいがちとなる。現代の地球環境問題はその結果，人々，国々の間で総論賛成，各論反対の泥沼に陥りやすいと言えよう。

　しかし，この厄介な地球環境問題も京都会議，ブエノスアイレス会議を経て，またIPCC（気候変動に関する政府間パネル）の場で，どのように対処すべきかは，少なくとも理論上ははっきりしてきたと思える。例えば一番厄介なCO_2問題を考えてみよう。

　化石燃料消費を主とする年間総排出量は世界全体でCO_2換算250億トン程度となり，増加の一途をたどっている。このままでは，地球規模での気象変化を生じかねないとされている。そうかといって，個々の生産者や消費者に量的規制を守らせるすべは到底考えられない。やはり経済の市場機構を通じ

て，人々の選択幅を容認する介入が順当であろう。つまり，排出量に応じて負担し，吸収量に応じてその負担額を受け取る。世界全体では排出量が多いわけだから，その財源で省エネ投資や育林などによる吸収活動を行っていく。このような考え方が，人々に受け入れやすいと思える。

　このような趣旨にかなっているならば，環境税であっても，排出量取引であってもよいだろう。また，京都で行われた政府間の会議では世界の各国が目標に合意し，何らかの方法によって自国内でそれを達成させることになった。例えば1990年水準に比して欧州は8％，米国は7％，日本は6％を削減するということになった。その際にはいわゆる柔軟性措置を講じる。ある国では目標達成が不能な場合があるかもしれないので，排出量の売買も可能とする。また，ある国では吸収活動がなかなか難しいとするならば，他国でそれを行えばよい。つまり国際間で，削減目標に向けた共同実施が行われる。特に途上国の参加をしやすくするという意味で，CDM等の案も考えられている。このような方策は，量的規制から比べると合意が得やすいと言える。その意味での制度枠組の考え方は出揃ったようにわれわれは思うのである。

　あとは人類全体で，また，途上国を含めた政府間でどう合意するか，つまり人々が公平な負担でもって約束する。その約束が正しく守られるかどうかをチェックし違反者に何らかの制裁を加える。言い換えれば，地球環境に対するコモンウェルスの擁立が課題となろう。われわれの考えでは地球環境問題は，少なくとも観念論的にはもはや解かれた課題であるが，いざ，それを地球規模で実施するには途上国を含めて世界全体がどう合意するか，というところに課題が移ってきていると思える。

　しかし，地球環境のコモンウェルスと大上段に構えても，世界連邦が一足とびにできるわけでもない。やはり，もっと地道なボトムアップ的なアプローチが必要であろう。われわれの分析視野は，このような視点から途上国から先進国までを抱える東アジアを中心に持続的発展のシナリオを導き出すことにある。経済はグローバル化している。21世紀中葉の人口構成は9割が現在の途上国に住む。ということを考えると先進国だけの取り組みは無意味である。ここに途上国の参加問題が浮かび上がる。しかし途上国の立場からすれば，「先進国では1人当たり大変なエネルギー消費とCO_2排出を行ってい

るではないか。産業革命以来先進国は延々と化石燃料を使い果たしてきたのではないか。それを元に戻した後であれば，われわれも参加しよう」というロジックで先進国と対抗することになり，なかなか世界的な合意がとれないのが実情である。このとき，経済発展と環境保全がトレードオフか否かが重要な鍵となる。たしかに20世紀の経済発展の過程で，どのような国でも化石エネルギーの増加と，それと表裏をなしてCO_2排出量が増加の一途をたどってきた事実がある。つまり，20世紀の経済発展と環境保全を両立させる持続的発展という考え方は，大きくみればとうてい達成されなかったわけである。したがって，たとえパーシャルであっても具体的事例でもって経済発展と環境保全が両立するのだということを経験的に積み重ねていくことが重要な課題となろう。これがわれわれの言いたいボトムアップ的研究ということになる。途上国では近年経済発展の著しい中国，インド等でも1人当たり年間所得100ドル程度の人々が数多くいる。つまり，まだまだ無制限労働供給の状況があると言ってよい。言い換えればケインズ的世界がそこには存在しているのである。そこに先進国の省エネ技術や脱硫技術が導入されれば，また，単純な育林であったとしても雇用の誘発効果が存在し，乗数効果を経て経済成長と環境保全が両立し得るフェイズが多分にあると思えるのである。

　以上が，日本学術振興会未来開拓学術推進事業を始めた1997年時点の基本スタンスであった。今振り返ってみると，現在でもこの考え方は間違っていないし，いやむしろ世界的取り組みの成立が困難であることがよくわかる。アメリカが抜け，ロシアが抜けて，京都議定書すら発効が危ぶまれている状況下，ボトムアップ的研究がますます重要となってきている。われわれは，遼寧省瀋陽市康平県に防砂林を建設してきたが，それはこのボトムアップ的研究の実証化であった。

2．未来開拓学術推進事業の時代（1997年度〜2001年度）

　われわれは，1997年度に開始した未来開拓学術推進事業（代表：吉岡）において，現場に下りたボトムアップ的研究の事例を探索していた。先に決まった石炭燃焼の安上がりな脱硫方法である，バイオブリケット製造実験機の

設置状況の視察（四川省成都市・遼寧省瀋陽市）を兼ねて，遼寧省瀋陽市，新疆ウイグル自治区ウルムチ市，四川省成都市を中心に調査を行った。その結果，遼寧省瀋陽市康平県（図2-1）における防砂林計画，成都市パンダ園における竹の植林計画の2つがあがった。ここで述べる康平県の防砂林計画が実施された理由は，次のようなものであった。

1. われわれ文系が行う植林計画は，農学部の研究者が行うそれと異なってしかるべきである。そこでは，あくまで社会的実験を視野に入れるべきである。農学部のチャレンジングな研究なら砂漠のど真ん中で植林が可能かといった研究がふさわしいが，文系の場合，そのような知識もないし，より緩やかな環境で，むしろできるだけ安上がりに植林が広がるような可能性を追求するべきであろう。その点，当地は砂漠化の臨界地であり，一度植林が定着すれば人為的に水を補うなどの維持負担が少ない。

2. 当地康平県は，中国東北地区の中心である瀋陽市都心部から100kmあまりと比較的近く，逆に砂漠化の中心，貧困地であることはあまり知られていない。それにもかかわらず，カルチン草原（図2-5）から吹き寄せる砂が農業に打撃を与えているせいもあってか，中国有数の極貧県の一つとなっている。

3. 当地は瀋陽市直轄の極貧県であるが，瀋陽市と言えば旧満州国時代は奉天市と呼ばれる中心地であった。したがって，同地域の持続的発展に貢献できることは，未来の日中関係に悪いはずがない。

このような点を考慮して，康平県の防砂林計画が進められた（現地における自然・社会経済状況については，表2-1を参照）。
・文系中心の植林プロジェクトとはいえ，まったく植林に不案内な研究者が，それを行うことは極めて危険である。そこで，瀋陽市政府林業局のみならず，日本側からも協力を願った。すでに土壌改良実験を行っていた定方・新田・松本先生の技術的アドバイスを受けながら（図2-6），1999年3月に遼寧省康平県砂金台で植林を開始した。植林活動は思いのほか順調に進み，現地の共産党，警察，農民，小学生に至る数千に及ぶ大多数の人々が，植林活動に

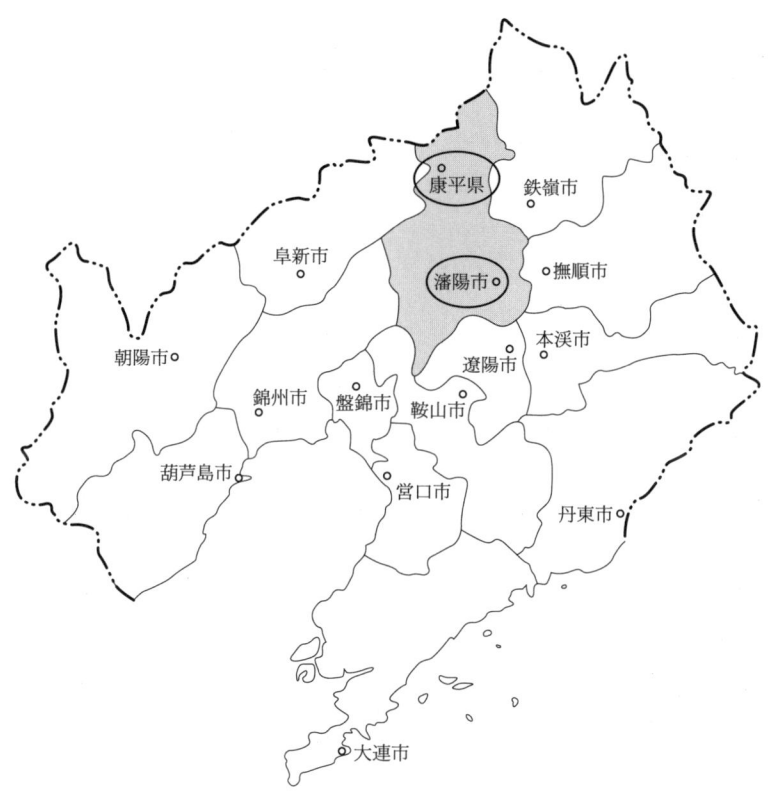

図2-1　遼寧省瀋陽市康平県

表2-1　防砂林の植林地における自然・社会経済状況

場所	中国遼寧省瀋陽市康平県 中国東北地区南部に位置し，西北部は内モンゴル自治区と隣接。
人口	200万人
面積	2,173km²
経済	農業，牧畜を行い，2000年には1人当たり所得1,500元/年と中国有数の貧困県であった。現地の話によれば，現在は出稼ぎ収入によって，3倍の所得に。
気候	カルチン砂漠化地域の西南側に位置し，砂漠化が深刻な地区である。年間平均気温7℃，夏の最高気温37℃，冬の最低気温−37℃。年間降雨量450〜500mm。春季風が強く，4〜5月の降雨量は40〜50mm。全体の70％は7〜8月に集中。

表 2-2　未来開拓学術推進事業における植林本数と面積

		植林年	植林キロ数	植林面積	植林本数
第1年目	哲林楊4号	1999年	8km×100m	80.0ha	75,600本
第2年目	哲林楊4号	2000年	7km×100m	66.7ha	63,000本
第3年目	哲林楊4号	2002年	24km×100m	240.0ha	189,000本
合計			39km×100m	386.7ha	327,600本

注）第三年目は，瀋陽市日本総領事の支援分も含まれている。

参加してくださった（図2-7, 2-8）。

　未来開拓プロジェクトは，研究者総勢100人程度と大プロジェクトであったが，この植林はあくまでそのボトムアップ的研究の一つに過ぎず，予算は極めて限られたものであった。しかし，幾度か現地へ通ううち，瀋陽市当局に評価され，自然とマスコミでも報道されるようになった。その実績が日本総領事の目にもとまり，領事の視察・支援に発展し，植林が拡大するに至った（図2-9, 表2-2）。

3．慶應義塾大学大型研究助成プロジェクトの時代 （2002年度～2003年度）

　未来開拓プロジェクトは2001年度で終了したが，その植林の成果をどのようにして具体的に京都議定書のCDMプロジェクトに発展させるのかが，残された課題であった。そのためには，植林の継続とともに樹木をサンプリングし，伐採し，CO_2の吸収量を具体的に測定しなければならない。そして，CDMプロジェクトとしての要件を満たすかどうかの評価を中国，日本両政府に仰がねばならない。このような観点から，慶應義塾大学大型研究助成プロジェクト（代表：和気）は進められた（図2-2, 2-10, 2-11, 2-12, 表2-3）。

　われわれは，これまでに吸収したCO_2のクレジットから得られる収入を再び植林に再投資することを考えている。植林をCERs（Certified Emission Reductions；認証排出削減量）の収益で継続した場合のCO_2吸収量を図2-3に示す。この計算では，植林のコストはこれまでの成果から1本当たり

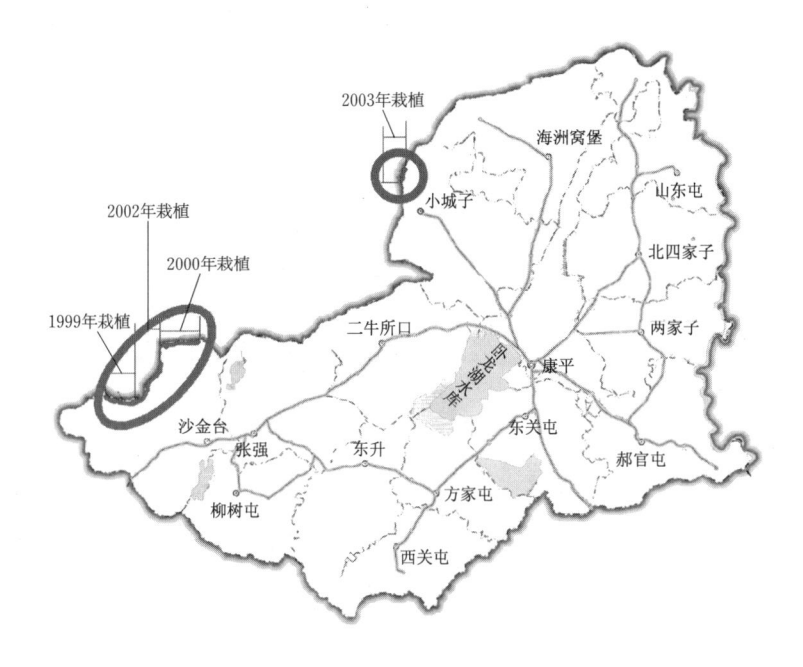

図2-2　遼寧省康平県における植林箇所（丸で囲った部分）

表2-3　慶應義塾大学大型研究助成プロジェクトにおける植林本数と面積

	植林年	植林キロ数	植林面積	植林本数
未来開拓プロジェクトでの植林		39km×100m	386.7ha	327,600本
第4年目　オランダ産ポプラ	2003年	5km×100m	50.0ha	45,000本
合計		44km×100m	436.7ha	372,600本

7.62元であるとし，インフレ率は想定していない。また，CERsの価格はもっとも不確定要素が大きいが，非常に低めに設定して5US\$/t-CO_2であるとする。成長するポプラのCO_2吸収量は，図2-4のように観測値から推定している。

　われわれは，2004年までは自己資金で植林を行うことを計画している。CERsの収入による再投資は2005年から始まるとし，2005年度は2000年，2001年，2002年，2003年，2004年分の吸収量に基づくCERsとそこからの

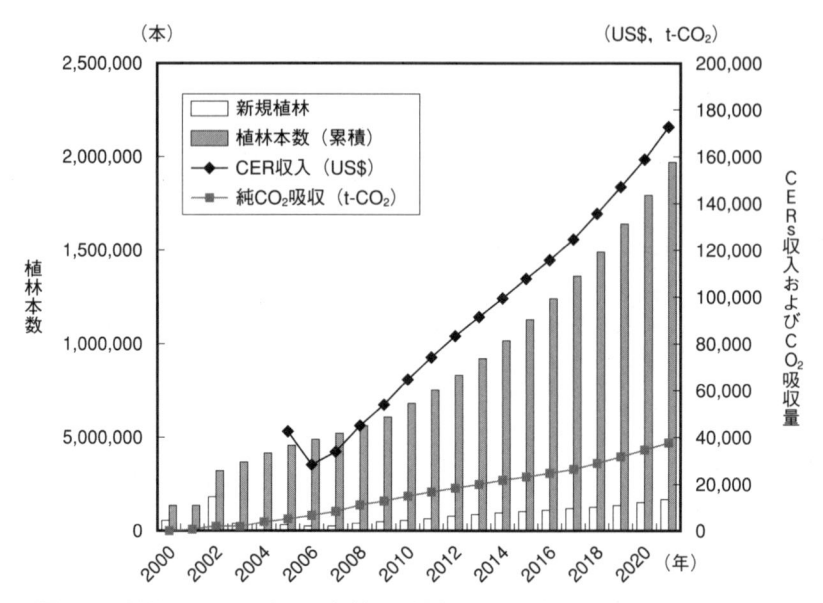

図2-3 植林をCERsの収益で継続した場合のCO$_2$吸収量：CERs＝5US$の場合

収益で投資することを考えている。植林計画は防砂林帯100kmを一応の区切りとしているので、それには植林本数で84万本必要である。

　仮にCERsの価格が5US$/t-CO$_2$で収益のうち1割を維持費とし、その他はすべて植林に再投資したとすると、基準ケースでは84万本の達成は2010年になる。ただし、これはクレジットが毎年分その年に発生して、その年吸収した分を翌年に植林するような想定で行っている。

　あるいは初期に20万円分の植林（1,750本相当）をしたとして、その1,750本が年々成長することによって吸収するCO$_2$から得られるクレジットの合計は、20年間で約50万円となることがわかる。再投資すればより効率的にクレジットが得られるが、もし20年間でCERsの価格がずっと5US$/t-CO$_2$であったとしても、この投資は年利4.67％程度であり哲林楊4号・オランダ産ポプラの成長はかなり速いことがわかる。

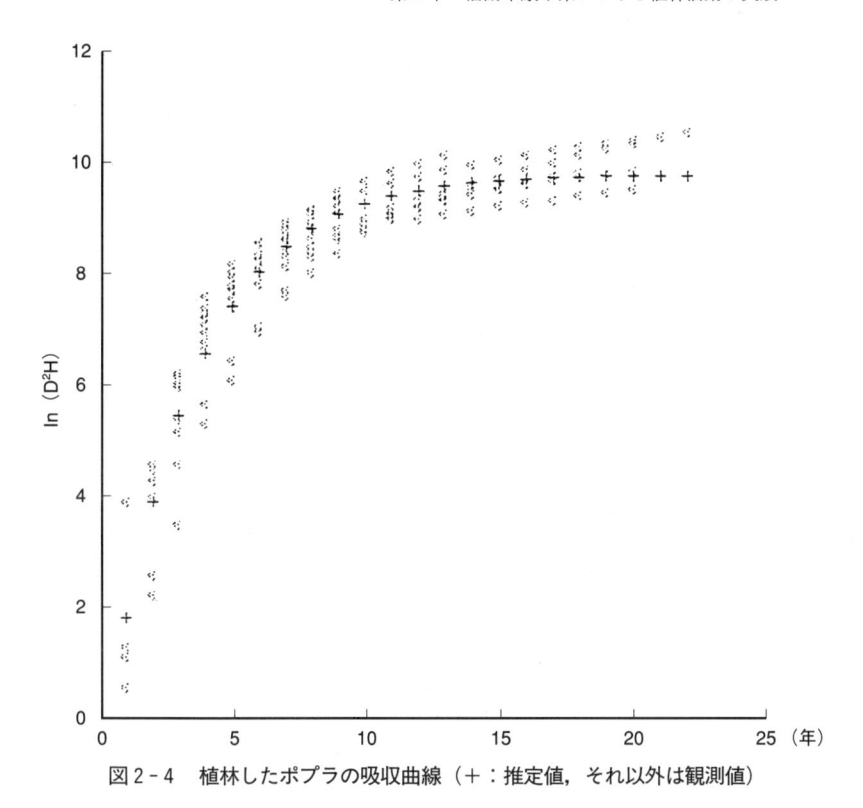

図2-4 植林したポプラの吸収曲線（＋：推定値，それ以外は観測値）

4．おわりに：未来に向けての慶應義塾COEプロジェクト

　CDMプロジェクトの政策実証実験は，慶應義塾大学大型研究助成プロジェクトとともに，慶應義塾大学総合政策学部を中心とした「日本・アジアにおける総合政策学先導拠点（政策COE）」においても実施され始めている。

　「政策COE」は文部科学省の「21世紀COE」に採択され，2003年7月から開始された。「政策COE」の中で，小島朋之がリーダーとなった「日中政策協調」グループが「ヒューマンセキュリティの危機」の第1次事例研究群の一つとして，CDMプロジェクトを「危機」の一つである環境問題への日中政策協調の取組み事例として，その実証実験を進めている。

　実証実験は，次のような問題意識から進められる。

　21世紀の東アジア地域において，いま大きな「パラダイム・シフト」が起

こっている。分散・分裂から協調・統合への移行がそれであり，「東アジアのニューリージョナリズム（東亜主義）」と呼ばれるようになっている。「東亜主義」への「パラダイム・シフト」を象徴するのが，地域における将来の「東亜共同体」実現への基本的合意である。経済や安全保障を含めて「生活基盤の保全」にかかわるヒューマンセキュリティ全般にも，協調・統合の動きが加速している。このような「パラダイム・シフト」の成否のカギを握るのが，地域の2大国の日本と中国の動向と日中関係の方向である。

「パラダイム・シフト」が主要な潮流とはいえ，冷戦の残滓である台湾海峡を挟む中国と台湾の両岸関係の分裂や朝鮮半島の南北分断など，シフトを阻害する要因はさまざまに潜在・顕在している。阻害要因を縮小・解消して「パラダイム・シフト」を確かなものにするためには，国際機関，政府以外にも，地方自治体，企業やNGOなど民間組織そして個人を含めた関係アクターの関与による効率的な問題解決への協力を求める「ガヴァナンス（協治）」の確立が要請される。「政策COE」が試みる「生活基盤の確保」という意味でのヒューマンセキュリティ分野における地道な協力の積み重ねの中に，「ガヴァナンス」確立の手がかりは見出されるはずである。

本研究はこうした視点から，日本とともに「パラダイム・シフト」のカギをにぎる中国の動向を考察するとともに，環境問題というヒューマンセキュリティ分野に絞って日中政策協調の実証実験を進めることを通じて，地域「ガヴァナンス」に向けた実行可能な政策提案とその実現の道筋を明らかにしたい。本研究が取り組む事例は，すでに10年以上にわたって展開してきた中国の環境問題をめぐる日中共同の調査・研究と具体的実践のゴールの一つとしてのCDMである。

2004年2月26日から27日には，政策COEの第1回国際シンポジウムが慶應義塾大学で開かれ，瀋陽市林業局の局長をはじめとして中国側から4名の日中植林関係者が参加して，これまでの日中の政策協調の成果と課題について討議した。さらに3月27日から30日には瀋陽市康平県において第5次植林を行うとともに，CDMプロジェクトの記念式典を挙行した。

図2-5　カルチン草原

図2-6　脱硫石膏による土壌改良試験地（水田）

図2-7　植林風景（1999年）

図2-8　植林風景（2002年）

第2章　瀋陽市康平県における植林活動の実践　35

図2-9　瀋陽市日本総領事の支援

図2-10　植林後（2002年）

図2-11　植林後（2003年）

図2-12　植林記念碑

第3章

植林活動による CO_2 吸収の測定と予測
—— 瀋陽市康平県における CDM の可能性と実践* ——

早見　均・和気　洋子
小島　朋之・吉岡　完治
王　雪萍

1．はじめに

　この研究は植林による CO_2 吸収量の推定と樹木の成長による経年的な CO_2 吸収量の変化を推定することを第1の目的としている。そして第2に植林活動による CO_2 の発生量を推定し，この差を CO_2 の吸収 (sink) と考える。最後に，一つの投資プロジェクトとして CERs (Certified Emission Reductions；認定排出削減量) の価格がどの程度であれば，CERs を売却することによって再投資した場合に植林活動が持続可能になるか検討している。
　中国瀋陽市は遼寧省に属し，北部は内モンゴル自治区と接する康平県・法庫県などの県・市を管轄している。これらの地区は内モンゴルのカルチン草原の砂漠化にともない砂の侵食・アルカリ塩類土壌の拡大に悩まされている。われわれが植林した康平県は内モンゴルとは異なり農業を行っているため，植林した苗がヤギ・ヒツジなどにより食べられることはない。政治状態は安定しているが経済状況は1人当たり GDP100 ドル程度と極めて貧困である。特に康平県は中国でも最貧県の一つに指定されている。冬は零下30度，夏は

＊　この論文は環境経済政策学会2003年大会9月27日（於東京大学）で報告された内容を改定したものである。本研究の計測方法・参考文献等について社団法人日本林業技術協会の藤森隆郎農学博士より多大なご教示を受けた。また中国のポプラの資料については河北農業大学の楊　敏生教授に指導していただいた。ここに記して感謝したい。ただし本稿に含まれる誤りはすべて著者の責任である。

40度になる砂漠の暑さの下，強風に運ばれる砂漠からの砂塵によって，一面のとうもろこし畑も砂漠化に直面している。

したがって，植林による防砂・防風は地元の要望でもありローカルな自然環境の改善と，さらに追加的にCO_2削減が実現されることによるグローバルな環境への貢献の同時達成が期待されている。

植林によるCO_2の吸収量の推定は大きな不確実性が含まれる。これまでの結果は森林地帯のバイオマスの推定（Kira and Shidei, 1967, 佐藤, 1973）や木材として利用する場合の生産性の計測（只木・蜂屋, 1968）によるものである。後者の場合は樹木の成長性を考慮しているが，スギ・ヒノキなど限られた樹種についての資料が整えられているにすぎない。その結果，CO_2吸収量の計測は樹種別・樹齢別に行われることなく大雑把に計算されており[1]，そのため現状では地球温暖化問題で考えられているCO_2の sink は計算上のものでしかないと言わざるを得ない。

ここでは，実際に植林した樹木（哲林楊4号，ポプラの一種）を伐採し成長を計算することによって，より正確にCO_2の sink を把握して，同様の樹種（ポプラ）についての情報を蓄積することが一つの大きなねらいである。

2．植林プロジェクトの概要

植林作業は瀋陽市林業局の協力によって行われた。植林の目的は，防風・防砂が第一であり，康平県の砂金郷という特に風の強い地区に行っている。

第1期は，1999年4月に7.56万株を植林した。樹種は成長が速いと言われている哲林楊4号という楊で，ポプラの一種類である。当時はフィージビリティスタディを兼ねていたので，隣接地に果物などの経済林も植林した。経済林は地元の農民が手入れをしなければならず，これは成功しなかった。

翌年第2期植林として，2000年4月に防風・防砂林として6.3万株を継続

---

[1] IPCC（1997）Chap.5 p.5 では，森林のバイオマスは1ヘクタール当たり200t-Carbon であると換算している。Brown et al.（1998）および IPCC（2000）は炭素蓄積量の変化を決めるための手法をまとめている。また IPCC（2001）では地球全体における吸収量の推定の困難についてまとめている（p.190）。

表 3-1　植林本数と面積

	植林年	植林キロ数	植林面積	植林本数
第1期	1999年	8 km×100 m	80.0 ha	75,600 本
第2期	2000年	7 km×100 m	66.7 ha	63,000 本
第3期	2002年	24 km×100 m	240 ha	189,000 本
第4期	2003年	5 km×100 m	50 ha	45,000 本
小計（哲林楊4号）		39 km×100 m	386.7 ha	327,600 本
合計		44 km×100 m	436.7 ha	372,600 本

して植林した。第3期は，2002年4月に18.9万株を植林している。ここまでが哲林楊4号による植林である。第4期に植林した樹種はオランダ楊である。これまでに行った植林は，表3-1にその詳細が掲載されている。

植林活動に加えて，2002年10月にはCO_2吸収の測定を開始した。次節にその詳細が記述されている。2003年1月にCO_2吸収量の推定を行った。さらに2003年9月から10月にかけても前年と同様の測定を行った。加えて東京理科大学の森俊介研究室堂脇清志助手（当時）に委託して元素分析と密度の計測を行った。以上がこの論文で報告される基礎資料である。

3．植林によるCO_2吸収量の測定

プロジェクトのモニタリングは植樹を調査地区に分けて伐採し，CO_2の削減量を計算している。その調査方法は参考文献（佐藤，1973および只木・蜂屋，1968）に記載されているものにほぼ沿ったかたちで行っている。詳細は慶應義塾大学大型研究助成プロジェクト（2002）を参照。まず，植林区を10 m×10mの区画に分割し，植林年次ごとに各3区画抽出した。したがって2002年は計9区画，2003年は計12区画抽出している。抽出する区画の選び方は，成長が遅い部分と速い部分，さらに平均的な部分の3区画を選択するようにしている。この区画内のすべての樹木について，胸高直径（長径と短径）および高さを計測した。

この結果が図3-1〜7に示されているような体積指数D^2H（胸高直径Dの2乗×高さH）の分布となった。

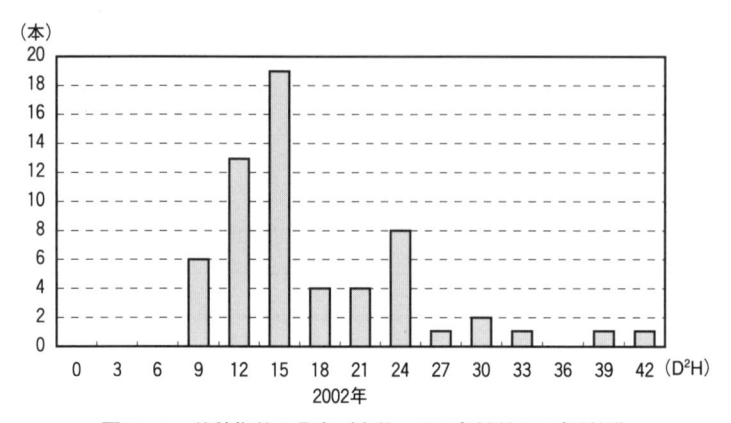

図3-1　体積指数の分布（本数，2002年植林2002年計測）

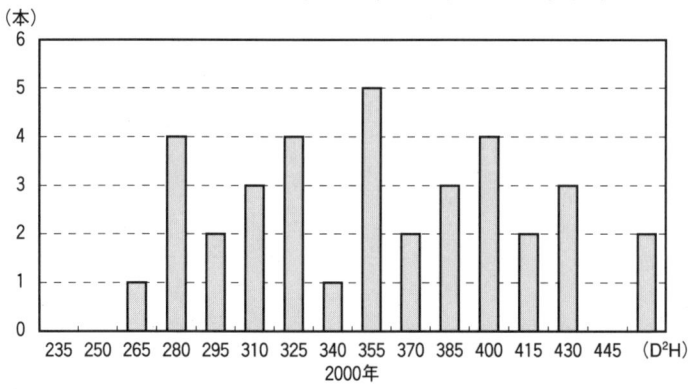

図3-2　体積指数の分布（本数，2000年植林2002年計測）

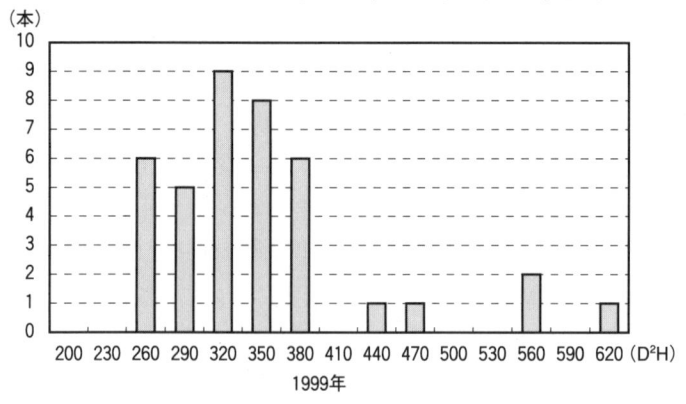

図3-3　体積指数の分布（本数，1999年植林2002年計測）

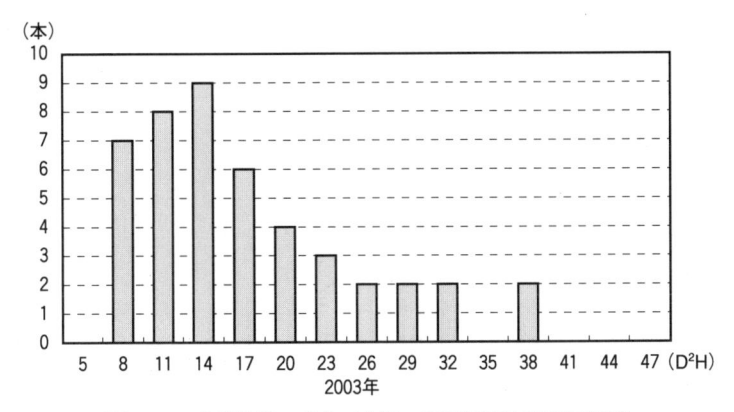

図3-4　体積指数の分布（本数，2003年植林2003年計測）

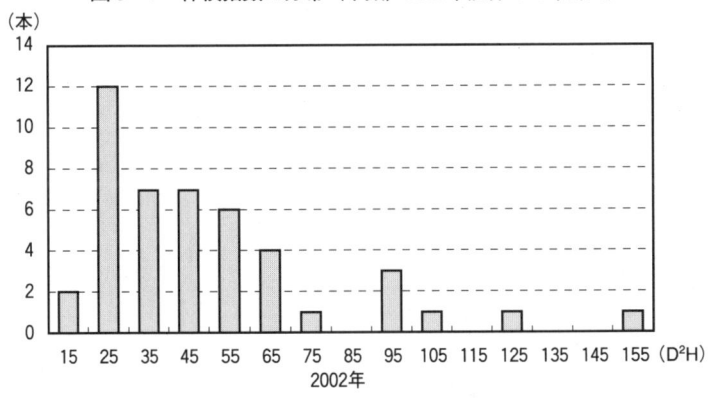

図3-5　体積指数の分布（本数，2002年植林2003年計測）

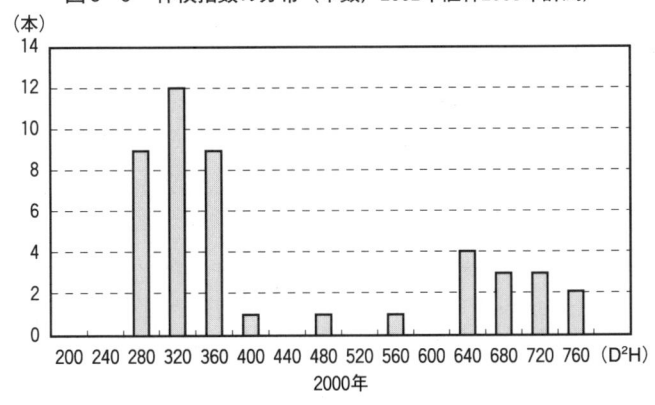

図3-6　体積指数の分布（本数，2000年植林2003年計測）

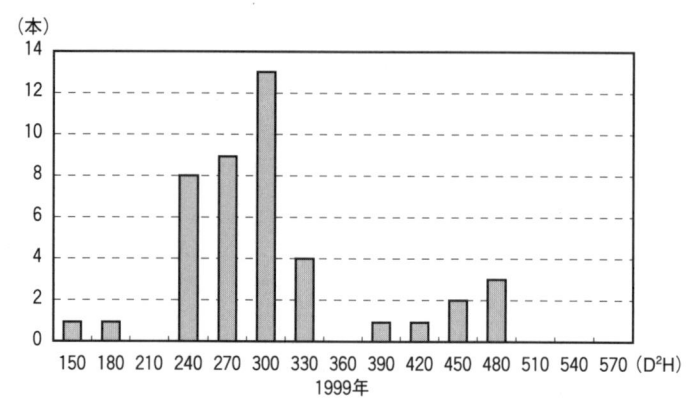

図3-7　体積指数の分布（本数，1999年植林2003年計測）

　さらに，各区画から数本ずつ樹木を伐採し，樹幹分析を行った。樹木の抽出には区画内で最も成長が速いものと最も遅いものを含むように指示した。2002年調査では樹幹分析を行った樹木は合計15本である[2]。2003年調査では各植林年ずつ15本で合計60本である。

　樹幹分析の方法は，第1に，この15本，ないし60本について幹を50cm間隔（5m以上の樹木については1m間隔）に切断し，葉，枝，幹，根の各部分の生重量を測定する。

　第2に，幹の部分については2cm厚のサンプルを輪切りに切り取り，次の項目について計測した。(1)生重量，(2)髄から樹皮までの短径と長径を4方向について，(3)1年前の年輪までの髄からの短径と長径を4方向について，(5)乾燥機にて絶乾重量を葉，枝，根と幹のサンプルについて計測した。

　第3に，これらの計測資料をもとに，われわれは樹幹の体積（材積）の計測，材積の増加分の計測，サンプルから得られた乾燥比率によって，幹の1年間の乾燥重量増加分を計算した。ただし，年輪が把握しにくい枝と根については，枝については樹幹部分の平均の成長率を，根の部分は一番地面に近い幹のサンプルの成長率を用いて乾燥重量の増加を推定している。

　第4に，伐採した立木ごとに年間の乾燥重量の増加分が計算されると，そ

　2）　樹幹分析は中国瀋陽市林業局の協力によって行っている。瀋陽市林業局は康平県の林業担当に契約書の内容通りに調査を遂行するように指示している。

の成長増加分と体積指数 D^2H との回帰分析を行った。その結果は，表3-2のようになっている。これによって区画内のすべての樹木について年間の乾燥重量の増加が計算できる。そして各区画の平均的な樹木1本当たりの乾燥重量の増加分が計算できる。

この回帰分析を行う前に，成長増加分 Δ 乾燥重量（dW）あるいは Δ 乾燥重量/乾燥重量（dlnW＝dW/W）と体積指数 D^2H の関係を図示したのが，図3-8～11である。図3-9をみると体積指数が変わっても成長率は一定の

表3-2　成長増加分 dW，dlnW と体積指数の回帰分析

〈2002年調査〉

| | 1999年植林 | | 2000年植林 | | 2002年植林 | |
従属変数	(1) dW	(2) dlnW	(1) dW	(2) dlnW	(1) dW	(2) dlnW
切片	6.9553	0.5781	4.9891	0.4149	0.6908	−0.6551
（標準誤差）	(7.7015)	(0.52353)	(0.1935)	(0.1300)	(0.0728)	(0.2316)
D^2H	0.00591		0.00494		0.01212	
（標準誤差）	(0.0022)		(0.0006)		(0.0033)	
$\ln(D^2H)$		0.27767		0.25508		0.20175
（標準誤差）		(0.0885)		(0.0223)		(0.0816)
D^2H, $\ln(D^2H)$ の平均	336.8	2.22	335.3	1.90	16.13	−0.09
標準誤差	0.617	0.07	0.0868	0.01	0.080	0.105
修正 R^2	0.612	0.688	0.952	0.970	0.752	0.561
サンプルサイズ	5	5	5	5	5	5

〈2003年調査〉

| | 1999年植林 | 2000年植林 | 2002年植林 | 2003年植林 |
従属変数	dW	dW	dW	dW
切片	2.6513	2.2476	0.74494	0.58533
（標準誤差）	(0.4619)	(0.3485)	(0.0842)	(0.0612)
D^2H	0.009224	0.01142	0.01266	0.008858
（標準誤差）	(0.0012)	(0.00082)	(0.0014)	(0.0031)
D^2H の平均	338.7	383.3	47.0	17.3
標準誤差	0.9519	0.5857	0.2051	0.1173
修正 R^2	0.8178	0.9325	0.8540	0.3430
サンプルサイズ	15	15	15	15

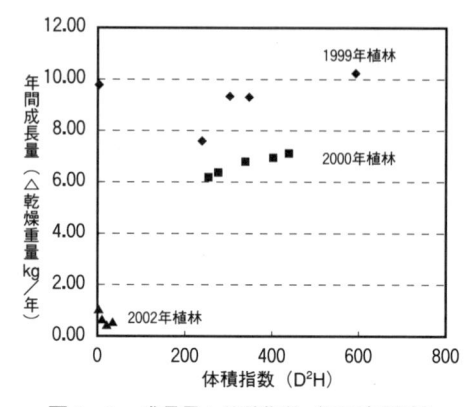

図 3-8　成長量と体積指数（2002年調査）

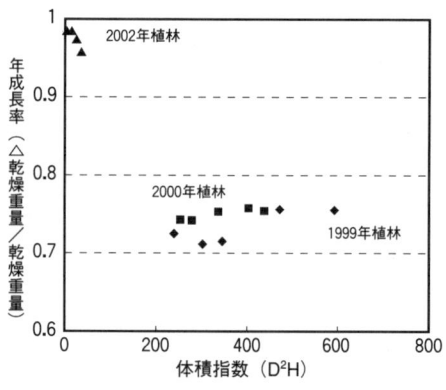

図 3-9　成長率と体積指数（2002年調査）

ようにみえる。それは図3-11をみればもっとよくわかるように，ほとんど成長率と体積指数は相関しないようにみえる。一方，図3-8では直線関係がよくわからなかったが，図3-10では体積指数と成長量が直線的な関係にあることがみられる。

　成長量は体積指数と直線関係にあることを利用して回帰分析をしたのが表3-2である。この関係が安定的に得られれば，成長量は体積指数を計測することで予測できることになる。

　表3-3の値を簡単に解説すると次のようになる。1999年に植林した樹木は調査年の2002年には平均1本当たり年間で8.95kgの乾燥重量の増加があ

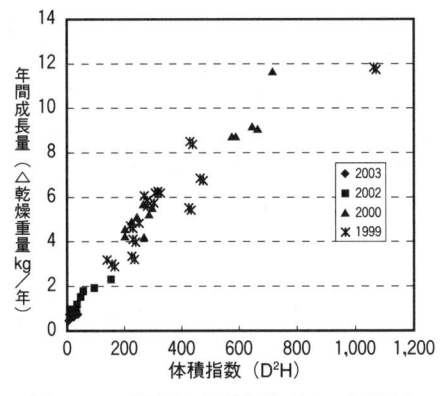

図3-10 成長量と体積指数（2003年調査）

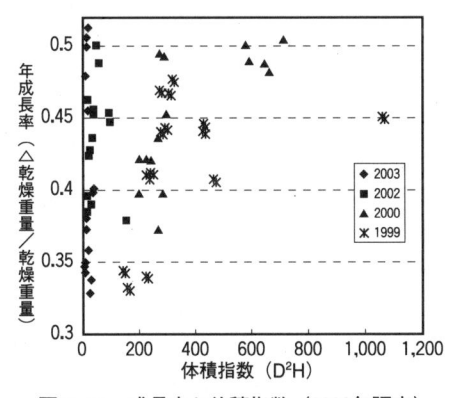

図3-11 成長率と体積指数（2003年調査）

った。CO_2に換算するときには，乾燥重量に0.455416をかけて[3]，さらに44/12をかけてCO_2換算の吸収量14.95kg-CO_2が得られる。同様に2000年に植林した樹木は調査年の2002年には1本当たり年間で6.65kgの乾燥重量の増加があった。CO_2換算では11.1kg-CO_2となる。2002年に植林した樹木は4月に植林し調査を10月に行ったため1年目の成長量であるが，0.89kgの乾燥重量の増加と1.49kg-CO_2の吸収があった。

各植林年次で植えた本数を掛け合わせると，2002年の合計は1999年に植林

---

[3] 2003年に哲林楊4号のサンプルを入手して，元素分析を行った結果である。元素分析は東京理科大学森俊介研究室の堂脇清志氏による。

表3-3　1本当たり年間成長増加分 dW と CO_2 吸収量の推定値（2002-3年調査）

植林年 調査年	1999年 2002年	2000年 2002年	2002年 2002年
乾燥増加分（kg）/本			
(1) dW の予測値の標本平均	8.95	6.65	0.89
(2) dlnW の予測値の標本平均の指数	8.97	6.67	0.91
吸収 CO_2（kg-CO_2）/本			
線形 dW の場合	14.95	11.10	1.49
植林全体の CO_2 吸収（t-CO_2）	1,130	700	281
植林したときの CO_2 排出量（t-CO_2）	13.07	10.89	32.66

植林年 調査年	1999年 2003年	2000年 2003年	2002年 2003年	2003年 2003年
乾燥増加分（kg）/本				
dW の予測値の標本平均	5.607	6.454	1.307	0.723
吸収 CO_2（kg-CO_2）/本				
線形 dW の場合	9.36	10.78	2.18	1.21
植林全体の CO_2 吸収量（t-CO_2）	708	679	412	54
植林したときの CO_2 排出量（t-CO_2）	—	—	—	7.78

した樹木が1,130t-CO_2，2000年に植林した樹木が700t-CO_2，2002年に植林した樹木が281t-CO_2吸収したことが計算される。これらを合計すると2002年に2,110t-CO_2の CO_2 を吸収したことになる。植林面積は386.7haであるため，ヘクタール当たりにすると，5.46t-CO_2/ha・year（1.49t-C/ha・year）となる[4]。同様の計算は2003年では1,854 t-CO_2の CO_2 を給した計算になり，面積当たりでは4.27t-CO_2/ha・year（1.164t-C/ha・year）となる。

CERs の対象である2000年以降は，合計で2000年に241t-CO_2，2001年に

---

[4] ちなみに，炭素蓄積量については，2002年の調査では1999年に植えたものの平均乾燥重量が12.65kg/本，2000年は8.91kg/本，2002年は0.94kg/本である。これに従うと，ヘクタール当たりの炭素量は，1999年で5.44t-C/ha，2000年で3.83t-C/ha，2002年で0.34t-C/ha となる。同様に2003年の調査では5.820t-C/ha（1999年），6.21t-C/ha（2000年），1.10t-C/ha（2002年），0.791t-C/ha（2003年）となる。まだ樹木が小さいために，1本当たり平均吸収量は蓄積量に対して大きな値となっている。IPCC のガイドライン（IPCC, 1997）による森林の CO_2 ストック200t-C/ha よりはかなり低い値である。IPCC のガイドラインでは巨木が植えられている状況を想定しているものと考えられる。

977t-CO_2吸収したことになる。ただし，これらの吸収量に対して植林時に1本当たり平均6.12元の給水，輸送費用がかかっている。これらの植林時の活動から誘発されるCO_2を計算すると，1本当たりで，0.172823kg-CO_2となる。

この植林によるCO_2のリーケージと言われる計算には中国の環境分析用産業連関表 EDEN 表（78部門）を利用している（慶應義塾大学産業研究所未来開拓プロジェクト，2002）。その計算には陸上輸送からの誘発CO_2と植林活動による誘発CO_2を合計して求めている。したがって，直接・間接排出されるCO_2の総量ということになる。

4. 植林によるCO_2吸収量の将来予測

(1) 成長曲線の推定

実測したCO_2の吸収量の計算は，これまで述べたような樹幹分析によってある程度計測できるが，今後どの程度CO_2を吸収するだろうかという投資プロジェクトとしての評価はまた別の方法で行わなければならない。

哲林楊4号で過去に数十年の間，こうした成長記録が存在すればそれを用いるのがよいが，残念ながら比較的最近に開発された樹種のため記録はない。

そこで，今後の予測については中国のポプラ（楊）に関する資料を収集して，ここに述べている手続きで推定を行った。つぎに述べる種については，最長22年まで成長量が得られた。これらの資料は，河北農業大学楊教授による調査と『楊樹集約栽培』を引用している。(1)741楊，(2)303楊，(3)106楊，(4)易県毛白楊，(5)小黒楊（松嫩地区），(6)赤峰楊-34，(7)小風楊，(8)山海関ポプラ各種，(9)昭林6号ポプラ（松遼平原区），(10)赤峰ポプラ（松遼平原区，内モンゴル高原区），(11)昭和6号ポプラ（内モンゴル赤峰）である。これらの資料をもとに樹齢に応じた成長曲線を計測した。成長曲線は，Logistic曲線，成長量を多項式近似したもの，Gompertz曲線を計測し，そのなかで当てはまりがもっとも妥当だと考えられるGompertz曲線を採用した。利用した資料には乾燥重量のデータが記載されていないので，成長量には体積指数

D^2H を用いた。

 Logistic 曲線は，D^2H の最大値が44647.71329であるので，これよりやや大きい値を用いて

$$YY = \frac{D^2H}{45000}$$

とし，Logit 変換をしている（表3-4）。

$$\ln\left[\frac{YY}{1-YY}\right]$$

計測パラメターを β_i（$i=0, 1, 2, 3$）とすると，

$$\ln\left[\frac{YY}{1-YY}\right] = \beta_0 + \beta_1 t + u$$

$$\ln\left[\frac{YY}{1-YY}\right] = \beta_0 + \beta_1 t + \beta_2 t^2 + u$$

$$\ln\left[\frac{YY}{1-YY}\right] = \beta_0 + \beta_1 t + \beta_2 t^2 + \beta_3 t^3 + u$$

で与えられる。
ここで t は樹齢，u は確率誤差項である。

 成長量を多項式近似した式は，計測パラメターを β_i（$i=0, 1, 2, 3$）とすると，

$$\ln(D^2H) = \beta_0 + \beta_1 t + \beta_2 t^2 + \beta_3 t^3 + u$$

となる。ここで t は樹齢，u は確率誤差項である。樹種別にも回帰分析を行っている。結果は表3-4のとおりである。

 Gompertz 曲線は，t を樹齢，α, β, κ をパラメターとすると次の式となる。

$$\ln(D^2H) = \alpha - \beta\exp(-\kappa t) + u$$

表 3-4　回帰分析による成長曲線の推定

従属変数	$\ln(D^2H)$	$\ln(YY/(1-YY))$
切片	2.91946	−10.1488
(推定標準誤差)	(0.2273)	(0.2919)
t	0.957716	2.03776
(推定標準誤差)	(0.05003)	(0.1095)
t^2	−0.0315293	−0.151669
(推定標準誤差)	(0.002311)	(0.01157)
t^3		0.00384024
(推定標準誤差)		(0.0003554)
Adjusted R-squared	0.971	0.930
log-likelihood	−184.1	−155.1
観測数	150	150
従属変数の平均	8.18938	−2.24492
従属変数の分散	3.95227	4.88859

表 3-5　Gompertz 曲線の推定

従属変数	$\ln(D^2H)$
α	9.8225
(推定標準誤差)	(0.063451)
β	10.380
(推定標準誤差)	(0.27083)
κ	0.30319
(推定標準誤差)	(0.011278)
残差分散	0.32107
推定標準誤差	0.55863
観測数	150
従属変数の平均	8.18938
従属変数の分散	3.95227

　ここで t は樹齢，u は確率誤差項である．この場合，推定には非線形最小2乗法を行った．Gompertz 曲線は非線形回帰を行っている．結果は表 3-5 の通りである．

　これらの異なったモデルでどれを選択するかは，ここでは統計的手法もいくつか開発されているが[5]，実績と予測値の図を比較してみることにした．

図3-12〜14は実際の値と予測値である。＋が当てはまり値である。

これらの図からみると，Gompertz曲線が成長の初期と後期の両方で当てはまりがよいことがよくわかる。したがって，われわれは推定にGompertz曲線を用いることにした。

(2) 体積指数（D^2H）と成長量の関係

年齢ごとの体積指数（D^2H）の対数を計算し，それから体積指数（D^2H）と成長量（dV）の推定を行った。成長量として資料で得られるものは材積の増加量である。これには，両対数の線形モデルを用いた。

$$\ln(dV) = a + b\ln(D^2H) + ct + u$$

ここで dV は材積の年間増加量，a, b, c は計測したいパラメターである。通常の最小2乗法による結果は，

$$\hat{a} = -9.41355, \hat{b} = 0.783950, \hat{c} = -0.0763955$$

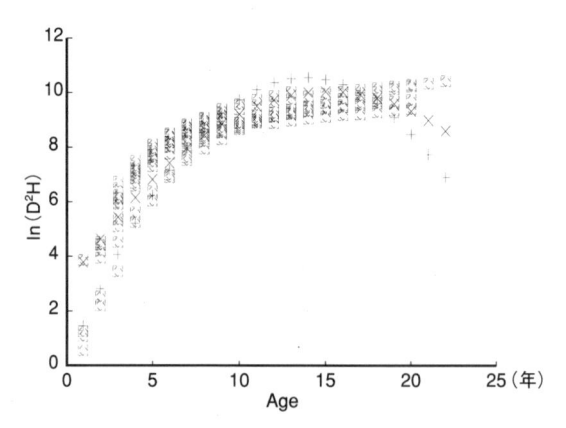

図3-12 対数多項式近似による推定結果

---

5) 表3-4では，自由度修正済み決定係数，対数尤度，およびAIC（掲載省略）のいずれの指標でもLogisticモデルはなく，対数成長量を多項式回帰した方が選択されることになる。この場合，結果の解釈は難しくなり，樹齢を30年以上に外挿した場合，樹木が縮むことになり，おかしくなる。

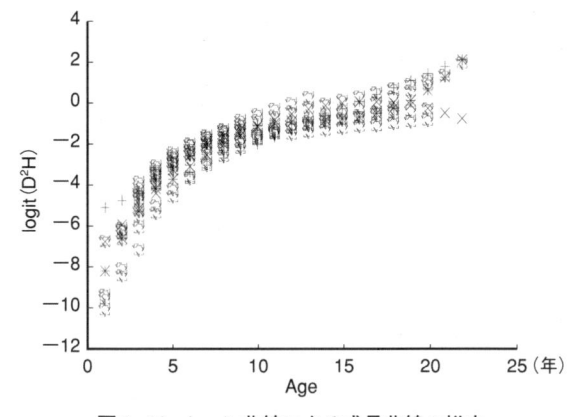

図3-13　Logit 曲線による成長曲線の推定

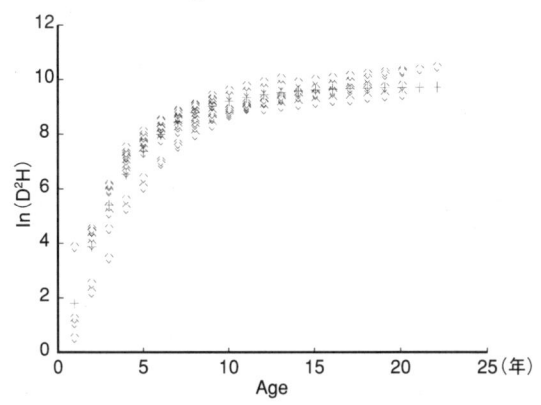

図3-14　Gompertz 曲線による成長曲線の推定

推定標準誤差は

$$\hat{\sigma}_{\hat{a}}=0.1780,\ \hat{\sigma}_{\hat{b}}=0.02985,\ \hat{\sigma}_{\hat{c}}=0.00112$$

サンプルサイズは150である。

　図3-15〜17は予測結果を樹齢別に示したものである。これらの推定により樹齢がわかると1年間に材積がどれだけ増加するかが推定できる。

　図3-17をみるとわかるように，ポプラの場合は樹齢が11から12年でCO_2吸収量が最大となり，その後は減少することがわかる。ただし，CO_2吸収量は減少してもゼロにはならないから，伐採してしまうよりはCO_2の sink に

貢献していると言える。この推定結果に従えば，ベースラインとして非常な老木のポプラの森があった場合には，伐採して新しいポプラを植林した方が数年でより高いCO_2吸収のパフォーマンスを示すことが示唆される。

われわれの植林地帯には樹木が無く，草もあまり生えていない荒地であるのでベースラインとしてのCO_2吸収量はゼロと考えてよい。草はむしろ植林した方が，木々の間でよく育つようになっている。

最後は，乾燥重量がどれだけ増加するかであるが，これは密度を用いれば換算することができる。調査した哲林楊4号について，平均の密度は0.359であった（東京理科大学理工学部森俊介研究室堂脇清志氏による）。これら

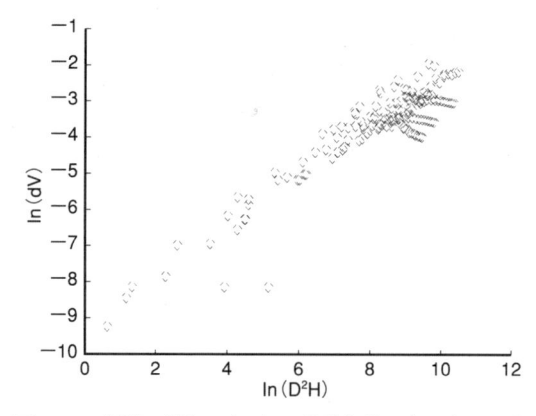

図3-15 材積の増加 ln(dV) と体積指数 ln(D^2H) の関係

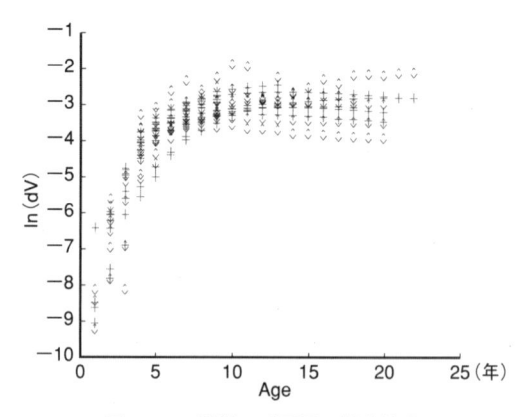

図3-16 樹齢と成長量の推定結果

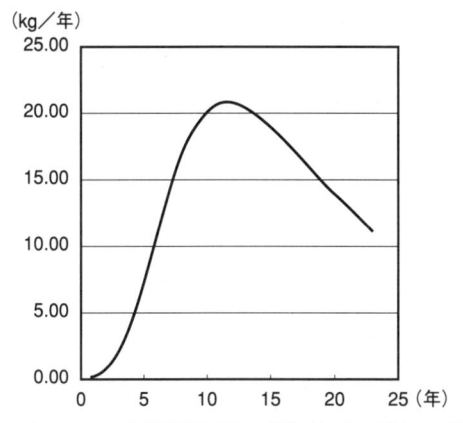

第3章 植林活動によるCO_2吸収の測定と予測　53

(kg／年)

図3-17　1本当たりの年間乾燥重量の増加量（kg／年）と樹齢の関係

の数値から，ポプラの成長量が今後1本当たり何キログラムであるかを推定したものが図3-17である。

5． CDMプロジェクトとしての植林活動の継続性

　計画ではこれまで吸収したCO_2のクレジットから得られる収入を再び植林に投資することを考えている。前節で計算した1本当たりの年齢別の乾燥重量の増加量に炭素含有率（0.4554167）をかけると年間の炭素固定量が計算できる。そこから得られるカーボンクレジットを売却して，その収益でさらに植林を行うという計画である。

　植林1本当たりのコストはこれまでの成果から1本当たり7.62元であるとする。インフレ率は想定していない。

　CERsの価格はもっとも不確定要素が大きいが，2US\$/t-CO_2，5US\$/t-CO_2，7US\$/t-CO_2を想定して計算した[6]。そのシミュレーション結果が表3-6～8である。

　われわれの計画では2004年までは自己資金で植林を行うことが計画されて

　6）　住友林業のインドネシアのCDMプロジェクトの計算（2003年6月5日ボン）では，0US\$/t-CO_2から30US\$/t-CO_2までケースを考えているが，どの場合でも赤字になるようである。

表3-6 植林投資した場合の試算：2US$/t-$CO_2$ の場合

	2000	2001	2002	2003	2004	2005	2006	2007
CO_2 吸収 (t)	250	751	1,736	2,148	3,717	5,734	6,692	8,634
純 CO_2 吸収 (t)	239	751	1,703	2,140	3,709	5,731	6,690	8,632
植林額 (US$)						15,376	10,317	12,042
CERs 収入 (US$)						17,084	11,463	13,380
新規植林	63,000	0	189,000	45,000	45,000	16,707	11,210	13,085
植林本数	138,600	138,600	327,600	372,600	417,600	434,307	445,518	458,603

	2008	2009	2010	2011	2012	2013	2014	2015
CO_2 吸収 (t)	10,471	12,257	13,759	14,910	15,739	16,320	16,731	17,044
純 CO_2 吸収 (t)	10,468	12,254	13,755	14,906	15,734	16,314	16,725	17,038
植林額 (US$)	15,538	18,842	22,057	24,759	26,830	28,321	29,366	30,105
CERs 収入 (US$)	17,264	20,935	24,507	27,510	29,811	31,468	32,629	33,450
新規植林	16,884	20,474	23,967	26,904	29,154	30,774	31,910	32,713
植林本数	475,487	495,960	519,927	546,831	575,985	606,760	638,669	671,382

	2016	2017	2018	2019	2020	2021
CO_2 吸収 (t)	17,315	17,582	17,868	18,181	18,524	18,895
純 CO_2 吸収 (t)	17,309	17,576	17,862	18,175	18,518	18,888
植林額 (US$)	30,668	31,156	31,637	32,151	32,715	33,333
CERs 収入 (US$)	34,076	34,618	35,152	35,723	36,350	37,036
新規植林	33,325	33,855	34,377	34,936	35,548	36,220
植林本数	704,707	738,562	772,939	807,875	843,423	879,643

いる。CERs の収入による再投資は2005年から始まるとし，2005年度は2000年，2001年，2002年，2003年，2004年分の吸収量に基づく CERs とそこからの収益で投資を考えている。植林計画は防砂林帯100km を一応の区切りとしている。それには植林本数で84万本必要である。

仮に5US$/t-$CO_2$ で収益のうち一割を維持費とし，その他はすべて植林に再投資したとすると，基準ケース（5US$/t-$CO_2$）では84万本の達成は2012～3年になる。ただし，これはクレジットが毎年分その年に発生して，その年吸収した分を翌年に植林するような想定で行っている。

あるいは初期に20万円分の植林（1,750本相当）をしたとして，その1,750本が年々成長することによって吸収する CO_2 から得られるクレジットの合計は20年間で約50万円となることがわかる（表3-9参照）。ただしドルと元がリンクしていることを想定しているので，為替レート変動のリスクはないと想定している。つまりドル安になれば元安で購入できる樹木の量が増え，その分炭素クレジットからの収入は元建てで減少する。再投資すればより効率的にクレジットが得られるが，もし20年間でずっと再投資せず CERs 価

表 3-7　植林投資した場合の試算：5US$/t-$CO_2$ の場合

	2000	2001	2002	2003	2004	2005	2006	2007
CO_2 吸収 (t)	250	751	1,736	2,148	3,717	5,768	6,770	8,902
純 CO_2 吸収 (t)	239	751	1,703	2,140	3,709	5,761	6,765	8,896
植林額 (US$)						38,439	25,923	30,441
CERs 収入 (US$)						42,710	28,803	33,823
新規植林	63,000	0	189,000	45,000	45,000	41,769	28,168	33,078
植林本数	138,600	138,600	327,600	372,600	417,600	459,369	487,537	520,614

	2008	2009	2010	2011	2012	2013	2014	2015
CO_2 吸収 (t)	11,010	13,027	14,984	16,767	18,393	19,950	21,530	23,211
純 CO_2 吸収 (t)	11,002	13,017	14,973	16,754	18,379	19,934	21,513	23,193
植林額 (US$)	40,031	49,510	58,579	67,380	75,393	82,704	89,705	96,809
CERs 収入 (US$)	44,479	55,011	65,087	74,867	83,770	91,894	99,672	107,566
新規植林	43,499	53,798	63,652	73,216	81,923	89,868	97,475	105,194
植林本数	564,113	617,911	681,564	754,780	836,703	926,571	1,024,045	1,129,240

	2016	2017	2018	2019	2020	2021
CO_2 吸収 (t)	25,056	27,108	29,394	31,927	34,716	37,768
純 CO_2 吸収 (t)	25,036	27,087	29,371	31,902	34,689	37,738
植林額 (US$)	104,368	112,663	121,891	132,169	143,559	156,099
CERs 収入 (US$)	115,964	125,181	135,435	146,854	159,510	173,443
新規植林	113,407	122,421	132,449	143,617	155,993	169,619
植林本数	1,242,647	1,365,068	1,497,517	1,641,134	1,797,127	1,966,746

表 3-8　植林投資した場合の試算：7US$/t-$CO_2$ の場合

	2000	2001	2002	2003	2004	2005	2006	2007
CO_2 吸収 (t)	250	751	1,736	2,148	3,717	5,790	6,821	9,080
純 CO_2 吸収 (t)	239	751	1,703	2,140	3,709	5,780	6,814	9,072
植林額 (US$)						53,815	36,414	42,931
CERs 収入 (US$)						59,794	40,460	47,701
新規植林	63,000	0	189,000	45,000	45,000	58,476	39,568	46,650
植林本数	138,600	138,600	327,600	372,600	417,600	476,076	515,644	562,294

	2008	2009	2010	2011	2012	2013	2014	2015
CO_2 吸収 (t)	11,372	13,547	15,820	18,045	20,239	22,505	24,959	27,694
純 CO_2 吸収 (t)	11,361	13,534	15,804	18,026	20,218	22,481	24,933	27,664
植林額 (US$)	57,155	71,573	85,263	99,562	113,566	127,370	141,632	157,075
CERs 収入 (US$)	63,505	79,526	94,737	110,625	126,185	141,523	157,369	174,528
新規植林	62,105	77,773	92,648	108,186	123,403	138,402	153,899	170,680
植林本数	624,399	702,172	794,820	903,006	1,026,409	1,164,811	1,318,710	1,489,390

	2016	2017	2018	2019	2020	2021
CO_2 吸収 (t)	30,793	34,323	38,335	42,873	47,981	53,706
純 CO_2 吸収 (t)	30,760	34,286	38,294	42,828	47,930	53,649
植林額 (US$)	174,286	193,788	216,003	241,255	269,817	301,960
CERs 収入 (US$)	193,651	215,321	240,003	268,061	299,796	335,511
新規植林	189,382	210,573	234,712	262,151	293,187	328,113
植林本数	1,678,772	1,889,345	2,124,057	2,386,208	2,679,394	3,007,508

表3-9 20万円投資した場合の収益

年数	1	2	3	4	5	6	7	8
CO_2 吸収 (t)	0	2	5	11	20	30	40	48
CERs 収入 (US$)	2	8	25	56	100	151	200	242
CERs 収入 (円)	199	950	2,955	6,695	12,004	18,110	24,051	29,069

年数	9	10	11	12	13	14	15	16
CO_2 吸収 (t)	55	59	60	60	59	57	55	52
CERs 収入 (US$)	273	293	302	302	297	287	275	261
CERs 収入 (円)	32,775	35,102	36,196	36,293	35,646	34,479	32,977	31,278

年数	17	18	19	20	21	合計
CO_2 吸収 (t)	49	46	43	40	37	831
CERs 収入 (US$)	246	231	216	201	187	4,154
CER 収入 (円)	29,485	27,669	25,878	24,143	22,483	498,439

格が 5US$/t-$CO_2$ であったとしても，この投資は年利4.67％程度であり哲林楊4号の成長はそれなりに速いことがわかる。

6. おわりに

実測した CO_2 吸収量はまだサンプルサイズが十分ではないため，2004年度も調査を計画している。データを蓄積することによって，元素分析の結果とあわせてより正確な吸収量の推定ができるようになると思われる。

ホスト国の持続可能な開発の達成の支援については，持続可能な開発の環境面からみれば CO_2 の削減のみならず，砂漠化防止，近隣農地の保水性確保があげられる。ただし，ポプラは成長が早いため他の樹木に比べ多くの水分を吸収してしまうことが指摘されている。現在までのところ，そうした脱水状態は観察されておらず，逆に植林地の間隔に近隣ではとうもろこしであった畑が，経済性のある小麦や野菜を栽培するようになっている。そうした点で，経済面からは田畑の収穫量の増加による所得拡大を保障するものと考えられる。

プロジェクトの課題としては中国の経済発展はめざましいことから，植林の人件費の拡大が想定される。現在のところ現地に住む農民は数多いため植樹は可能であるが，都市への移動が大幅にすすめば100km達成は不可能に

なる。よってこの投資はすみやかに進める必要がある。植林については不法伐採を監視する必要もないとは言えない。こうした場合のコストはだれが支払うのかについても検討が必要であろう。

防砂林の背後に経済林や農業生産が可能になったこと以外の環境への影響は，雨量の増加，強風日数の減少が林業局から2001年に報告されている。

参考文献

Brown Sandra, Bo Lim and Bernhard Schlamadinger (1998) "Evaluating Approaches for Estimating Net Emissions of Carbon Dioxide from Forest Harvesting and Wood Products." IPCC Expert Meeting on Land-Use Change and Forestry, 5-7 May 1998, Dakar, Senegal.

IPCC (1997) *Revised 1996 IPCC Guideline for National Greenhouse Inventories: Reference Manual*, Cambridge University Press.

IPCC (2000) *Land Use, Land-Use Change, and Forestry: A Special Report of the IPCC*, Cambridge University Press.

IPCC (2001) *Climate Change 2001: The Scientific Basis*, Cambridge University Press.

慶應義塾大学産業研究所未来開拓プロジェクト (2002)『アジアの経済発展と環境保全』第1巻，慶應義塾大学産業研究所。

慶應義塾大学大型研究助成プロジェクト (2002)「康平県植林CDM案件用資料作成要領」『中国の環境保全と地球温暖化防止のための国際システム構築に関する研究』。

Kira, Tatuo and Tsunahide Shidei (1967) "Primary Production and Turnover of Organic Matter in Different Forest Ecosystems of the Western Pacific." *Japanese Journal of Ecology*, 17 (2), 70-87.

佐藤大七郎 (1973)『陸上植物群落の物質生産 Ia——森林——』共立出版。

只木良也・蜂屋欣二 (1968)『森林生態系とその物質生産』財団法人林業科学振興所編。

米 丹・楊 敏生, "Contrast Analysis of the Character of Two Insect-Resistant Genes Transformed Hybrid 741 and its Giving Body." Agricultural University of Hebei, Baoding 071000. (中国語，英語要約)

趙 天錫・陳 章水編 (1994)『中国楊樹集約栽培』中国科学技術出版社。Zhao Tianxi and Chen Zhangshui eds. (1994) *The Poplar Intensive Cultivation in China*, China Science and Technology Press, Beijing. (中国語)

第 4 章

CDM をめぐる議論と植林プロジェクトの評価*

鄭 雨宗・和気 洋子

1. はじめに

　気候変動問題に関する議論は COP7（通称マラケシュ合意，2001年10月29日〜11月10日）において，京都議定書の詳細ルールについて合意が得られた。それにより京都議定書発効に向けた大きな前進があったと言えよう（表4-1）。しかし，京都議定書発効にはロシアの批准が欠かせない条件であり，その他にも途上国の参加と米国の京都議定書への復帰など依然として残された課題は多い。

　そしてリオ＋10の年，南アフリカで開かれた持続可能な開発に関する世界首脳会議（World Summit on Sustainable Development，通称ヨハネスブルグ・サミット，2002年8月26日〜9月4日）においては，京都議定書の批准問題をはじめ，貧困，生物多様性などの問題が議論された。特に地球温暖化問題においては京都議定書の批准を促す声明発表に合意し，その上ロシアが批准意思を表明することで京都議定書発効条件の一つである先進国温室効果ガスの排出量55％以上を満たす可能性が高くなった。

　また COP8（インドのニューデリー，2002年10月23日〜11月1日）では COP7で残された京都議定書実施のための細則につき，京都議定書に基づく報告・審査ガイドラインが策定され CDM の手続きについて整備されるなど

---

　* 本章は鄭雨宗・和気洋子（2003.2）の「CDM ガイドブック3」，『平成14-15年度慶應義塾大学大型研究助成プロジェクト』を改訂したものである。

表4-1 COP7での合意内容

途上国問題	・途上国の将来の約束に関する検討についてはCOP8に送る(協議未了)。 ・途上国の能力育成,技術移転,対策強化などを支援するための基金を設置(先進国の任意拠出)。
京都メカニズム	・遵守制度の受け入れは,京都メカニズムの活用の条件としない。 ・CDM,共同実施などで得た排出枠は自由に取引できる。 ・国内対策に対し補足的(定量的制限は設けない)。 ・共同実施,CDMのうち原子力により生じた排出枠を目標達成に利用することは控える。 ・排出量取引における売りすぎを防止するため,その国に認められた排出枠の90%または直近の排出量のうち,どちらか低い方に相当する排出枠を常に保留する。
吸収源	・森林管理の吸収分は国ごとに上限設定(日本は基準年排出量の3.9%分を正式に確保,またロシアは要求通り33百万トンを確保)。 ・CDMシンクの対象活動として,新規植林および再植林を認める。
遵守	・不遵守の際の措置に法的拘束力を導入するか否かについては,議定書発効後に開催される第1回締約国会合において決定。 ・目標を達成できなかった場合は,超過分の1.3倍を次期目標に上積み。

出所)環境省資料(2002)参照。

　一部では合意に至ったが多くの課題で結論が出せず,次の補助機関会合などで継続して審議されることとなった。そして今次会合では「デリー閣僚宣言」を採択したが,先進国と途上国の間には優先すべき事項について考え方に大きな隔たりがあり,南北の対立が目立った。

　イタリアで開催されたCOP9は吸収源CDMの定義とルールについて合意に達するなど一定の成果はあったものの予定された京都議定書の発効には至らず,よって1回目の議定書の締約国会議(COP/MOP1)は開かなかった。また小規模吸収源CDMのルールについては合意できず,今後の課題として残されることとなった。

　そこで本章では,COP7以後のCDMをめぐる議論とともにCDM植林プロジェクトに関する現状分析を目的とする。第2節ではマラケシュ合意以後の動向としてヨハネスブルグ・サミットとCOP8とCOP9での動向を見ることでマラケシュ合意後の論点の展開を探ることにする。第3節ではCOPでの議論の中で,特にCDMに関する議論を中心に各国の提案とAIJ

(Activities Implemented Jointly；共同実施活動）植林活動の事例を紹介することでCDM植林プロジェクトを展望する。第4節ではUNFCCCに登録されているAIJプロジェクトの現状とその中で植林関連プロジェクトの意味合いを探ることにする。そして慶應義塾大学が中国で行っている植林プロジェクト（通称瀋陽プロジェクト）との比較を通して瀋陽プロジェクトのCDM植林プロジェクトとしての可能性を展望する。

2．ヨハネスブルグ・サミットとCOP8

(1) ヨハネスブルグ・サミットでの議論と評価

　1992年の地球サミットから10年間の世界環境は悪化の一途を辿っており，また先進国と途上国の貧富の差は著しく拡大している。ヨハネスブルグ・サミットはこれらの問題の解決を目指して21世紀地球社会の将来像について世界の首脳が率直に話し合う会議であった。さらにCOP7（マラケシュ合意）での京都議定書の詳細ルールについて合意が得られたことを受け，各国は2002年開催されたヨハネスブルグ・サミットまでに京都議定書の国内における批准を終え，COP8までに京都議定書を発効させることを目指していた。その意味でヨハネスブルグ・サミットは京都議定書発効に向けた重要な会議であった。

　ヨハネスブルグ・サミットでは，2002年までに京都議定書の発効のために全力を尽くし，京都議定書を締結した諸国はまだ締結していない諸国に対して京都議定書をタイムリーに締結するよう強く求めた。それにはUNFCCCの義務およびコミットメントを履行し，目標達成のため各国が協力すること，開発途上国，移行国への技術・資金援助，能力向上を提供すること，IPCCに対する支援を継続し科学的および技術的な努力を築き強化して，その技術的解決策を移転すること，民間部門の技術を積極的に開発，普及させること，などが確認された。

　さらにヨハネスブルグ・サミットでは，持続可能な開発を進めるための各国の指針となる包括的文書として「実施計画」と持続可能な開発に関する

「ヨハネスブルグ宣言」を採択した。「実施計画」における注目点としては，
1 ）京都議定書の早期発効への取り組みが言及されるべく努め，「京都議定書の発効に向けてそのタイムリーな締結を強く求める」旨の案をまとめた。
2 ）資金・貿易に関しては，ドーハ閣僚宣言（第 4 回 WTO 閣僚会議，2001年11月 9 日〜14日）やモンテレー合意（メキシコ，開発のための資金に関するハイレベル協議，2002年 3 月18日〜22日）等，既存の合意の実施をむしろ重視すべきという日本の立場が反映された。
3 ）再生可能エネルギーに関しては，一律の数値目標を設けるのではなく，各国の実情に応じながら世界のシェアを十分に増大させることの内容が盛り込まれた。

また「ヨハネスブルグ宣言」では，各国が直面する環境，貧困などの課題を述べた上で清浄な水，衛生，エネルギー，食料安全保障等へのアクセス改善，国際的に合意されたレベルの ODA 達成に向けた努力，ガヴァナンスの強化などのコミットメントが記述された。

しかし当初ヨハネスブルグ・サミットにおいて予想されていたのは，締約国による批准を完了させ COP8 までに京都議定書を発効させることを目指すことであったが，米国抜きの発効には不可欠なロシアがまだ批准していないため，京都議定書の発効はヨハネスブルグ・サミットの間には間に合わなかった。結果的には COP8 期間中にも京都議定書の発効は間に合わず，2003年の COP9 へ持ち越されることとなった。

(2) COP8 の概要と論点別議論

2003年12月現在，京都議定書の締結に向けた各国の動向を見ると134ヶ国が議定書を締結しており，締結済み国の排出割合は44.2%に達している（参考資料 1 ）。ロシアの批准を待って発効要件（排出割合55%）が近いうちに満たされる見込みである。

このような状況の中で，第 8 回締約国会議（COP8）はインドのニューデリーにおいて開催された。京都議定書の運用ルールについては COP7 です

でに合意していたため，各国は数値目標が定められている第1約束期間以降の次のステップを視野に入れて COP8 に臨んだ。かろうじて各国の妥協を引き出し「デリー閣僚宣言」を採択したが途上国と先進国の間には，優先すべき事項について隔たりが生じ，特に世界全体の削減のあり方に対する議論を始めようとする先進国に対して，途上国側には先進国の義務の履行に対する不信感が強く，途上国の持続可能な開発と温暖化の被害への対応が最優先課題だと主張し，議論は最後まで平行線をたどった。COP8 では「デリー閣僚宣言」の他にも気候変動枠組条約のもとで議論すべきことや，京都議定書の実施ルールでさらに詰めなければならないことの交渉も行われた。しかし一部では合意に達したが多くの議題が結論を出せず，次の補助機関会合などで継続して審議されることとなった。そこで COP8 において論議された内容を論点別にまとめると以下のようである。

▶ **京都議定書に基づく報告および調査**：COP7 で積み残し事項となっていた割当量（排出枠）および国別登録簿の報告，調査の形式，京都メカニズム参加資格の回復に関する迅速な手続き，登録簿の技術基準等（京都議定書5，7，8条関連の詳細ルール）に関して合意に達成した。

▶ **CDM における吸収源活動**：COP7 では CDM 事業として新規植林・再植林に限って基準年排出量の1％を上限に，吸収源活動を利用することを認めた。その方法論や定義についてさらに検討することが必要になっており，追加性やリーケージ，非永続性などの詳細な論点について議論されたが，各国が意見を述べ合うだけで終わり，議論は次の SBSTA で継続されることとなった。

▶ **国別報告書**：各国ごとの温室効果ガス排出・吸収量や気候変動対策に関する国別報告書につき，先進国は第4次国別報告書を2006年1月1日までに提出することとなった。途上国を対象とした国別報告書作成のためのガイドラインの改訂は，ガイドラインの充実を主張する先進国に対し，途上国は作業の負担が大きくなることに反対したが，結局現行ガイドラインよりも内容が充実した改訂ガイドラインが策定された。また改訂されたガイドラインは途上国の第2次以降の国別報告書提出に適応される。

▶ **資金メカニズム**：途上国を支援するための資金は気候変動枠組条約にお

いて決まった地球環境ファシリティー（GEF）にCOP7で設立された特別気候変動基金および後発開発途上国基金（LDCF）がある。今次会合ではGEFに対する追加的指針のほか，後発開発途上国基金については迅速な運用と支払いを確保することとしたガイダンスを，また特別気候変動基金についてはCOP9で遅延なく基金を運用するためのガイダンスを作ることを決めた。迅速な資金供与を求める途上国と，資金供与にあたっての途上国のニーズや用途の透明性を高めることなどを求める先進国間の議論は，拙速・曖昧な指針提出に反対した先進国側の主張にほぼ沿った形で合意した。

▶ **ブラジル提案**：ブラジルはCOP8の前から（正確にはSBSTA14で提案，2001年6月）気温上昇への過去の排出の寄与度に応じて，各国に排出削減を分担するアプローチを提案してきた。この「ブラジル提案」は，実際にまだ研究が大きく前進しているわけではなく，気候モデルを利用して世界4地域[1)]の歴史的累積排出量による平均気温変化や海抜上昇，放射強制力の変化などについてデータを収集し，結果の感度や不確実性について検討している段階である。そのため現時点では国レベルでの分析やpeer-reviewも行われておらず，研究の結果から結論を引き出すことは適切ではない。しかしこの研究を通して歴史的累積排出量と気候変動の関係が科学的により明確になることによって，将来の世界各国の活動を方向付ける際に参考になる情報を提供できる可能性もあり，全締約国にとって目の離せない提案であることは確かである。そして今後もさらに検討を進め，SBSTA20（2004年6月）にその進展を報告し，SBSTA23（2005年6月）に議論することになった。

▶ **カナダ提案**：天然ガスなどの温室効果ガスの排出量が少ないエネルギーの議定書締約国ではない先進国への輸出分をクレジットとして換算（年間7000万t-CO_2）し，第1約束期間における京都議定書目標達成に使用できるようにするという提案である。本問題に対してカナダは長期的な視点で今後も専門家による議論を実施し，SBSTA21（2004年/COP10と同時開催予定）までに報告書を作成することについてCOP8で決定することを求めた。こ

---

1) 1990年のOECD加盟国，東欧および旧ソ連，アフリカ・南米・中東，アジアの地域に分類される。

れに対して，EU，サウジアラビア，スイス，G77＋中国などが，この提案はカナダ一国の利益に過ぎない，あるいは京都議定書との整合性の問題という観点から反対を表明した。一方，ロシア，スロベニア，ニュージーランド，ポーランドなどは本問題について興味を示し，分析を進めることに賛成した。最終的には次回のSBSTAにおいて継続して協議することとなった。

COP8期間中には，今までのような先進国と途上国側の対立が目立っていた。まず途上国側は先進国が気候変動枠組条約やCOP7における約束を以下の点で履行していないことを強く指摘した。1）1990年レベルに安定化するという目標を達成していないばかりではなく，排出が増加している先進国がほとんどであり，排出削減努力が不十分である。2）途上国が気候変動による悪影響に適応するために必要な技術移転や能力向上，国別報告書作成などに関する実施および資金面における先進国の支援が不十分である。3）気候変動に対応するためにとられる先進国の措置の産油国などへの経済的悪影響への配慮が不十分である（特に産油国が主張）。

一方，先進国側の主な主張は以下のようである。1）京都議定書は温室効果ガスの濃度を気候系に悪影響を及ぼさない水準に安定化させるという条約の究極の目的に対しては，小さな第一歩にすぎないこと，2）気候変動に対して世界全体で取り組んでいくことが重要であり，早急に2013年以降の対策について検討を開始すること，3）将来の取り組みについての対話開始が，途上国の削減目標導入にすぐにつながるものではないことである。

(3) COP9における論点別議論[2]

当初，京都議定書はロシアの批准を得てCOP9で発効される予定であった。しかし12月2日プーチン大統領側近が「京都議定書はロシアの経済成長を阻害する恐れがある」と発言するなど混乱が生じた。その中で開かれたCOP9（イタリア・ミラノ，2003年12月1日〜12日）は京都議定書の発効に目途が立たない中で開催されたため，京都議定書の発効と実施に向けた各国

---

2) 地球産業文化研究所のCOPに関する日報および資料を主に参考とした。

の対応が注目された。COP9ではCDMにおける植林・再植林を含むためのルール，土地利用・土地利用変化・森林に関するグッドプラクティスガイダンス（LULUCFGPG），特別気候変動基金（SCCF）等の様々な問題について議論が交わされた。特に今回のCOP9ではCOP7からの課題とされていた「CDM植林プロジェクトの実施ルール」についての合意に達することで京都議定書発効と実施に向けて前進があったと評価される。

今回のCOP9における主な合意事項および議論についてまとめると以下のようである。

▶ **CDM植林プロジェクトと土地利用に関するガイダンス**：COP7で見送られたCDM植林プロジェクトの定義とルールについて合意に達した。SBSTA16（2002年5月）から始まった当事項に関する作業は，各国による膨大な数の提案が2年間かけて少しずつ収束させられてきて，最終的には合意文が採択された。その実施ルールついては次節で詳しく述べる。また，土地利用・土地利用変化・森林に関するグッドプラクティスガイダンス（LULUCFGPG）はCOP7にて，土地利用・土地利用変化・森林に関してより不確実性が小さく，より正確な温室効果ガスのインベントリーを作成するために参考となるガイダンスの作成をIPCCに要請した背景がある。今回のCOP9において採択されたガイダンス（LULUCFGPG）を利用することで，各国がより透明で一貫性があり，他国との比較が可能なインベントリーを作成することが期待できる。

▶ **IPCC第3次評価報告書（TAR）の利用方法**：IPCCの第3次評価報告書をUNFCCC（SBSTA）の活動の中で利用し，各国の気候変化に対する理解を深めるとともに，各国の持つノウハウを共有する方法を検討した。決定案ではまずSBSTA20にて決定した2つのアジェンダ（「気候変動の影響，脆弱性，および適応措置の科学的，技術的，社会経済的な側面について」，「緩和措置の科学的，技術的，社会経済的な側面について」）の下，特に「持続可能な発展」，「（気候変化に適用する，または気候変化を緩和する）機会と解決法」，「（気候変化に対する）脆弱性とリスク」という3つのテーマに沿って議論を開始すること，第2に以上の3つのテーマについて各国政府が2004年3月15日までに事務局に意見を提出すること，第3にSBSTA20にて

2つのアジェンダの下でそれぞれワークショップを開催し上記テーマについて議論すること，そして最後にSBSTA20にて次の活動ステップについて合意すること，の4点が書かれている。またCOP決定案にはSBSTA20で2つのアジェンダの下，各国の経験や情報を共有することに焦点をおいて活動を開始すること，およびCOP11にてこの事項について報告することの2点が主に書かれている。この案自体に具体的な内容は何もないが，決定案を作成することそのものに強硬に反対していたG77＋中国に配慮した結果と思われる。

▶ **資金メカニズム**：COP9において，資金メカニズムに関する議論として特別気候変動基金（SCCF），地球環境基金（GEF）が議論された。この中で，途上国の支援を進めるための特別気候変動基金についてのガイドラインは採択されたが，経済の悪影響に対する補償の扱いについてはCOP10に持ち越しとなった。

▶ **カナダ提案**：第1約束期間において温室効果ガス低排出エネルギーの輸出により得られるクレジットを年間7,000万 $t-CO_2$ まで認めるように求めた提案にSBSTAは第16回会合で留意した。第17回および第18回会合でもかかる問題を検討したが合意に至らなかった。カナダは長期的な視点で今後も専門家による協議を実施するよう求め，また第1約束期間にこだわらず，第2約束期間以降の検討課題として取り入れるよう要請していた。SBSTA19でも，カナダはこの問題についての見解を各国に求めるように促した。カナダ提案にSBSTA18の時と同様にロシアは賛成したが，EU・G77＋中国や他の国々は反対した。今回も合意に至らなかったが，カナダは今後進捗がみられることを強く望んだ。

▶ **ブラジル提案**：歴史的累積排出量によって各国の排出削減目標に差異をつけるというブラジル提案は更にSBSTA20（2004年6月）には進捗状況を報告し，同会合にてサイド・イベントも開催されること，およびSBSTA23（2005年6月）には研究の進捗状況についてレビューすることもSBSTA17にて決定されている。研究では，気候モデルを利用して世界4地域の歴史的蓄積排出量による平均気温変化や海抜上昇，放射強制力の変化等についてデータを収集し，結果の感度や不確実性について検討等を行っている。この研

究が今後どのように扱われるのかは不明だが，歴史的累積排出量と気候変動との関係が科学的により明確になることにより，将来の世界各国の活動を方向付ける際に参考になる情報を提供できる可能性もある。そのため全締約国にとって目の離せない提案であることは確かである。

3．CDM関連の議論

(1) CDM関連内容

京都メカニズムの詳細なルールについてはCOP7において合意が得られており，そのなかでCDMに関しては主に次のような内容である（表4-2）。

なお，COP8におけるCDMに関連する議論は会議の初2日に重なって開催されたCDM理事会第6回会合，その後に行われたQ&Aセッション，コンサルテーション，およびCOP8総会で取り扱われた。まず，10月23日～24日に開催されたCDM理事会第6回会合では，Operational Entity (OE) 信任に関する現状，信任手続きガイドラインの改訂の必要性，ベースラインの方法論作成状況，小規模CDMの手続き，プロジェクト登録料などについて

表4-2　COP7におけるCDM関連合意内容

CDM事業の開始時期	2000年以降に開始された事業で，2005年末までに登録されれば，CDM事業として認められる。認定排出削減量（CERs: Certified Emission Reductions）は2000年1月以降に遡って発効できる。
資　金　要　件	CDMへの公的資金供与がODAの流用となってはならない。
適　応　基　金	CDM事業活動で発行されたCERsの2％を収益負担金（share of proceed）として議定書上の適用基金に資金供与。
原　子　力　事　業	原子力施設により発生したCERsを使用する事を差し控える。
CDM吸収源活動	植林および再植林のみに限定し，第1約束期間でのCDM吸収源活動は基準年排出量の1％の5倍までに制限する。また，将来のCDM吸収源活動の扱いは第2約束期間の交渉時に行う。そしてCDM吸収源活動の方法および手順についてSBSTAに検討を要請してCOP9で決定する。

出所）鄭雨宗・和気洋子・疋田浩一（2002.3）。

議論された。その後，CDM 理事会を傍聴できなかった人々にも情報を提供するために，24日の夜には CDM 理事会による Q&A セッションが開かれた[3]。質問の内容としては CDM 理事会会合の透明性の問題，ベースライン作成およびリーケージの計算方法のためのユーザーガイドラインの必要性，地域的な専門家知識をもっている信任チームの必要性などが主であり，特に目新しい視点がみられたわけではなかった。

10月25日に行われた COP8 総会では CDM 理事会の報告が行われ，各締約国からは特に理事会の規約について異議が唱えられた。サウジアラビアは「コンセンサス」の捉え方について修正点を挙げ，認められた。また，米国は理事会会合の出席および情報開示の不十分について規約の修正を求めた。その他，ベースラインおよびモニタリングの方法論について更に詳細なガイダンスの必要性，非附属書Ⅰ国の能力向上および Applicant Operational Entity へのインセンティブの必要性などが EU などから述べられた。

COP8 総会で出された様々な意見をもとに更に議論を深めていくこととなった CDM 理事会は翌日10月26日にコンサルテーションを行った。その場でもサウジアラビアと米国の規約に対する異議が唱えられたが，ほとんどは COP8 総会で意見が出された点の再確認であり，その他は内容に直接影響しない技術的な問題であったため，法律の専門家に文章を調整してもらうということで終わった。

以上の議論を経て COP8 最終日には以下の点が決定された。

▶ CDM 理事会の修正された規約が採択された。特に米国の主張である京都議定書の未批准国でも批准国やオブザーバーと同じ権利を有しているという点が盛り込まれた。しかし，まだ米国やサウジアラビア等からは「コンセンサス」のあり方，透明性，出席形態（Attendance）等について異議が出ていることから，これからも規約について検討を続けることとなった。

▶ 小規模 CDM の簡易化された様式および手順が採択された。小規模

---

[3] CDM はビジネスチャンスとして多くの企業からも注目されているメカニズムであるが，CDM 理事会会合は50名の限られた傍聴者のみにしか開放されておらず，特に米国からは理事会会合の透明性に問題があることが指摘されているため，どうしてもこのような機会をもたざるを得なかったと言える。

CDMについてはプロジェクト設計書などまだ完成されていない部分もあるため，その点に関しては今後検討を取り急ぎ行うこととなった。

▶ CDM理事会がOEの認定および指定を暫定的に行うことが認められた。従来ルールによると，OEはCOPで正式に指定されるまで営業活動を控えなくてはならなかったが，今回の決定によりOEが営業活動を控える必要がなくなり（とはいえ正式な指定はCOPで行う），CDMプロジェクトの登録が円滑に進められることとなった。

▶ 今後も引き続きUNFCCCサイトのCDMセクションやCD-ROMにより最新の情報を提供する。

▶ CDMプロジェクトに参加したい締約国はDNA（Designated National Authority）を早急に設置する。またUNGCCC事務局はUNFCCCサイトにauthorityの設立に関連する情報を掲載する可能性がある。

▶ 締約国は補助的活動へのUNFCCC信託基金に寄付することが望まれる。

このように，CDM理事会によるOEの暫定的指定が可能になったことやベースラインの方法論等まだ決定していない部分はあるにしても，小規模CDMの定義および手順が採択されたことで，どうにかCDM活動の開始が可能になった。そうした意味でCOP8は一定の成果を収めたものと思われる。

その中で日本の動向をみると，2002年7月地球温暖化対策推進本部幹事会決定「京都メカニズム活用のための体制を整備について」に基づき，JI（Joint Implement；共同実施）およびCDM事業の承認に関する手続き，その他必要な事項が定められた。日本政府としてはできるだけ多くのJIおよびCDM案件を承認したいという意向である。具体的なCDM申請については，申請書様式および手引き等についての手続きマニュアルが公表されている（参考資料2）。CDMプロジェクトの流れは，投資国によるCDM事業申請に対してホスト国そしてCDM理事会が指定する第三者機関による認証がそれぞれ必要である。

(2) CDM 植林活動

　COP7で要請され，SBSTA16で検討が始まった「CDM活動に新規植林と再植林を含めるための定義および方法の策定」について，SBSTA17でも引きつづき検討が行われた。今回もコンタクトグループという形式で前回と同じ議長のもと，非永続性[4]，追加性，ベースライン，リーケージ，社会経済・環境影響，不確実性[5]といった言葉の定義について議論を重ねた。もともとSBSTA16で採択した通り，COP9までに定義および様式を策定するという予定であるため，今回は各締約国からそれぞれの言葉の定義に対する意見を募るのみにとどまった。

　その中でも，特に非永続性（non-permanence）の問題が最大のポイントとなった。これに関してはEUの提案である「Temporary CERs (tCERs)」という概念とカナダの保険付きCERs「Insured CERs (iCERs)[6]」という概念の2つの大きな提案がなされている。EUの提案であるtCERsは，CDM植林活動によって発行されたクレジットは約束期間の削減目標達成に利用しても良いが，有効期限は5年に制限することである。そして，有効期限が来たものは，モニタリングによりまだ完全に隔離されているかどうかを確認し，隔離されている場合はクレジットを再発行する。しかし，何らかの理由で隔離されていない場合は，tCERsは失効され，最終的にはAAU（Assigned Amount Unit；割当量単位）から差し引かれる。よって，削減目標に利用している場合には，その分を他のクレジットで置き換えなくてはならない。このような提案には，CDM植林活動がもつ特有の非永続性の問題が背景にある。CDM植林活動によるプロジェクトは，他のプロジェクトと違って[7]対

---

4) 非永続性は吸収源となる森林の伐採・焼失により吸収した炭素を排出した場合などのクレジットの扱い問題である。
5) 不確実性は森林による温室効果ガス吸収量の計測値が一定していないこと等の問題である。
6) CDM植林プロジェクトによって獲得したCERsは永続的なものにして，その代わり何らかの形で買い手が責任をとる。これはCDM植林プロジェクトから出てくるCERsの市場性を強調し，事業次元から活用させることを目的にした提案である。
7) 例えば，発電プラントによるCDMプロジェクトの場合，プラントそのものは永続的に存在する。

象とした植林が永続的に存在するかという問題が発生する。つまり，CDM植林活動によってクレジットを獲得した後，対象とした森林が伐採・焼失によってなくなった場合，今までの吸収源が逆に排出源となる恐れが出てくる。

吸収源活動による炭素吸収は永続的に維持されなければ，逆に将来的には排出源となり，正味吸収量が大幅に減少してしまうリスクが存在する。一方，化石燃料消費の削減の場合には，一度削減された炭素が再び排出されるリスクがないため，削減努力が確実に排出量抑制効果をもつ。非永続性の問題は吸収源の永続的な維持が困難であるというリスクを考慮せずに，排出抑制効果が確実な排出削減努力を吸収源活動によって代替することにともなう，環境十全性（environmental integrity）の懸念が背景にある[8]。さらに，この問題は，以前COP6において提起された問題であり，いわゆるプロンク・ペーパー（プロンク議長の仲裁案）における森林管理活動の大幅な割引率[9]の設定根拠の一つにこの非永続性があげられていた[10]。

しかしこのtCERの概念で運営した場合，市場からtCERが排除される可能性も出てくる。すなわち，CDM植林活動によってtCERを獲得しても，場合によっては5年後にクレジットを失う可能性もあり，その分のリスクが上乗せられてクレジットの価格に影響を与えるであろう。その結果，現在ただでさえ市場競争力が弱い[11]CDM植林プロジェクトはますます市場から排除される可能性がある。

この非永続性に関する各国の反応は，まずEU提案に対して，中国，コロンビア，コスタリカ，米国などが賛成しており，カナダからのInsured CERに関しても，同じような国から賛同を得ている。またスイスはそれらの提案に基本的には賛同しているが更なる検討の必要性や責任の所在の明確化など

---

8) Tonvanger, A., K. H. Alfsen, H. H. Kolshus and L. Sygna (2001) pp.65-66.
9) その当時，植林活動からのクレジットを85%割り引いた分のみをCERsとして認める案であったが各国の反対によって採択されなかった経緯がある。
10) 山形与志樹，石井敦，(2001) p.3.
11) 通常，CDMプロジェクトはJIと異なり高い取引コストがネックとなっており，さらに米国の京都議定書脱退による買い手不足で排出権取引市場で取引されるCO_2価格は非常に安くなると予想される。その結果，わずらわしいプロジェクトを避けて排出権取引市場で購入するようになり，ますますCDM植林プロジェクトは市場性を失うことになり得る。

を唱えている。G77＋中国は吸収源による炭層隔離が天然資源や生物多様性の保全の持続可能な利用に貢献するという認識を示しているが，一方で炭層隔離は一時的でありプロジェクト期間後ホスト国は隔離された吸収量を維持する責任を負わなくて良いものと考えている。

また日本はCDM植林への対処方法として，必要以上に制限的で詳細なルールを設けることに反対で，通常のCDMルールに準ずることとし，それで対処しきれない部分のみ新たなルールを策定することを主張した。それに対しEUやG77＋中国は社会経済・環境影響への考慮や追加性等について細かく検討することやガイドラインの必要性等を主張しており，通常のCDMよりも大きな制約条件を課すような意見を述べていた。またコロンビア等は炭素吸収のためのみに森林を利用することに対する懸念を示しており，カナダも（実質的にも資金的にも）持続可能なCDM植林活動を支持する発言をしていた。

その他にも様々な意見が募られたがその内容に関しては決議に反映されることなく，今後もSBSTA16の際に決定した作業プログラムに則って検討をつづけていくこと，事務局によるオプション・ペーパーを作成すること，2003年2月にワークショップを行うことが確認された，という結論が採択されたにとどまった。

このようなCOP8での議論を背景に開かれたCOP9では，CDM植林プロジェクトの定義とルールについて合意に達した。

まず第1に「再植林」の定義については，マラケシュ合意と同じく1989年12月31日時点で森林でなかった土地を森林にすることとする定義を採用した。

第2に「非永続性」の問題については，植林または再植林された森林が，その後，火事や伐採などにより消失してしまった場合の扱いが最大の関心事項であった。それについて上記のようにEUなどは発行されるクレジット（CERs）を有効期限付きにする方法（有効期限付きCERs: temporary CERs (tCERs)）を提案し，カナダは将来の森林消失に対して保険をかける方法（保険付きCERs: Insured CERs (iCERs)）を提案してきた。今回の合意ではCDMのもとで行う「新規植林」「再植林」事業によって得られるクレジットは，新しく植林・再植林された土地が伐採されたり，火事になったりした

場合などを想定し，以下の2種類のクレジットを発行することとなり，事業者は，以下の2つから選択することができる。

1) 約束期間内有効なクレジット (tCERs: Temporary CERs) を発行する。tCERs はそのクレジットが発行された約束期間 (5年間) 内有効で，削減目標の達成に使うことができる。しかしクレジットの効力がなくなる時 (5年後)，国内のエネルギー起源の温室効果ガス排出削減で得たクレジット (AAUs)，国内の吸収源事業で得たクレジット (RMUs)，共同実施のもとで行うエネルギー起源の温室効果ガス排出削減で得たクレジット (ERUs) などと差し替えなければならない。また約束期間内に削減目標の達成などに使わず余ってしまったクレジットは，次の約束期間に繰り越すことはできない。

2) クレジット発行期間内有効なクレジット (lCERs: Long-term CERs) を発行する。lCERs は，5年ごとに行われる検証などで問題がなければ，そのクレジットが発行されたクレジット発行期間 (最大60年) 内有効で，削減目標の達成に使うことができる。しかしクレジットの効力がなくなる時 (最大60年後)，国内のエネルギー起源の温室効果ガス排出削減で得たクレジット (AAUs)，国内の吸収源事業で得たクレジット (RMUs)，共同実施のもとで行うエネルギー起源の温室効果ガス排出削減で得たクレジット (ERUs) などと差し替えなければならない。また tCER と同様一度発行されたクレジットで約束期間内に削減目標の達成などに使わず余ってしまったクレジットは，次の約束期間に繰り越すことはできない。また，吸収量が保たれていない場合は失効した分のクレジットを他のクレジットで補填する必要がある。

第3に遺伝子組み替え生物 (GMO) や侵入外来種 (alien invasive species) による植林・再植林の問題については，これを制限しようとする意見と，制限すべきではないとする日本などの意見が対立した。合意では，遺伝子組み替え生物や侵入外来種を制限する明確な規定は盛り込まれなかったが，事業者は CDM 理事会に提出する事業計画書 (PDD) で生物種について明記することになった。また事業を実施する途上国が，国内法でこれらの

遺伝子組み替え生物や侵入外来種の危険性について評価を行い，投資する先進国もこうした遺伝子組み替え生物や侵入外来種などの植林または再植林で得たクレジットを使うかどうかを国内法で評価することが決定文書の前文に記載された．

　第4に小規模吸収源CDMについても議論されたが，エネルギー関連のCDMプロジェクトでは年間10,000t-CO_2以下の小規模プロジェクトに対して簡素化された手続きが認められている．CDM植林においてもこのような小規模プロジェクトの概念を設け，簡素化された手続きを認めるかどうかが議論されてきた．今回においてはCDMのもとで行った「植林」「再植林」にも，簡素化した手続きが適用される小規模プロジェクトの実施が認められた．小規模事業は，CDMのもとで行う「植林」「再植林」によって得られる吸収量が年間8,000t-CO_2以下のこととされた．具体的にどのような手続きにするかは，SBSTA20（2004年6月）で検討することとなった．

　第5に，環境評価と社会的影響評価に関する国際的な基準については，事業者がCDMのもとで「新規植林」「再植林」事業を実施する際，作成する事業設計書（PDD）に事業実施予定の土地の所有権に関する情報，その事業が事業実施予定の地域の生物多様性や生態系をはじめ環境にどのような影響を与えるか，事業実施予定の地域以外の生物多様性や生態系をはじめ環境にどのような影響を与えるか，またその事業が事業実施予定の地域やその地域以外に住んでいる人たちの社会や経済にどのような影響を与えるかについて明記することになっている．

(3) CDM植林プロジェクトの事例

　ここでは，国際緑化推進センター（JIFPRO）のAIJプロジェクト事例を中心にCDM植林プロジェクトへの可能性を展望することにする．AIJプロジェクトは実際に京都メカニズムが動き始めた段階でCDM植林プロジェクトに必要な要件が組み込まれていると想定されるので，これらのAIJプロジェクトを解析し，CDMプロジェクトへの採用の可能性を考察する必要がある．

```
全世界で27件 ─┬─ 附属書Ⅰ国国内措置（RMU）6件      内，第1約束期間のCDM植
              ├─ 附属書Ⅰ国共同実施（JI）2件         林対応プロジェクト　7件
              └─ CDM対応プロジェクト　19件 ─┬─ 造林　4件
                                           └─ 社会林業・農民造林　3件
```

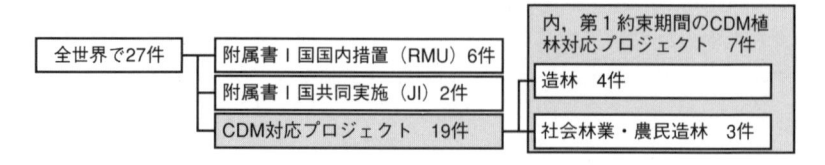

出所）大角泰夫（2001）。

図 4-1　炭素排出抑制・吸収の AIJ パイロットプロジェクト現況（平成13年度現在）

表 4-3　日本から提案されている AIJ プロジェクト

プロジェクト名	国内の参加主体	ホスト国と参加主体	プロジェクト概要	備　考
マレーシア国サバ州における植林事業	地球緑化センター（JIFPRO）	マレーシアサバ州林業会社	荒廃地の早生樹緑化，住民所得向上	山火事，未調査相手機関の対応
インドネシア共和国西ヌサテンガラ州における植林事業	地球緑化センター（JIFPRO）	インドネシア林業省造林総局	荒廃地緑化社会，林業対象樹種	半乾燥地，環境省予算
ケニア共和国における郷土樹種による森林造成事業	ニッセイ緑の財団	ケニア林業研究所	生活環境改善目的の郷土樹種泥交林造林	未調査
インドネシア共和国バリ州における火山性荒廃地の植林事業	ニッセイ緑の財団	インドネシア林業省造林総局	水源林再生と燃材確保，総合的生活改善	乾燥，未調査相手機関の対応
インドネシア共和国東カリマンタン州における実験林造成事業	住友林業	インドネシアKTI社・研究開発庁	フタバガキ植林技術開発，経済的早生樹造林など	調査実施材積推定法の改善
中国内モンゴル自治区サラハ砂漠周辺地域における植林事業	地球緑化センター（JIFPRO）	中国伊金　洛旗人民政府	砂漠化防止緑化	獣害，乾燥

出所）大角泰夫（2001）。

　国際緑化推進センター（JIFPRO）によれば，2001年現在図 4-1 のようなAIJ パイロットプロジェクトが実行中である。ただし日本については6件の炭素吸収AIJ候補プロジェクトが提案されているが（表 4-3），相手国の事情によりまだ世界的には認知されていない現状である。

第4章　CDMをめぐる議論と植林プロジェクトの評価　77

表4-4　CDM植林対応プロジェクトのケーススタディ(図4-1における7件のうち3件)

プロジェクト事例1	Mt. Elgon国立公園およびKibale国立公園の森林回復，ウガンダ
目的	熱帯林回復と再造林
面積とタイプ	27,000haの広葉樹および針葉樹林
プロジェクト構成	FACE財団－オランダ，ウガンダ国立公園局
活動内容	2国立公園の天然林回復と郷土樹種による再造林および山火事防止，森林荒廃防止と森林火災・伐採および農地への転用の低減を骨子とした公園周辺のバッファーゾーンでの持続的土地利用に関するIUCN援助プロジェクト参加の隣接村落との共同，プロジェクト活動期間は17年，全期間は99年間
GHG削減効果と算定方法	CO_2FIXモデルを使って，全期間(99年)の全炭素－707,000t-C，平均削減効果は，26t-C/haで0.9t-C/ha/y
社会経済的効果	再造林雇用
環境に対する効果	エロージョン低減，水質改善，公園内の伐採と火災により森林劣化の抑制，生物多様性の保全
プロジェクト現状	1994年に開始，回復あるいは改植は現在　5,700ha
コスト評価	全必要経費は公的資金を使わず$2,600,000，温室効果ガス削減効率は$27.80/t-C
参考	FACE Foundation (1998); Annual Report 1997. FACE Foundation, Amhem, Netherlard, 28pp, Witthoeft Muehlmann (1998); Carbon sequestration & sustainable forestry; an overview from ongoing AIJ-forestry projects. W-75 working paper, International Academy of the Environment, Geneva Switzerland, 37pp.
プロジェクト事例2	Scolel Te社会林業・炭素吸収パイロットプロジェクト，Chiapas，メキシコ
目的	小規模農民造林による熱帯林および高地針葉樹林再造林・社会林業
面積とタイプ	13,200ha中の2,000ha(獲得予算によって面積は変動)
プロジェクト構成	地域信託連合，地域研究所(ECOSUR)，エディンバラ大学，英国ODA，国際自動車連合，その他と多様
活動内容	候補地の再造林，森林管理およびアグロフォレストリー選択に関する農民へのアドバイス，炭素吸収利益の算定，モニタリング方法の展開に関して単位毎に農民に対して技術援助するシステムの策定，国際自動車連合は当初管理計画に対して拠金，プロジェクトは残存森林の劣化と転用を抑制し，地域利用林の持続性を確保するとともにそれらに対して予算措置することを計画
GHG削減効果と算定方法	CO_2FIXモデル使用，累積炭素吸収量はプロジェクト期間中に15,000-333,000t-C，平均炭素吸収量26t-C/haで0.9t-C/ha/y
社会経済的効果	持続的アグロフォレストリーによって地域経済の構築，女性と村民の福祉改善
環境に対する効果	森林の生物多様性保全と向上，森林の断片化と土壌エロージョンの抑制，森林への移住圧力の減少による緩衝機能の強化
プロジェクト現状	当初計画は50ha，集落および地域規模での詳細研究は完了。管理，研究および予算措置については確立
コスト評価	公的・私的予算として全経費は$3,400,000，当初経費は$500,000。温室効果ガス削減効果は，$10/t-C
参考	EPA/USIJI (1998); Activities Implemented Jointly: Third Report to the Secretariat of the United Nations Framework Convention on Climate Change. 2 volumes. Witthoeft Muehlmann (1998): 前述, Tipper, R. & B. H. de Jong (1998): Quantification and regulation of carbon offsets from forestry; comparison of alternative methodologies, with special reference to Chiapas, Mexico, Commonwealth Forestry Review, 77, 219-228.

プロジェクト事例3	INFAPRO: Innoprise-FACE 財団プロジェクト，サバ，マレーシア
目的	天然林伐採跡地での補正造林および森林回復
面積とタイプ	低地フタバガキ林の択伐経営によるコンセッション跡地，25,000ha
プロジェクト構成	INNOPRISE（Sabah Foundation の林業部門）と FACE（Forest Absorbing CO_2 Emissions），オランダ電力庁
活動内容	文献データによれば，60年間で約4,300,000t-C の吸収量。幹成長測定プロットの設定，ICSB-NEPRIL プロジェクトに向けたネクロマス，森床植生および土壌炭素データ
GHG 削減効果と算定方法	CO_2FIX モデル使用。全生育期間に707,000t-C の固定，平均炭素吸収量26t-C/ha で，0.9t-C/ha/y
社会経済的効果	Sabah Foundation の社会開発計画への援用経費として，$800,000,000 の木材売上，すべてのスタッフと地域，国際的機関全体に対する技術的トレーニング
環境に対する効果	少なくとも25,000ha の劣化択伐林の改良
プロジェクト現状	現在開始後7年目，全期間は少なくとも25年，プロジェクト継続期間は99年間，CDM ガイドラインとクレジット化が進まない場合にはこのプロジェクトは休止する
コスト評価	私的資金 $15,000,000，温室効果ガス削減効果は，$350/t-C
参考	Stuart. M. D. & P. H. Moura-Costa (1998); Greenhouse gas mitigation; A review of international policies and initiatives. In: Policies that Work for People. Series No. 8. International Institute of Environment and Development London, UK. 27-32pp., FACE Foundation (1998); 前述, Witthoeft Murhlmann (1998); 前述

出所）大角泰夫（2001）。

そこで図4-1の中にある，第1約束期間における CDM 植林対応プロジェクト7件のうち3つの事例について解析する。3つの事例の概要については表4-4のようである。

まずプロジェクト事例1は天然更新と再造林さらに森林管理の組み合わせである。対象地が国立公園でもあり郷土樹種を造林対象としている。森林火災防止も入っており天然更新，造林，森林管理という案件の面積配分が分からないので，全体はともかく詳細部分についてはこのままでは参考にはならない。

プロジェクト事例2は農民に社会林業形態で造林させて同時にリーケージを削減する効果を狙ったプロジェクトで，一つ一つは小規模であるが日本のNGO が行うプロジェクトには参考になる。なお単位としては各農民が対応するのではなく，村落を単位として行っている。対象地が比較的高所であり乾燥が予想される地でもあるのかもしれないが，固定炭素量は比較的少なく，0.9t-C/ha/y となっている。ベースラインは，一般的なベースラインとプロ

ジェクト固有のベースラインの複合形態としており，確定に際しては「利用ニーズに基づく村落固有条件を補正した地域土地利用モデル」から推定したとしている。

プロジェクト事例3は，マレーシア・サバ州での主伐後の補正造林が主体のプロジェクトであり，択伐林のフタバガキ更新による長期の炭素固定量の増加が目的である。したがってプロジェクトの期間は長い。このプロジェクトでは造林木の地上部に加えて根系，林床植生および土壌炭素をモニターしている。予想固定炭素量は0.9t-C/ha/yである。ベースラインは対照地での炭素蓄積量とし，このプロジェクトを導入しない場合と比較することで固定炭素量を得ている。ただ特にボルネオの熱帯降雨林は二次林といえども成長量が大きく，通常のベースラインでは炭素吸収量の増加は難しいと判断され，実際にモニターすると上記の値が得られるか疑問がある。

このようなCDM植林プロジェクトを行う際，プロジェクトに対する評価は必ず考慮すべきことである。しかしプロジェクト評価といってもその手法は様々であり，一般的には社会的・経済的・環境への影響を含めた評価が行われている。そしてここでは，経済的な側面と環境に対する影響を基準にCDMプロジェクトに対する一つの評価概念を提示してみる。すなわち，経済的な側面からCDM植林プロジェクトを考えた場合はどれほどの費用を支払ったのかであり，環境に対する便益からみるとどれほどの環境への改善が行われたのか，つまり年間1 ha当たりどれほどのCO_2を吸収したかによってプロジェクトが評価できるであろう。次の節において，現在行われているAIJプロジェクトを中心に考察することにしたい。

4．植林プロジェクトの現状と評価

この節では現在UNFCCCに登録されているAIJプロジェクトを中心に植林プロジェクトの現状および位置付け，さらに慶應義塾大学産業研究所が中国で行っているプロジェクトとの比較を通して環境面と経済性におけるプロジェクト評価を行う。

(1) AIJ プロジェクトの概況

2002年2月12日現在，世界中で行われているAIJプロジェクトは計156件であり，主なホスト国としては東欧諸国と南米が多い。また投資国としては西ヨーロッパ諸国と米国が多く占めている。現在AIJプロジェクトは大きく分けて7部門[12]において行われおり，プロジェクトの部門別状況は表4-5のようである。

これをみると，エネルギー関連プロジェクトが他のプロジェクトと比べて圧倒的に多いことが分かる。しかし，プロジェクトの期間においては植林関連プロジェクトが大体30年から40年にかけて長く，長期間を要するプロジェクトであることがAIJプロジェクトからでもみてとれる。さらに，プロジェクトによって得られるCO_2削減量を年間平均値で比べて見るとFugitive Gas Capture（ガス漏れ防止プロジェクト）が非常に高いパフォーマンスを見せている。それに削減費用も植林関連プロジェクトよりは高いが平均で1トン当たり約27\$であり他のプロジェクトに比べると非常によい成果をあげていることがわかる。

一方，植林関連プロジェクトは年間削減量も他のプロジェクトに比べて低

表4-5 AIJプロジェクトの部門別状況

プロジェクト	件数	期間（年）	年間削減量（t-CO_2/y）	削減費用（\$/t-CO_2）
Afforestation	4	47	34,806.1	6.0
Agriculture	2	45	51,116	1.6
Energy Efficiency	62	11.9	105,446.7	127.2
Forest Preservation	14	33.9	401,574.5	7.2
Fuel Switching	11	16.9	57,994.7	39.1
Fugitive Gas Capture	9	15.3	1,175,260	27.1
Renewable Energy	54	14.9	29,281.2	106.7

注）期間，年間削減量，削減費用は平均値である。
出所）国連気候変動枠組条約（UNFCCC）http://unfccc.int/program/coop/aij より作成。

---

[12] Afforestation, Agriculture, Energy Efficiency, Forest Preservation, Fuel Switching, Fugitive Gas Capture, Renewable Energy の7部門である。

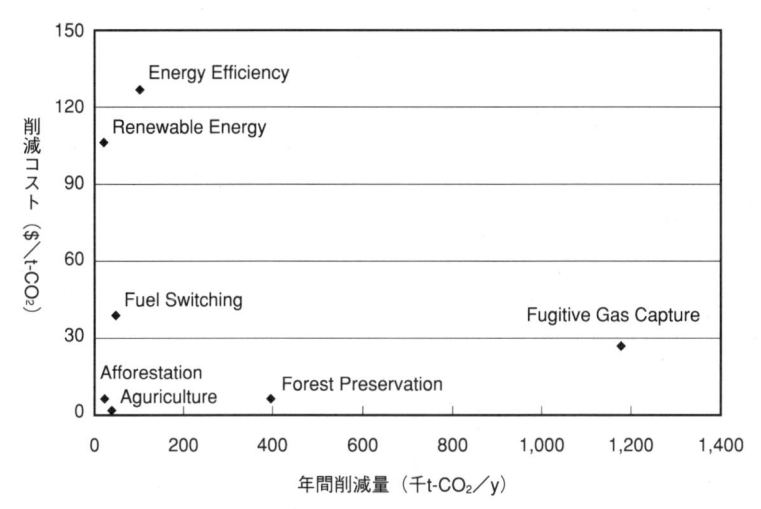

図4-2 AIJプロジェクト別削減費用と削減量の比較

出所）表4-5と同じ。

いがそれなりに削減費用も低く抑える特徴がみられる（図4-2）。

プロジェクトの性格を一概に図4-2のような決め付けることは無理があるかもしれないが[13]，図4-2から言えるのは，エネルギー効率改善や再生可能なエネルギーのようなエネルギー関連プロジェクトは，設備などの初期投資が大きく年間削減量に比べて高い削減費用がかかると思われる。それに比べるとガス漏れ防止プロジェクトの場合は新たな設備投資などより既存の設備を補強，改善することで安い削減費用で高い削減量が得られると考えられる。それに比べると植林関連プロジェクト（植林，農業，森林保護プロジェクト）は他のプロジェクトと比べて非常に低い削減量と安い削減費用でプロジェクトが行われていることがわかる。それは植林関連プロジェクトが持つ特徴でもあり，特別な設備投資を行わなくても立ち上げることができるプロジェクトであろう。

---

13) 図4-2はそれぞれプロジェクトの平均値であるため，その中には図4-2とは異なる結果のプロジェクトも多数あり，プロジェクトの特徴を見る一つの目安であることを明確にしておきたい。各プロジェクト別の詳細な内容はUNFCCCのサイトを参考されたい。

(2) 植林関連プロジェクトの位置付け

ここでは，上記においてみた AIJ プロジェクトの中で植林関連プロジェクトに焦点をあててみることにする。現在，植林関連プロジェクトは世界中で20件が行われており，対象地域としてはそのほとんどが南米と米国間でのプロジェクトである（表4-6）。

これをみると締約国会議（COP）において，南米の国々が植林関連の議論の際に非常に積極的な姿勢をみせ，また提言を行っていることが，このような AIJ 植林関連プロジェクトからの経験によるものであるかと思われる。その他のホスト国としては，チェコ，ロシア，ベトナム，インドネシア等があり，投資国としてはオランダ，オーストラリア，ノルウェー，スウェーデン等の国によってプロジェクトが行われている。そして植林関連プロジェクトのトン当たり削減費用と面積当たり削減量の平均値をみると（表4-7），それぞれ6.66（\$/t-CO_2）と12.11（t-CO_2/ha）である。また植林関連プロジェクトの削減費用と削減量によるプロジェクト件数をみると（図4-3），削減費用の場合，0～10（\$/t-CO_2）未満が13件と断然多い。そして面積当り削減量のプロジェクト件数をみると，0～5（t-CO_2/ha）未満が5件，5～10（t-CO_2/ha）未満が7件となり，10（t-CO_2/ha）未満が全体の63％を占めている。このように，現在世界中で行われている植林関連の AIJ プロジェクトはトン当たり削減費用が10（\$/t-CO_2）未満で年間 ha 当たり CO_2 吸収量が約12（t-CO_2/ha）であることがわかる。これを一つの目安にして，次は慶應義塾大学の産業研究所が中国の瀋陽地域で行っている植林プ

表4-6　植林関連プロジェクトの概況

プロジェクト種類および件数	Afforestation（4件），Agriculture（2件），Forest Preservation（14件）
主要ホスト国	コスタリカ，メキシコ，チリ等南米諸国
主要投資国	米国
プロジェクト期間（平均）	37.1年
対象面積（平均）	72,135.5ha

出所）表4-5と同じ。

第4章　CDMをめぐる議論と植林プロジェクトの評価　83

表4-7　植林関連プロジェクトの削減費用と削減量

		削減費用（$/t-$CO_2$）	面積当たり削減量（t-CO_2/ha）
度数	有効	17	19
	欠損値	2	0
平均値		6.6649	12.1139
平均値の標準誤差		3.7318	3.1335
中央値		1.5531[a]	5.5991[a]
最頻値		0.29[b]	0.39[b]
標準偏差		15.3865	13.6586
分散		236.7458	186.5574
範囲		63.91	46.44
最小値		0.29	0.39
最大値		64.19	46.83
合計		113.30	230.16

注）a　グループ化されたデータから計算された。
　　b　多重モードがあり，最小値が表示される。
出所）国連気候変動枠組条約（UNFCCC）の植林関連プロジェクトより計算。

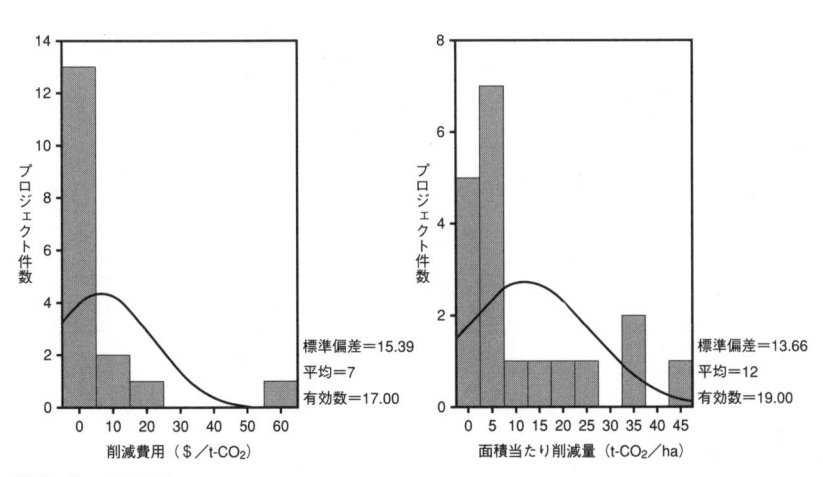

出所）表4-7と同じ。

図4-3　植林関連プロジェクトの削減費用と削減量による分布度

ロジェクト（以下，瀋陽プロジェクト）を検証してみる。それにより，瀋陽プロジェクトの CDM 植林プロジェクトとしての実現可能性を判断する際の一つの評価軸として参考にしていきたい。

(3) 瀋陽プロジェクトの評価

瀋陽プロジェクトは，慶應義塾大学の産業研究所が中国の遼寧省（Liaoning Sheng）の瀋陽市で植林活動を行っているプロジェクトである。1999年から既に3回の植林により3万本以上のポプラを植えている。そもそもバイオブリケット実験から出る灰を利用してアルカリ土壌を改善することが目的であったが，その灰を利用して内モンゴルからの強い風に対する防風林をつくろうとする植林活動である[14]。

その瀋陽プロジェクトは20年間を目標として現在も活動を続けている。瀋陽プロジェクトは表4-8のように現在の植林関連 AIJ プロジェクトと比較した場合，規模の面あるいはプロジェクト資金面においては小規模である。しかし，瀋陽プロジェクトは研究を目的にした実験的な植林プロジェクトであり，このような活動によって今後の CDM 植林活動の一つの先行研究になると思われる。

表4-8　瀋陽プロジェクトと植林関連 AIJ プロジェクトとの比較

	瀋陽プロジェクト	植林関連 AIJ プロジェクト（平均値）
プロジェクト期間（年）	20	37.1
対象面積（ha）	386.7	72,135.5
CO_2削減量（t-CO_2）	80,887	8,277,994
プロジェクト費用（$）	133,341	14,956,278
削減費用（$/t-$CO_2$）	1.64	6.38
面積当たり削減量（t-CO_2/ha）	10.45	12.01

出所）Hayami Hitoshi, Wake Yoko, Kojima Tomoyuki, Yoshioka Kanji, (2001) および表4-7と同じ。

---

14) 詳しい内容については Hayami Hitoshi, Wake Yoko, Kojima Tomoyuki, Yoshioka Kanji (2001) を参照されたい。

そしてこのようなプロジェクトは，社会的，経済的，環境面においてそれぞれどれほど利益をもたらしているかによって，評価をしなければならない。しかし現段階で社会的な評価は困難であり，またその基準によっても評価が変わることであろう。したがって客観的に計測可能な経済面と環境面をもって瀋陽プロジェクトを評価することにしたい。まず経済的な利益としてはトン当たり削減費用であり，どれ程安く削減できたのかが評価基準であろう。そして環境面においては年間ha当たりどれ程のCO_2を吸収したかによってプロジェクトの環境面での利益が計れる。

そこで，瀋陽プロジェクトを現在行われている植林関連AIJプロジェクトと上述した2つの評価軸（削減費用と面積当たり削減量）によって比較してみると，図4-4のような結果である。これをみるとほとんどの植林関連プロジェクトが削減費用10（$/t-CO_2$）未満である。そして面積当たり削減量は幅広く分布しているが10（$t-CO_2/ha$）未満が集中して分布している。このような植林関連プロジェクトの経済性と環境面での結果から瀋陽プロジェクトを照らしてみると，経済性での評価である削減費用が1.64（$/t-CO_2$）として平均値である6.38（$/t-CO_2$）に比べても非常に安く削減している。そして環境面での評価である年間ha当たり削減量は，10.45（t-

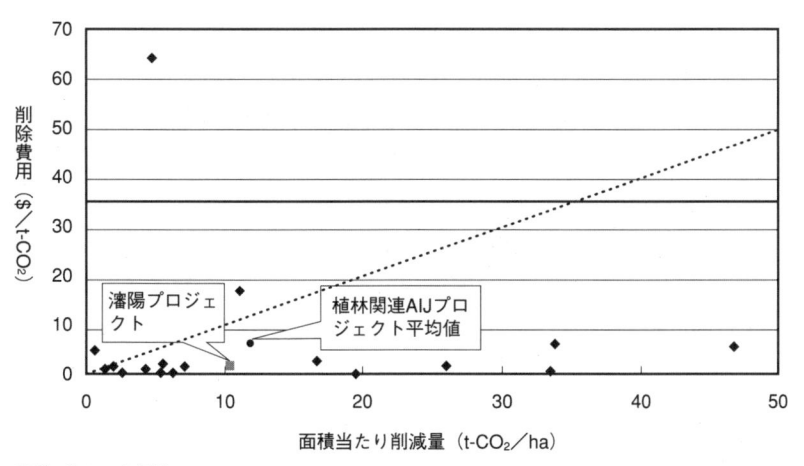

出所）表4-8と同じ。

図4-4　瀋陽プロジェクトの位置付け

CO_2/ha）で，平均値である12.01（t-CO_2/ha）には達してないが近接した結果である。

このような結果から瀋陽プロジェクトを評価すると，規模の面においては植林関連AIJプロジェクトと比べて極めて小規模プロジェクトである。すなわち対象面積においては約1/200であり，その他に総CO_2削減量やプロジェクト費用においても平均値に約1/100の規模である。しかし，環境面においては年間面積当たりCO_2削減量が10.45（t-CO_2/ha）であり，平均値に近い。そして経済性においては1トン当たりCO_2削減費用が植林関連AIJプロジェクトの平均値と比べ非常に安く削減しており，現段階においては経済性と環境面の両面を考慮したプロジェクトとして評価できる。

5．おわりに

本章において議論されたものをまとめると以下のようである。

1．1992年のリオサミットから10年目をむかえて開かれたヨハネスブルグ・サミットでは，2002年までに京都議定書の発効のために全力を尽くし，京都議定書を締結した諸国はまだ締結していない諸国に対して京都議定書をタイムリーに締結するよう強く求めた。また，持続可能な開発を進めるための各国の指針となる包括的文書として「実施計画」と持続可能な開発に関する「ヨハネスブルグ宣言」が採択されたが，当初予想されていた締約国による批准の完了による，COP8までの京都議定書の発効は，ロシアがまだ批准していないためヨハネスブルグ・サミットの間には間に合わなかった。

2．COP8では「デリー閣僚宣言」の他にも気候変動枠組条約のもとで議論すべきことや，京都議定書の実施ルールでさらに詰めなければならないことの交渉も行われた。その結果，小規模CDMの手続きなど，一部では合意に達したが多くの議題で結論を出せず，次の補助機関会合などで継続して審議されることとなった。さらに今次会合においても南北間の対立は目立っており，途上国の場合，先進国の排出削減努力が不十分であることと，途上国に対する技術移転や能力向上における支援が不十分

であることを訴えた。
3．COP9 では CDM 植林プロジェクトの定義およびルールが合意に達するなど，今後の京都議定書の発効と実施において一定の成果があがったと評価できる。しかしその他に，資金メカニズムなどの問題は次回での議論となった。
4．CDM に関連しては CDM 理事会による OE の暫定的指定が可能になったことや，ベースラインの方法論等まだ決定していない部分はあるにしても，小規模 CDM の定義および手順が採択されたことで，どうにか CDM 活動の開始が可能になった。また，日本はできるだけ多くの JI および CDM 案件を承認するため，2002年7月地球温暖化対策推進本部幹事会決定「京都メカニズム活用のための体制の整備について」に基づき，JI および CDM 事業の承認に関する手続き，その他必要な事項が定められている。
5．CDM 植林に関しては実施ルールの主な内容と2種類の CERs 利用法が COP9 において決まった。その他に社会経済・環境影響について事業者が計画書にその影響を明記することと，小規模の CDM プロジェクトの規模を年間8,000t-CO_2までに決めるなど植林部門において前進があったと言えよう。しかし，小規模 CDM プロジェクトのルールについては今後の会議に委ねられた。
6．現在，植林関連 AIJ プロジェクトは主に南米と米国の間で行われており，約20件が植林関連のプロジェクトとして行われている。他の AIJ プロジェクトに比べ植林関連プロジェクトは削減費用と年間削減量において小規模である。その中で慶應義塾大学の産業研究所が中国の瀋陽地域で行っている植林プロジェクトを植林関連プロジェクトと比較した場合，対象面積，CO_2削減量ともに小規模であるが，削減費用は1.64（\$/t-CO_2）で平均値である6.38（\$/t-CO_2）より安く削減している。また年間 ha 当たり削減量をみると10.45（t-CO_2/ha）として平均値の12.01（t-CO_2/ha）に近い結果である。この結果から，瀋陽プロジェクトは小規模であるが，削減費用と面積当たり削減量からみた場合，経済性と環境面を考慮したプロジェクトであることが言えるであろう。

参考文献

CASA（2003.12）「COP9 通信」地球環境と大気汚染を考える全国市民会議（CASA, http://www.netplus.ne.jp/~casa/）。

Hayami Hitoshi, Wake Yoko, Kojima Tomoyuki, Yoshioka Kanji (2001) "Bio-coal Briquettes and Planting Trees as an Experimental CDM in China", Keio Economic Observatory Discussion Paper G-No. 136, WG4-30, 慶應義塾大学産業研究所。

IGES/GISPRI 資料，国連気候変動枠組条約第 8 回締約国会議ハイライト（http://www.gispri.or.jp）。

IGES/GISPRI 資料，第 9 回締約国会議（COP9）日報（http://www.gispri.or.jp）。

Noyuki Yamagishi（2002）『地球環境政治』（http://www.asahi-net.or.jp）。

Pronk, J. (2000) "Note by the President of COP6", Nov. 23. 2000.

Torvanger, A., K. H. Alfsen, H. H. Kolshus and L. Sygna (2001) "The State of Climate Research and Climate Policy", CICERO Report 2001: 2. May 2001.

United Nations World Summit on Sustainable Development (2002) "Draft Political Declaration Submitted by the President of the Summit"., Johannesburg, South Africa, 26 August-4 September 2002, A/CONF. 199/L. 6/Rev. 2.

United Nations Framework Convention on Climate Change (2003) "Methodological Issues――Land Use, Land-Use Change and Forestry: Definitions and Modalities for Including Afforestation and Reforestation Activities Under Article 12 of The Kyoto Protocol", FCCC/SBSTA/2003/L. 27.

大角泰夫（2001）『AIJ パイロットプロジェクトの事例解釈』国際緑化推進センター（JIFPRO）。

外務省資料（2002）『持続可能な開発に関する世界首脳会議（ヨハネスブルグ・サミット）概要と評価』，外務省。

環境省資料（2002）『ヨハネスブルグ・サミットの結果資料』環境省地球環境局。

環境省資料（2002）『ヨハネスブルグ・サミット（持続可能な開発に関する世界首脳会議）――経緯，準備状況，意義――』環境省地球環境局。

環境省資料（2002）『共同実施及びクリーン開発メカニズムに係る事業の承認に関する指針』京都メカニズム活用連絡会。

環境省資料（2002）『気候変動枠組条約締約国会議第 8 回会合（COP8）』日本政府代表団。

環境省資料（2002）『京都メカニズムの活用について』環境省地球環境局。

韓国エネルギー管理公団　気候変動枠組条約対策班　ニュースレター（0909, http://co2.kemco.or.kr）。

気候ネットワーク（2002）『COP8 の結果について』気候ネットワーク。

経済産業省資料（2002）『CDM 理事会について』地球環境対策室。

国連気候変動枠組条約（UNFCCC）Activities Implemented Jointly（AIJ）活動

(http://unfccc.int/program/coop/aij)。
首相官邸資料（2002）『共同実施及びクリーン開発メカニズムに係る事業の承認に関する指針』京都メカニズム活用連絡会決定。
全国地球温暖化防止活動推進センター（JACCA, 2002）『条約交渉プロセスの解説』(http://www.jacca.org/cop)。
全国地球温暖化防止活動推進センター（JACCA, 2002）『第8回締約国会議に関わる動き』(http://www.jacca.org/cop)。
全国地球温暖化防止活動推進センター（JACCA, 2003）『第9回締約国会議に向けた動き』(http://www.jacca.org/cop)。
高村ゆかり，亀山康子編集（2002）『京都議定書の国際制度』信山社。
地球環境対策部（2003.12）『国林気候変動枠組条約第9回締約国会合/第19回補助機関会合（COP9/SB19）参加報告書』財団法人地球産業文化研究所。
松尾　真（2002）『第34号，ヨハネス，COP8とグローバリゼーションをめぐって』(http://www.kyoto-seika.ac.jp/matsuo)。
山形与志樹，石井敦（2001）『京都議定書における吸収源：ボン合意とその政策的合意』国立環境研究所　地球環境研究センター。
鄭雨宗・和気洋子・疋田浩一（2002）『CDMガイドブック2——ボン合意からマラケシュ会議までの動向と進展——』KEO Discussion Paper, G-No.135, WG4-29, 慶應義塾大学産業研究所。

参考資料1：京都議定書批准国

Last modified on: 26 November 2003

KYOTO PROTOCOL STATUS OF RATIFICATION

Notes: R=Ratification At=Acceptance Ap=Approval Ac=Accession

COUNTRY	SIGNATURE	RATIFICATION OR ACCESSION	REMARKS	% of emissions
1. ANTIGUA AND BARBUDA	16/03/98	03/11/98(R)		
2. ARGENTINE	16/03/98	28/09/01(R)		
3. ARMENIA	——	25/04/03(Ac)		
4. AUSTRALIA*	29/04/98			
5. AUSTRIA*	29/04/98	31/05/02(R)		0.4%
6. AZERBAIJAN	——	28/09/00(Ac)		
7. BAHAMAS	——	09/04/99(Ac)		
8. BANGLADESH	——	22/10/01(Ac)		
9. BARBADOS	——	07/08/00(Ac)		
10. BELGIUM*	29/04/98	31/05/02(R)		0.8%
11. BELIZE	——	26/09/03(Ac)		
12. BENIN	——	25/02/02(Ac)		
13. BHUTAN	——	26/08/02(Ac)		
14. BOLIVIA	09/07/98	30/11/99(R)		
15. BOTSWANA	——	08/08/03(Ac)		
16. BRAZIL	29/04/98	23/08/03(R)		
17. BULGARIA*	18/09/98	15/08/02(R)		0.6%
18. BURUNDI	——	18/10/01(Ac)		
19. CAMBODIA	——	22/08/02(Ac)		
20. CAMEROON	——	28/08/02(Ac)		
21. CANADA*	29/04/98	17/12/02(R)		3.3%
22. CHILE	17/06/98	26/08/02(R)		
23. CHINA	29/05/98	30/08/02(Ac)	(9)	
24. COLOMBIA	——	30/11/01(Ac)		
25. COOK ISLANDS	16/09/98	27/08/01(R)	(4)	
26. COSTA RICA	27/04/98	09/08/02(R)		

*indicates Annex I Party to the United Nations Framework Convention on Climate Change.

第4章 CDMをめぐる議論と植林プロジェクトの評価 91

COUNTRY	SIGNATURE	RATIFICATION OR ACCESSION	REMARKS	% of emissions
27. CROATIA*	11/03/99			
28. CUBA	15/03/99	30/04/02(R)		
29. CYPRUS	——	16/07/99(Ac)		
30. CZECH REPUBLIC*	23/11/98	15/11/01(Ap)		1.2%
31. DENMARK*	29/04/98	31/05/02(R)[1]		0.4%
32. DJIBOUTI	——	12/03/02(Ac)		
33. DOMINICAN REPUBLIC	——	12/02/02(Ac)		
34. ECUADOR	15/01/99	13/01/00(R)		
35. EGYPT	15/03/99			
36. EL SAL VADOR	08/06/98	30/11/98(R)		
37. EQUATORIAL GUINEA	——	16/08/00(Ac)		
38. ESTONIA*	03/12/98	14/10/02(R)		0.3%
39. EUROPEAN COMMUNITY*	29/04/98	31/05/02(Ap)	(1)(7)	
40. FIJI	17/09/98	17/09/98(R)		
41. FINLAND*	29/04/98	31/05/02(R)		0.4%
42. FRANCE*	29/04/98	31/05/02(Ap)	(2)(8)	2.7%
43. GAMBIA	——	01/06/01(Ac)		
44. GEORGIA	——	16/06/99(Ac)		
45. GERMANY*	29/04/98	31/05/02(R)		7.4%
46. GHANA	——	30/05/03(Ac)		
47. GREECE*	29/04/98	31/05/02(R)		0.6%
48. GRENADA	——	06/08/02(Ac)		
49. GUATEMALA	10/07/98	05/10/99(R)		
50. GUINEA	——	07/09/00(Ac)		
51. GUYANA	——	05/08/03(Ac)		
52. HOUDURAS	25/02/99	19/07/00(R)		
53. HUNGARY*	——	21/08/02(Ac)		0.5%
54. ICELAND*	——	23/05/02(Ac)		0.0%
55. INDIA	——	26/08/02(Ac)		
56. INDONESIA	13/07/98			
57. IRELAND*	29/04/98	31/05/02(R)	(3)	0.2%

1 With a territorial exclusion to the Faroe Islands.

COUNTRY	SIGNATURE	RATIFICATION OR ACCESSION	REMARKS	% of emissions
58. ISRAEL	16/12/98			
59. ITALY*	29/04/98	31/05/02 (R)		3.1%
60. JAMAICA	—	28/06/99 (Ac)		
61. JAPAN*	28/04/98	04/06/02 (At)		8.5%
62. JORDAN	—	17/01/03 (Ac)		
63. KAZAKHSTAN	12/03/99			
64. KIRIBATI	—	07/09/00 (Ac)	(6)	
65. KYRGYZSTAN	—	13/05/03 (Ac)		
66. LAO DEMOCRATIC PEOPLE'S REPUBLIC	—	06/02/03 (Ac)		
67. LATVIA*	14/12/98	05/07/02 (R)		0.2%
68. LESOTHO	—	06/09/00 (Ac)		
69. LIBERIA	—	05/11/02 (Ac)		
70. LIECHTENSTEIN*	29/06/98			
71. LITHUANIA*	21/09/98	03/01/03 (R)		
72. LUXEMBOURG*	29/04/98	31/05/02 (R)		0.1%
73. MADAGASCAR	—	24/09/03 (Ac)		
74. MALAWI	—	26/10/01 (Ac)		
75. MALAYSIA	12/03/99	04/09/02 (R)		
76. MALDIVES	16/03/98	30/12/98 (R)		
77. MALI	27/01/99	28/03/02 (R)		
78. MALTA	17/04/98	11/11/01 (R)		
79. MARSHALL ISLANDS	17/03/98	11/08/03 (R)		
80. MAURITIUS	—	09/05/01 (Ac)		
81. MEXICO	09/06/98	07/09/00 (R)		
82. MICRONESIA (FEDERATED STATES OF)	17/03/98	21/06/99 (R)		
83. MONACO*	29/04/98			
84. MONGOLIA	—	15/12/99 (Ac)		
85. MOROCCO	—	25/01/02 (Ac)		
86. MYANMAR	—	13/08/03 (Ac)		

COUNTRY	SIGNATURE	RATIFICATION OR ACCESSION	REMARKS	% of emissions
87. NAMIBIA	—	04/09/03(Ac)		
88. NAURU	—	16/08/01(R)		
89. NETHERLANDS*	29/04/98	31/05/02(Ac)[2]		1.2%
90. NEW ZEALAND*	22/05/98	19/12/02(R)		0.2%
91. NICARAGUA	07/07/98	18/11/99(R)		
92. NIGER	23/10/98			
93. NIUE	08/12/98	06/05/99(R)	(5)	
94. NORWAY*	29/04/98	30/05/02(R)		0.3%
95. PALAU	—	10/12/99(Ac)		
96. PANAMA	08/06/98	05/03/99(R)		
97. PAPUA NEW GUINEA	02/03/99	28/03/02(R)		
98. PARAGUAY	25/08/98	27/8/99(R)		
99. PERU	13/11/98	12/09/02(R)		
100. PHILIPPINES	15/04/98	20/11/03(R)		
101. POLAND*	15/07/98	13/12/02(R)		3.0%
102. PORTUGAL*	29/04/98	31/05/02(Ap)		0.3%
103. REPUBLIC OF KOREA	25/09/98	08/11/02(R)		
104. REPUBLIC OF MOLDOVA	—	22/04/03(Ac)		
105. ROMANIA*	05/01/99	19/03/01(R)		1.2%
106. RUSSIAN FEDERATION*	11/03/99			
107. SAINT LUCIA	16/03/98	20/08/03		
108. SAINT VINCENT AND THE GRENADINES	19/03/98			
109. SAMOA	16/03/98	27/11/00(R)		
110. SENEGAL	—	20/07/01(Ac)		
111. SEYCHELLES	20/03/98	22/07/02(R)		
112. SLOVAKIA*	26/02/99	31/05/02(R)		0.4%
113. SLOVENIA*	21/10/98	02/08/02(R)		
114. SOLOMON ISLANDS	29/09/98	13/03/03(Ac)		
115. SOUTH AFRICA	—	31/07/02(Ac)		
116. SPAIN*	29/04/98	31/05/02(R)		1.9%

2 For the Kingdom in Europe.

COUNTRY	SIGNATURE	RATIFICATION OR ACCESSION	REMARKS	% of emissions
117. SRI LANKA	——	03/09/02 (Ac)		
118. SWEDEN*	29/04/98	31/05/02 (R)		0.4%
119. SWITZERLAND*	16/03/98	09/07/03 (R)		
120. THAILAND	02/02/99	28/08/02 (R)		
121. TRINIDAD AND TOBAGO	07/01/99	28/01/99 (R)		
122. TUNISIA	——	22/01/03 (Ac)		
123. TURKMENISTAN	28/09/98	11/01/99 (R)		
124. TUVALU	16/11/98	16/11/98 (R)		
125. UGANDA	——	25/03/02 (Ac)		
126. UKRAINE*	15/03/99			
127. UNITED KINGDOM OF GREATBRITAIN AND NORTHERN IRELAND*	29/04/98	31/05/02 (R)		4.3%
128. UNITED REPUBLIC OF TANZANIA	——	26/08/02 (Ac)		
129. UNITED STATES OF AMERICA*	12/11/98			
130. URUGUAY	29/07/98	05/02/01 (R)		
131. UZBEKISTAN	20/11/98	12/10/99 (R)		
132. VANUATU	——	17/07/01 (Ac)		
133. VIET NAM	03/12/98	25/09/02 (R)		
134. ZAMBIA	05/08/98			
TOTAL	84	120	——	44.2%

Last modified on: 26 November 2003

DECLARATIONS

(1) European Community:
"The European Community and its Member States will fulfil their respective commitments under article 3, paragraph 1, of the Protocol jointly in accordance with the provisions of article 4."

(2) France:
"The French Republic reserves the right, in ratifying the Kyoto Protocol to the United Nations Framework Convention on Climate Change, to exclude its Overseas Territories from the scope of the Protocol."

(3) Ireland:
"The European Community and the Member States, including Ireland, will fulfil their respective commitments under article 3, paragraph 1, of the Protocol in accordance with the provisions of article 4."

(4) Cook Islands:
"The Government of the Cook Islands declares its understanding that signature and subsequent ratification of the Kyoto Protocol shall in no way constitute a renunciation of any rights under international law concerning State responsibility for the adverse effects of the climate change and that no provision in the Protocol can be interpreted as derogating from principles of general international law. In this regard, the Government of the Cook Islands further declares that, in light of the best available scientific information and assessment on climate change and its impacts, it considers the emissions reduction obligation in article 3 of the Kyoto Protocol to be inadequate to prevent dangerous anthropogenic interference with the climate system."

(5) Niue:
"The Government of Niue declares its understanding that ratification of the Kyoto Protocol shall in no way constitute a renunciation of any rights under international law concerning state responsibility for the adverse effects of climate change and that no provisions in the Protocol can be interpreted as derogating from the principles of general international law. In this regard, the Government of Niue further declares that, in light of the best available scientific information and assessment of climate change and impacts, it considers the emissions reduction obligations in Article 3 of the Kyoto Protocol to be inadequate to prevent dangerous anthropogenic interference with the climate system."

(6) Kiribati:
"The Government of the Republic of Kiribati declares its understanding that accession to the Kyoto

Protocol shall in no way constitute a renunciation of any rights under international law concerning State responsibility for the adverse effects of the climate change and that no provision in the Protocol can be interpreted as derogating from principles of general international law."

(7) Nauru

"... The Government of the Republic of Nauru declares its understanding that the ratification of the Kyoto Protocol shall in no way constitute a renunciation of any rights under international law concerning State responsibility for the adverse effects of climate change;...

... The Government of the Republic of Nauru further declares that, in the light of the best available scientific information and assessment of climate change and impacts, it considers the emissions of reduction obligations in Article 3 of the Kyoto Protocol to be inadequate to prevent the dangerous anthropogenic interference with the climate system;

... [The Government of the Republic of Nauru declares] that no provisions in the Protocol can be interpreted as derogating from the principles of general international law [.]

(8) European Community:

"The European Community declares that, in accordance with the Treaty establishing the European Community, and in particular article 175 (1) thereof, it is competent to enter into international agreements, and to implement the obligations resulting therefrom, which contribute to the pursuit of the following objectives:

−preserving, protecting and improving the quality of the environment;

−protecting human health;

−prudent and rational utilisation of natural resources;

−promoting measures at international level to deal with regional or world wide environmental problems.

The European Community declares that its quantified emission reduction commitment under the Protocol will be fulfilled through action by the Community and its Member States within the respective competence of each and that it has already adopted legal instruments, binding on its Member States, covering matters governed by the Protocol.

The European Community will on a regular basis provide information on relevant Community legal instruments within the framework of the supplementary information incorporated in its national communication submitted under article 12 of the Convention for the purpose of demonstrating compliance with its commitments under the Protocol in accordance with article 7 (2) thereof and the guidelines thereunder."

(9) France:

"The ratification by the French Republic of the Kyoto Protocol to the United Nations Framework Convention on Climate Change of 11 December 1997 should be interpreted in the context of the commitment assumed under article 4 of the Protocol by the European Community, from which it is indissociable. The ratification does not, therefore, apply to the Territories of the French Republic to which the Treaty establishing the European Community is not applicable. Nonetheless, in accordance with article 4, paragraph 6, of the Protocol, the French Republic shall, in the event of failure to achieve the total combined level of emission reductions, remain individually responsible for its own level of emissions."

(10) China:
In a communication received on 30 August 2002, the Government of the People's Republic of China informed the Secretary-General of the following: Last modified on: 26 November 2003 "In accordance with article 153 of the Basic Law of the Hong Kong Special Administrative Region of the People's Republic of China of 1990 and article 138 of the Basic Law of the Macao Special Administrative Region of the People's Republic of China of 1993, the Government of the People's Republic of China decides that the Kyoto Protocol to the United Nations Framework Convention on Climate Change shall provisionally not apply to the Hong Kong Special Administrative Region and the Macao Special Administrative Region of the People's Republic of China."

(11) New Zealand:
"..... consistent with the constitutional status of Tokelau and taking into account the commitment of the Government of New Zealand to the development of self-government for Tokelau through an act of self-determination under the Charter of the United Nations, this ratification shall not extend to Tokelau unless and until a Declaration to this effect is lodged by the Government of New Zealand with the Depositary on the basis of appropriate consultation with that territory."

参考資料2：CDM事業申請の手続きマニュアル
別紙1　申請書様式

共同実施/クリーン開発メカニズム事業承認申請書

年　月　日

○　○　大臣　殿

　　　　　　　　　　　　　　　申請者
　　　　　　　　　　　　　　　住所
　　　　　　　　　　　　　　　名称
　　　　　　　　　　　　　　　代表者の氏名　　　（署名又は押印）

　気候変動に関する国際連合枠組条約の京都議定書第6条1(a)/第12条5(a)に基づき、共同実施/クリーン開発メカニズムに係る締約国としての事業の承認を受けたいので、関係書類を添えて申請します。

Ⅰ．プロジェクトの実施主体
　A．国内のプロジェクト実施主体
　　1）実施主体の名称/住所

　　　　　　　　　　　　　（備考）
　　2）担当者の氏名/役職/連絡先（住所/電話番号/FAX番号/Emailアドレス）

　　3）実施主体の主たる事業活動の概要

　B．プロジェクトを実施する国（ホスト国）におけるプロジェクト実施主体
　　1）実施主体の名称/住所

　　　　　　　　　　　　　（備考）
　　2）担当者の氏名/役職/連絡先（住所/電話番号/FAX番号/Emailアドレス）

    3）実施主体の主たる事業活動の概要

II．プロジェクト情報
　A．プロジェクトの説明
　　1）プロジェクトの名称

　　2）プロジェクトの対象地区の概要

　　3）プロジェクトの概要

　　4）プロジェクトの対象とする温室効果ガス

　　5）プロジェクトの実施スケジュール

　　6）ホスト国の持続可能な開発の達成の支援

　　7）プロジェクトの課題

　B．ホスト国の承認の可能性に関する情報

　C．環境への影響

　D．資金源
　　1）資金源
　　2）ODAの流用ではなく，日本国の資金的義務とは分離され，組み込まれていない旨の確認
　　　※公的資金の拠出主体の名称及び担当者の氏名/役職/連絡先（住所/電話番号/FAX番号/Emailアドレス）

E．その他特記事項

Ⅲ．プロジェクト効果の見込み
　　　A．ベースラインの考え方及び排出量又は吸収量予測

　　　B．プロジェクトを実施した場合の排出削減量又は吸収量予測

Ⅳ．希望するプロジェクト支援担当省庁

別紙2　申請の手引き
以下の各名目について日本語及び英語にて記入してください。

Ⅰ．プロジェクトの実施主体
　1）実施主体の名称/住所
　　　（注）実施主体が複数の場合は，代表を当該欄に記入し，他の実施主体は同じ項目について備考に記入してください。
　2）担当者の氏名/役職/連絡先（住所/電話番号/FAX番号/Emailアドレス）
　3）実施主体の主たる事業活動の概要

Ⅱ．プロジェクト情報
　以下の各項目について記入してください。
A．プロジェクトの説明
　1）プロジェクトの名称
　　　・事業内容を簡略に表したプロジェクトの名称を記入してください。
　　　・プロジェクトの名称は，プロジェクト設計書に記載する「Title of the project activity」と同一のものにしてください。
　2）プロジェクトの対象地区の概要
　　　・国名，プロジェクトサイトの住所，その他自然状況，社会・経済状況，政治状況など関連情報を記入してください
　　　・プロジェクト対象地区を地図により図示してください。

3）プロジェクトの概要
　・プロジェクトの目的，内容，規模，温室効果ガスの削減又は吸収のための具体的措置を記入してください。
　・小規模CDMプロジェクトに該当する場合には，その旨の説明をしてください。
　(注)「小規模CDMプロジェクト」とは以下の規模のものをいいます。
　　タイプⅠ：最大発展容量が15メガワット（又は同量相当分）までの再生可能エネルギープロジェクト
　　タイプⅡ：エネルギーの供給又は需要サイドにおける年間の削減エネルギー消費量が15ギガワットアワー（又は同量相当分）までの省エネルギープロジェクト
　　タイプⅢ：その他の人為的な排出量を削減するプロジェクトであって，排出量が二酸化炭素換算で年間15キロトン未満のもの
4）プロジェクトの対象とする温室効果ガス
　・対象となるガスの種類を記入してください。
5）プロジェクトの実施スケジュール
　・フィージビリティスタディの実施時期，プロジェクトの着手/操業/終了の時期，プロジェクトのモニタリング期間，プロジェクトによる削減又は吸収効果の発生する時期見込み，プロジェクトによる削減又は吸収効果の持続期間見込みについて簡略に記入してください。
6）ホスト国の持続可能な開発の達成の支援
　・CDMは，ホスト国の持続可能な開発の達成を支援することも目的としています。これを踏まえて，当該プロジェクトがホスト国の持続可能な開発（経済面，環境面，社会面での発展）の達成を支援するものであることを簡略に説明してください。
7）プロジェクトの課題
　・当該プロジェクトの実施に当たっての課題について記入してください。
　・上記課題の克服のため，プロジェクト支援担当省庁に期待する支援内容があれば併記してください。

B．ホスト国の承認の可能性に関する情報
　・JI又はCDMに係るプロジェクトとして認められるためには，わが国政府のほかホスト国政府が当該プロジェクトにつき事前に承認する必要があります。これを踏まえて，当該プロジェクトがJI又はCDMとしてホ

スト国政府が承認する可能性について，プロジェクト実施主体で検討が行われている場合は，その検討の状況を記入してください。
- 既にホスト国より承認を受けている場合には，承認書（写）を添付してください。

C．環境への影響
- プロジェクト実施主体は，原則として，プロジェクト実施に伴う環境影響の分析又は評価を行い，第三者認証機関（指定運営組織等）等の有効化，適格性審査を受ける必要があります。これを踏まえ，当該プロジェクトの実施に伴う環境（生態系，大気，水質，土壌など）への負の影響の見通し及びそれへの対応策について簡略に記入してください（小規模CDMを除く）。

D．資金源
1）資金源
- プロジェクトの全ての資金源及び出資又は融資する主体の名称を記入してください。
2）ODAの流用ではなく，日本国の資金的義務とは分離され，組み込まれていない旨の確認。
- CDMについては，プロジェクトの資金源に公的資金が含まれている場合には，当該公的資金がODAの流用ではなく，日本国の資金的義務とは分離され，組み込まれていない旨政府又は公的なODA実施機関により確認されていることが必要です。これを踏まえ，政府の確認を求める申請者にあっては，その旨並びに当該公的機関の供出主体の名称及び連絡先を記入してください。

E．その他特記事項
- その他プロジェクトに関し補足情報等がある場合は，こちらに記述してください。

III．プロジェクト効果の見込み
- JI及びCDMに係るプロジェクトは，当該プロジェクトを実施しない場合の温室効果ガスの排出量又は吸収量予測（ベースライン）と比較して，温室効果ガスの追加的な削減又は吸収の効果があることが求められます。

これを踏まえ，以下の項目について簡略に記入してください。

A．ベースラインの考え方及び排出量又は吸収量予測
  ・当該プロジェクトに係るベースラインの考え方及び排出量又は吸収量予測について記入してください。
B．プロジェクトを実施した場合の排出削減量又は吸収量予測
  ・ベースラインの排出量又は吸収量予測を踏まえ，当該プロジェクトを実施した場合の温室効果ガスの排出削減量予測について記入してください。
  ・予測する際には，リーケージ（プロジェクト境界外での温室効果ガスの排出量の増減）も考慮してください（小規模CDMを除く）。

IV．希望するプロジェクト支援担当省庁
  ・京都メカニズム連絡会構成省庁のうちから，支援を希望する省庁の名称を記入してください。ただし，特に希望がない場合は，空欄でも構いません。

V．その他
A．プロジェクト設計書
  ・ホスト国もしくは独立組織（JIの場合）又は指定運営組織（CDMの場合）に提出する予定のプロジェクト設計書（英文のみでも可。JIの場合であってかつ，ホスト国に提出する場合には，プロジェクト設計書に準じるもので可）を申請書に添付してください。
B．実施主体の財務状況
  ・国内のプロジェクト実施主体（複数ある場合にはその代表）の最近の事業年度に係る事業報告書，貸借対照表及び損益計算書又はこれらに準ずる書類を申請書に添付してください。
C．企業秘密
  ・申請者が本申請書の記載事項のうち，競争上の利益の確保の観点から非開示を求める部分があれば，当該部分にその旨記入してください。申請書の提出に際し，その記入がなかった場合には，申請書又はその記載内容が一般に公開されることがあります。

別紙3　京都メカニズム活用連絡会構成省庁の申請窓口一覧

省庁名	申請窓口
環境省	地球環境局　地球温暖化対策課 住所　〒100-8975　東京都千代田区霞ヶ関1-2-2 電話番号　03-5521-8330・FAX番号　03-3580-1382 Emailアドレス　kyotomecha@env.go.jp
経済産業省	産業技術環境局　環境政策課 住所　〒100-8901　東京都千代田区霞ヶ関1-3-1 電話番号　03-3501-1679・FAX番号　03-3501-7697 Emailアドレス　kyomecha@meti.go.jp
外務省	国際社会協力部　気候変動枠組条約室 住所　〒105-8519　東京都港区芝公園2-11-1 電話番号　03-3580-3311（内2362, 2359, 5517）・FAX番号　03-6402-2538 Emailアドレス　siba12f-35@kokushabu.net
農林水産省	大臣官房　環境対策局 住所　〒100-8905　東京都千代田区霞ヶ関1-2-1 電話番号　03-3502-6565・FAX番号　03-3508-4080 Emailアドレス　kyomecha@nm.maff.go.jp
国土交通省	総合政策局　環境・海洋課 住所　〒100-8918　東京都千代田区霞ヶ関2-1-3 電話番号　03-5253-8264・FAX番号　03-5253-1549 Emailアドレス　kyomecha@mlit.go.jp

別紙4　政府承認レター様式（和文/英文）

承認番号

共同実施/クリーン開発メカニズム事業に関する政府承認について

住所
名称
代表者の氏名

　上記の者の行う別紙の事業について，気候変動に関する国際連合枠組条約の京都議定書第6条1(a)/第12条5(a)に基づき承認する。

(指針1.(6)に該当する場合)

　また，本事業に活用される日本国の公的資金は，ODAの流用ではなく，日本国の資金的義務とは分離され，組み込まれていない。

日本国政府

承認の年月日　　　　　　　　　　年　　月　　日
　　　　　　　　　　　　　上記プロジェクトについて支援を担当する。
　　　　　　　　　　　　　　　　　　　　○　○　大臣　印

　　　　　　　(備考)　日本国においては，共同実施及びクリーン開発メカニズムにかかる締約国としての事業の承認の決定については，関係省庁から構成される「京都メカニズム活用連絡会」が行うこととしている。

　　　　※本レターには，上記の者が日本国政府に提出した申請書の抜粋を添付する。

別紙5　事業報告の手引き

　承認後，以下の事項については，プロジェクト支援担当省庁（担当省庁が複数ある場合にはそのいずれか）に対し，関係書類を添えて報告をしてください。

Ⅰ．申請書記入事項に重大な変更があった場合
- 申請書記入事項について重大な変更（プロジェクト実施主体の名称の変更，プロジェクト実施主体の構成の変更，プロジェクトの名称の変更を伴うような内容の大幅変更，プロジェクトの実施国の変更など）があった場合には，変更部分を報告してください。
- 申請書記入事項の重大な変更の理由が，プロジェクト設計書の内容の変更に伴うものである場合には，当該変更されたプロジェクト設計書も報告の際に添付してください。
- 上記変更のため，先の承認が無効となり，再度承認申請をする必要が生じることがあります。

Ⅱ．プロジェクトを中止した場合
- 本承認後に，申請者がプロジェクトを中止した場合には，その旨報告してください。

Ⅲ．ホスト国による承認書
- ホスト国により承認を受けた場合は，承認書（写）を提出してください。
- ただし，本承認申請にホスト国の承認書（写）を添付している場合は，提出する必要ははありません。

Ⅳ．第三者機関によるプロジェクト審査報告書
- CDMの場合は，第三者機関（指定運営組織）によるプロジェクトの有効化審査に関する報告書を提出してください。
- JIの場合は，原則として，ホスト国による審査のみで第三者機関の審査は不要ですが，ホスト国の状況によっては，CDMと同様，第三者機関（独立組織）の適格性審査を受ける必要がありますので，その際は，第三者機関によるプロジェクトの適格性審査に関する報告書を提出してください。

Ⅴ．プロジェクトがJI又はCDMとして認められた場合
- CDM理事会により，本プロジェクトがCDMとして認められた場合には，そ

の旨報告してください。
・JI の場合,原則として,ホスト国による承認のみで JI として認められますので,Ⅲの承認書(写)を提出すれば足ります。ただし,第三者機関(独立組織)の適格性審査を受けた場合には,最終的には 6 条監督委員会により JI として認められた際に,その旨報告してください。

Ⅵ. 排出削減量などが発効,移転された場合
・ホスト国(JI の場合)又は CDM 理事会(CDM の場合)より,排出削減単位(ERU)又は認証された排出削減量(CER)が発効され,プロジェクト実施主体に移転された場合には,当該 ERU 又は CER の識別番号,移転元・移転先の口座名などを報告してください。

第5章

北東アジアにおける多国間CDMプロジェクトの検討*

中野 諭・鄭 雨宗・王 雪萍

1. はじめに

　CDM（クリーン開発メカニズム）プロジェクトは投資国とホスト国の双方に利益をもたらすとともに，地球全体の温室効果ガスの削減に貢献する仕組みと言われる。しかし，これまでのところ，実際には，投資国とホスト国の間でのCDMプロジェクトに対する認識のギャップのために様々な問題が生じて，契約にまで至らない事例が多い。日中間のCDMプロジェクトも同様である。本章ではこうした状況を踏まえて，日本，中国と韓国を中心とする北東アジア地域において，温室効果ガスの削減に向けたCDMプロジェクトの新たな制度設計を試みるとともに，その実現可能性を探りたい。

　日中間のCDMプロジェクトの場合，日本政府が資金を提供すれば，政府開発援助（Official Development Assistance：ODA）の流用という誤解を招きかねない。したがって，民間企業による投資という方法をとらざるを得ないだろう。しかし，日本企業が中国でプロジェクトを行う際には様々なリスクが存在しているのも事実である。韓国はホスト国としてCDMプロジェクトに参加可能であるが，その実現性はあまり期待できない。そのため，他の先進国と共同で行うプロジェクトへの参加に政策的な転換が求められている。そこで，韓国が日中間プロジェクトに積極的に参加することが期待できる。

---

*　本章は環境経済政策学会2003年大会9月27日（於東京大学）において発表したものであり，その後改正を行っている。

先進国が中国でのCDMプロジェクトの契約に成功した事例として，2003年3月に中国・オランダ間で覚書が締結された風力発電所建設プロジェクトがある。このプロジェクトにおいては，オランダは政府資金を利用しているにもかかわらず，中国の合意を得ることができた。本章では，中国・オランダ間のプロジェクトとの比較を通して日中間プロジェクトにおける課題を抽出し，韓国の参加によるプロジェクト促進の可能性を検証する。

2．中国のCDM政策と中国・オランダ間のCDMプロジェクト

(1) 中国のCDMに対する姿勢の変化

(a) 総論

　1997年12月に気候変動枠組み条約第3回締約国会議（COP3）が京都で開催された際の中国政府のCDMに対する姿勢は，次のような発言にみることができる。中国代表団団長，林業部長兼国家計画委員会副主任陳耀邦は，「中国は公約やベルリンマンデートと整合的に採択された議定書，他の法律文献を支持する。しかし同時に発展途上国にいかなる新しい義務を負わせることにも反対する。さらに，発展途上国に新しい義務を負わせる会合を持つことに反対する[1]」と述べ，中国を含めた発展途上国への義務付けに懸念を表した。ここで注目すべきは，陳耀邦が「支持する」と強調しているベルリンマンデートでは，先進国に2000年以降の温室効果ガス排出量を削減・制限させる目標が強調されたのに対し，発展途上国にはいかなる新しい義務も課さないことが明記されている点である。ベルリンマンデートを強調したのは，京都会議において新たな義務を課せられないようにするためだということがわかる。さらに，同会議に陳は「一部の先進国は，いわゆる"排出量取引"や"共同実施"によって，その削減目標を実現しようとたくらんでいる。こ

---

1) 「中国代表在京都会議上発言　闡述我対全球気候変化立場」『人民日報』1997年12月10日。

のように他国の人々に生存環境を配慮させ，責任転嫁するやり方は受け入れられないものである」と言及し，先進国が温室効果ガスの排出削減義務のすべてを自国内で解決するわけではないことに強く反対した。

表で強硬な態度を示した一方，中国政府は将来のCDM導入に備え，民間の研究機関にCDMに関する研究を行うことを勧めた。実際に，1996年から，清華大学や石炭情報研究所などが共同で「地球気候変動の重要戦略および政策研究」というテーマで研究を行っている[2]。このテーマは，中国の国家科学技術委員会およびアメリカのエネルギー省の支持を得られていたことからも，中国政府がかなり前からCDMに対して関心を持っていたことがわかる。

COP3が開催されたときの中国政府の強い反対姿勢は，一年後の1998年11月にブエノスアイレスで開催された第4回締約国会議（COP4）で，変化がみられるようになった。中国代表団団長，国家発展計画委員会副主任の劉江は以下のように述べている。「発展途上国は自国の持続可能な発展を促進するために，CDMの活動に積極的に参加する準備があり，同時に先進国が削減義務の一部を実現することも手助けできる。発展途上国は積極的な協力の方法をみつけたいと考えているが，『公約』に違反して途上国に温室効果ガス排出の削減義務を負わせるたくらみに反対する」というように，途上国への義務付けに反対する姿勢は変わっていないが，CDMなどに協力する姿勢をみせた[3]。さらに，中国の利益から「中国は引き続き国際協力を積極的に推進する。われわれはすでに関係国と共同実施活動のプロジェクトでの協力を行っている。このようなプロジェクトの下で広範な国際協力を行いたいと考えている。われわれは先進国が『公約』に照らして，技術移転や資金援助を提供し，中国の気候変動に対応する能力を向上させることを希望する[4]」と劉団長が言及したことから，CDMに参加することによって，環境改善分野に先進国からの技術移転と資金援助を期待する意図があることが読み取れる。

2） 石炭情報研究院　劉馨・黄盛初「煤鉱区煤層気CDM項目発展前景」中国煤炭網（http://www.zgmt.com.cn/2002/zgmt2002/zgmt4/KJDG4mkqmc.htm）。
3） 「我代表団団長在連合国気候会議発言　闡述中国政府有関立場」『人民日報』1998年11月14日。
4） 『人民日報』1998年11月14日，前掲記事。

さらに中国がCDMに積極的に参加し,支持する意思を表したのは,2002年8月にヨハネスブルグで開催された持続可能な発展に関する世界首脳会議である。この会議に国務院総理の朱熔基は自ら参加し,「リオデジャネイロ会議で決定した原則,特に『共同だが,差異のある責任』の原則を堅持する」と途上国と先進国の責任の差異を強調するとともに,「国際連合は国際的な環境保全と経済発展の総合的な戦略を強調し,技術移転,技術コンサルタント,人材養成そして援助などにおいて積極的に行動するべきである。関係する国際,地域組織および機関は,各国,特に発展途上国との協力を強化しなければならない」とCDMを支持する姿勢を強く表した[5]。さらに,この会議の場で,朱熔基首相は中国が正式に京都議定書を批准したと宣言した。この一連の政策転換から,中国のCDMに対する認識が,排出責任を負わせられる危機感から環境改善に必要な技術と資金が提供されるチャンスという期待感に変わったと推測できる。

(b) CDMの内容に対する考え方

前節で2002年8月に朱熔基首相が京都議定書の批准を宣言したと述べたが,その前から中国政府は京都議定書に沿った協力方法を検討していた。しかし,ホスト国としての中国には投資側との意見の相違があり,それによってCDMプロジェクトの実現が困難であった。ここでは,中国政府のCDMの内容に対する考え方の概要を紹介する。詳細については,第3節の「日本の対中CDMプロジェクトの現状と課題」において述べることにする。

①目的

1997年に中国政府が京都議定書に対して強く反対した理由の一つは,途上国として温室効果ガス削減の義務を要求される危険があったことである。それはその後の交渉によって,義務を課されることがなく,その上CDMに参加することにより,環境改善に有利な技術と資金の獲得につながる意図を,COP4における国家発展計画委員会副主任の劉江の発言から読み取ることが

---

5) 「朱熔基在可持継発展世界首脳会議上講話指出」『人民日報』2002年9月4日。

できる[6]。さらに，中国政府はCDMプロジェクトを実現するための政策作りおよび研究も進めてきた。中国でのCDMプロジェクトの実現可能性についての研究は，清華大学を中心とするグループで進められ，また2002年に京都議定書を承認したあと，中国は締約国の決定に基づき，毎年，各部門や専門家が中国のCDMの運営管理に関するルール作りなどの作業に当たるようになった。中国国家気候変化対策協調小組辦公室処長の孫翠華は，2002年12月11日に東京で行われたシンポジウムで，中国政府はCDMを一つの重点政策として認識していることを言及した上で，中国でCDMプロジェクトを実施する基本的な要求として「CDMプロジェクトは，必ず中国の持続可能な開発戦略，政策に合うものでなければならない。これが基本的に求められているところである」と強調し，CDMは環境改善するための政策のほかに，持続可能な発展戦略としての経済発展のための役割も期待されている[7]。CDMプロジェクトの管理について，国家発展計画委員会が中国のCDMの主要な監督機関として指定され，さらに15部門により国家気候変動対策調整グループを設立し，アレンジメントの役割をもたせ，グループの座長を国家発展計画委員会に担当させた。

②プロジェクトの重点分野

　2002年には，中国におけるCDMプロジェクトの実現に向けて検討が進められた。2002年8月にアジア開発銀行は77.5万ドルを中国に投資し，中国のエネルギー業界のCDMプロジェクトに対する技術協力を行うため，正式にプロジェクトを立ち上げた。中国科学技術部とアジア開発銀行は，10月14日に北京で「エネルギー業界クリーン開発メカニズムのチャンス」プロジェクトのオープニング・セレモニーを行った。アジア開発銀行が中国のエネルギー部門におけるCDMプロジェクトを援助する目的は，中国のエネルギー部門でCDM戦略を促進させ，中国に適合するCDMプロジェクトの技術ガイ

---

6) 『人民日報』1998年11月14日，前掲記事。
7) 孫翠華（2002），「地球温暖化問題——CDM（Clean Development Mechanism）国際規則と中国の行動——」，3E（エネルギー・環境・経済）研究院プロジェクトセミナー（http://www.3e.keio.ac.jp/images/sun.ppt_j.ppt）。

ドラインを作ることである。中国の西部地域の甘粛省と広西省で，再生可能エネルギーとエネルギー効率改善のCDMプロジェクトを実施し，さらにその研究を行うことによって，今後中国で大規模CDMプロジェクトを推進するための基礎を築く[8]。甘粛省の発表により，中国が太陽エネルギー，風力エネルギーなどの再生可能エネルギーに対して大きな関心をもっていることがわかった[9]。

　CDMの重点分野について，2002年12月11日に国家気候変化対策協調小組辧公室処長の孫翠華は「今の重点的な協力分野というのは，再生可能エネルギーや，持続可能なエネルギーの有効利用と関連があるべきである。CDMを先進国と共同で実施する際に，例えば，核エネルギーやそれ以外の分野にもいろいろな興味がある」と言及し，さらに「現段階においては，エネルギー効率を高める，新しいエネルギーを開発する，そしてエネルギーの再生利用を図るということを中心に考えている」と再生可能エネルギーとエネルギー効率の向上などのエネルギー分野を重点に置いていることを確認した[10]。

　2002年5月17日に東京国立オリンピックセンターで開催されたCDMに関する国際シンポジウムでは，中国のCDM理事会委員の呂学都は，投資金額が低すぎるプロジェクトに対して，中国政府は消極的である意思を表明した。このように，中国政府はCDMプロジェクトとしてエネルギー分野の大型プロジェクトに興味をもっていることがわかる。

③技術提供レベル

　上で述べたように，中国がCDMに参加した目的の一つは環境分野における先進技術の導入である。そこで，先進技術の定義は，ホスト国としての中国と投資側としての先進国とで認識にギャップが生じている。中国は国家の持続可能な開発戦略，政策に適合するものでなければいけないと強調し，CDMプロジェクトで提供される技術に持続可能性を求めた[11]。

---

8)　「亜行援助中国発展能源清潔」『国際金融報』（2002年10月16日）。
9)　(http://www.by.gansu.gov.cn/news/gs2002_9_9_2.htm)。
10)　孫翠華（2002）。
11)　孫翠華（2002）。

④プロジェクト資金とリスク

　中国政府はCDMプロジェクトの資金について，京都議定書を承認する前から，CDMの規定の中に，CDMのために現行のODAの資金の転用を認めないことを何度も強調した。これと関連して政府資金の導入はODA資金の転用になりかねないため，政府資金に対しても，消極的な姿勢を示している。しかし，オランダのCDMプロジェクトについて，オランダ政府がCDMのための専用のファンドを設立したことを評価し，オランダとのCDMプロジェクトに対して，政府資金の導入には異議を表していなかった[12]。

　さらに，プロジェクトの資金について，初期投資と追加投資の資金はともに投資金額に含まれていることを要求し，資金調達にCERs（Certified Emission Reductions: 認定排出削減量（排出量クレジット））による収益を充てることに対し，懸念を示している。つまり，CDMプロジェクトにおいては，CERsに起因するリスクを負うことを回避する姿勢がみられる。

(2) オランダのCDMプロジェクトの展開

(a) オランダのCDMプロジェクトに対する態度
①政府統括型

　オランダ政府は，1990年代前半から産業ごとにエネルギー効率改善に関する自主協定制度を実施しており，様々なエネルギー税も導入済みであり，温暖化対策に積極的に取り組んできた。CDMについても，当初から積極的な姿勢を示し，ロシアからの余剰排出割当量の購入（ホット・エアー取引）は基本的には行わないことを政府担当者も言及し，国内削減だけで達成できない部分はJI（共同実施）およびCDMを通して達成する方針である[13]。

　すべてのCDMプロジェクトを政府の計画下で行い，民間企業の単独参入に反対する姿勢を見せている。当然，プロジェクトの事業者として民間企業

---

12) 孫翠華（2002）。
13) 明日香壽川（2003）「オランダERUPT/CERUPTの経験と日本での制度設計に対する含意」（http://www2s.biglobe.ne.jp/~stars/cerupt.pdf）。

の受注は可能であるが，プロジェクトの種類，資金提供を含めて政府が担当するのが特徴である。

また，オランダ政府が個々の CDM プロジェクトのホスト国と交渉する際には，政府高官の訪問などの外交ルートを用いてホスト国政府との MOU (Memorandum of Understanding: ホスト国と投資国間の排出量クレジット移転に関する包括的覚書) 締結に努力している。さらに政府は，プロジェクト事業者に対して，ホスト国政府から LOA (Letter of Approval: ホスト国がプロジェクト事業者に与えるプロジェクトの認定書) を取得するように義務づけている。プロジェクトの資金は政府借款の形で提供されている特徴から，発行される CERs の買い取り価格もあらかじめ決められている。

②ODA 予算枠外の CDM 特別枠の設置

オランダ政府は1995年からの AIJ (共同実施活動) に対し，投資コストの大部分を優遇金利による借款によって財政的に補助した。しかし，「CDM に対しては ODA 予算の使用禁止」という EU や途上国の主張を受け，ODA 予算を GDP の0.7％にほぼ固定して，これをベースラインとし，追加的な0.1％を環境分野の国際協力に充てる政策を行った。さらに，それとは別の一般会計予算によって ERUPT・CERUPT を実施し，商品としてのカーボン・クレジットの部分だけを国際競争入札という形でオランダ政府が購入するという政策をとった[14]。この政策は途上国の理解を得るのに大きな役割を果たした。政府資金の導入に強い懸念を表している中国政府もこの政策を評価し，オランダの CDM プロジェクトに興味を示し，参加の意思を表した[15]。

(b) オランダの CDM プロジェクト

2003年3月13日にオランダの住居・国土計画・環境省大臣 Van Geel は，18件の発展途上国における CO_2 排出削減プロジェクトを実施することを正

---

14) 明日香壽川 (2003)。
15) 孫翠華 (2002)。

表5-1　オランダ政府の審査によって決定された CDM プロジェクト

	プロジェクト番号	国	計画タイプ	CERsの量 (t-CO_2)
1	1／05	ブラジル	バイオマス	195,984
2	1／11	ジャマイカ	風力発電	457,200
3	1／14	パナマ	水力発電	224,800
4	1／17	インド	風力発電	340,000
5	1／19	インド	風力発電	272,000
6	1／26	ボリビア	ガスタービン	327,083
7	1／29	エルサルバドル	地熱	100,000
8	1／30	パナマ	水力発電	3,397,129
9	1／33	中国	風力発電	606,476
10	1／39	インドネシア	地熱	5,432,000
11	1／41	パナマ	水力発電	330,806
12	1／45	コスタリカ	エネルギー効率（セメント）	491,000
13	1／48	コスタリカ	ごみ埋立地ガス	947,971
14	1／50	コスタリカ	水力発電	806,800
15	1／53	インド	風力発電	475,607
16	1／59	インド	バイオマス	300,000
17	1／65	インド	バイオマス	1,150,000
18	1／69	ブラジル	ごみ埋立地ガス	695,880
合　計				16,550,736
平　均				919,485

出所）オランダ技術・エネルギー・環境上級庁（SENTER, http://www.senter.nl/）。

式に発表した。これらの CDM プロジェクトは，表5-1に示す通りである。

　地熱などの再生可能エネルギーを利用するプロジェクトが中心であり，各国の実情を調査した上で決定された（図5-1）。地道な調査と外交ルートでの努力はホスト国の承認を得るための決め手となった。中国とのプロジェクトは風力発電のプロジェクトである。風力発電プロジェクトが全体に占める割合は13％のみで，CERs の量で見ると多くないが，中国のプロジェクトは風力発電プロジェクトの中で最大の規模である（図5-2）。

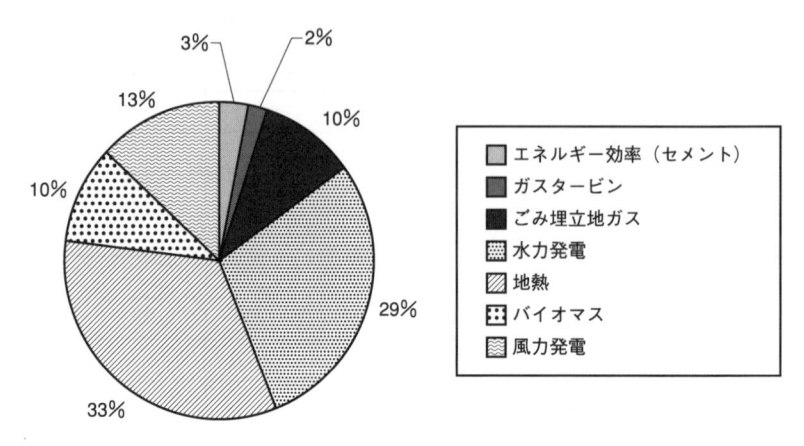

出所）表5-1と同じ。
図5-1　オランダのタイプ別CDMプロジェクト計画

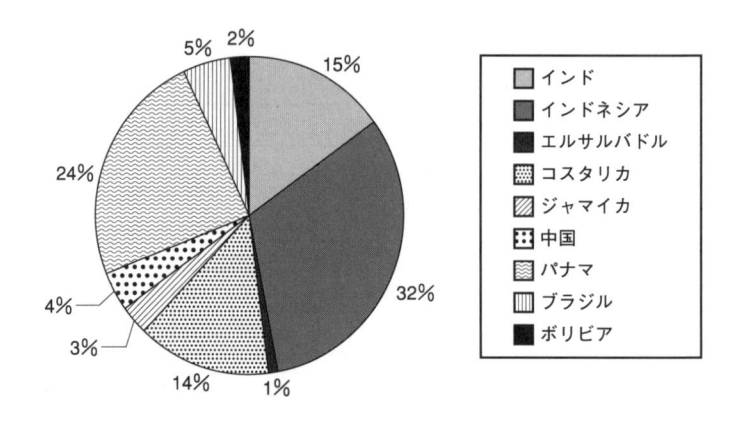

凡例：
- エネルギー効率（セメント）
- ガスタービン
- ごみ埋立地ガス
- 水力発電
- 地熱
- バイオマス
- 風力発電

数値：3%、2%、10%、29%、33%、10%、13%

出所）表5-1と同じ。
図5-2　オランダの国別CDMプロジェクト計画

凡例：
- インド
- インドネシア
- エルサルバドル
- コスタリカ
- ジャマイカ
- 中国
- パナマ
- ブラジル
- ボリビア

数値：15%、32%、1%、14%、3%、4%、24%、5%、2%

(c) オランダ・中国間CDMプロジェクトの概要

　オランダ・中国間で実施されるCDMプロジェクトは，中国で初めてのCDMプロジェクトである。本プロジェクトは54基の風力発電タービンを組み立て，2004年に完成した（オランダ政府と中国政府によるCDMに関する覚書の締結は，2002年2月14日）。このプロジェクトの概要を表5-2に示している。

第5章 北東アジアにおける多国間CDMプロジェクトの検討　119

表5-2　オランダ・中国間のCDMプロジェクトの概要

プロジェクト契約者	オランダ政府（オランダ） 内モンゴル風力能源有限責任公司（中国）
実施場所	内モンゴル自治区「輝騰錫勒（Huitengxile）」風力発電所（既存の設備容量34.5MW）
プロジェクト規模	19.2MW（54基増設）
プロジェクト資金	1,600万USドル（オランダの政府借款）
プロジェクト期間	10年（更新なし）
CER発生量	60,648t-CO_2／年
CER買い取り価格	5.5ユーロ／t-CO_2（CERUPT）

出所）IT Power (2002) Baseline Study for a Windfarm at Huitengxile, Inner Mongolia, China, Consultation Report for Inner Mongolia Windpower Corporation.

　本案件の実施主体は内モンゴル風力発電公司であり，中国の能源研究所がコンサルタント業務を行っている。ベースライン設定に関しては，IT Power社（イギリス）に再委託し，能源研究所が中国政府機関内での調整を行った。ベースラインは，初期時点では低く設定し，将来の燃料構成などを考慮して年々高くなる動的ベースラインになっている。また，風力発電の稼動時間を短く設定している。このように設定されたベースラインは，このプロジェクトが中国最初のCDM案件であることを考慮し，また風力発電がちょうど中国が求めている再生可能エネルギーの一つであることから特例として認めたといわれている。プロジェクトの審査は国家計画発展委員会気候変動辦公室が行い，プロジェクトスキームの作成以外にも，出資会社の財務的な信用力向上などに長期的に取り組んでいる。

3．日本の対中国CDMプロジェクトの現状と課題

(1) 日本の地球温暖化対策関連ODAとその限界

　野村総合研究所（2002）によれば，地球温暖化対策を第一の目的とする日本の2国間資金協力は，2000年度までには存在しないが，温暖化対策に関連

するキャパシティ・ビルディングなどを目的とした技術協力は，実施されてきている。1998-2000年度の技術協力案件をみると，地球温暖化対策コースおよび地球温暖化防止技術といった案件では集団研修，地球温暖化防止については専門家の短期および長期派遣，そして炭素固定森林経営実証調査という開発協力の5つの項目が該当する。また，この期間の温暖化対策関連ODA実施予算額2.96億円は，技術協力予算総額の約1％を占め，経年変化をみると年々増加傾向にある。

温暖化対策関連ODAの分野別内訳は，温暖化対策（主目的），削減効果（副目的：エネルギー効率改善など），吸収源効果（副目的：植林事業など）および適応（副目的：洪水対策など）であり，とりわけ削減効果の実施予算額が大きくなっている。これは，発・配電効率の改善，工場のエネルギー効率改善，発電所建設などエネルギー分野における有償資金協力案件が多いことに起因している。また，形態別にみると，有償資金協力の予算額に占めるシェアがもっとも大きく，無償資金協力および技術協力のシェアは極めて小さい。

次に温暖化対策関連ODAの対象となる国別の実施状況をみると，東アジア・東南アジア，なかでも中国およびインドネシアにおける案件の件数，実施予算額が非常に大きい。さらに，分野別国別に実施状況をみてみよう。地球温暖化対策を主目的とする技術協力においては，東・東南アジアや中南米など，途上国のなかでも相対的に経済発展，工業化が進んだ国が主な対象となっている。削減対策に関する技術協力では，東・東南アジアや中南米に加えて，東欧においても数多くの案件が実施されている。また，削減対策に関する資金協力については，東・東南アジア諸国において実施されている協力の金額が大きい。吸収源対策に関する資金協力は，植林事業関連の有償資金協力が数多く実施されている中国の実施予算額が，極めて大きい。そして，適応対策に関する資金協力については，洪水対策関連の有償資金協力の多いフィリピンにおける実施予算額が，大きくなっている。

このように，日本の地球温暖化対策関連ODAの多くは，中国を対象としている。深刻化する中国の環境問題を改善するために，「日中環境開発都市モデル構想」などの協力が行われており，2001年10月に策定された「対中国

経済協力計画」のなかでも,環境分野における協力に焦点が当てられた。

　こうした地球温暖化関連 ODA の案件を推進することが重要であることは言うまでもないが,ODA 予算を使用して CDM プロジェクトを実施し,排出量クレジットを獲得することができないことを考えると,日本が自国の温室効果ガス削減に ODA を利用することには限界がある。

(2) 日本の温暖化対策における CDM の位置付け

　日本は,2002年6月に京都議定書を受諾しており,2008-12年の第1約束期間に温室効果ガスの排出量を1990年に比して6％削減しなくてはならない。議定書の受諾に先駆けて,日本政府は2002年3月に「地球温暖化対策推進大綱」を決定し,削減目標達成のための具体的な方針を打ち出している。また,同年6月には「改正地球温暖化対策推進法」が国会で可決され,内閣に設置された地球温暖化対策推進本部が「京都議定書目標達成計画」の策定を行うことを規定した。

　しかしながら,すでにエネルギー効率の水準が高い日本において,さらなる省エネルギーを行うには,非常に高いコストをかけなければならない。そのため,日本国内における温室効果ガス削減は困難になるだろう。そこで有効な方策の一つとして考えられているのが,他国と温室効果ガスの排出権を取引し,それを自国の削減量に加えることができる京都メカニズム(柔軟措置)である。京都メカニズムには,排出量取引(ET)・共同実施(JI)・クリーン開発メカニズム(CDM)の3つのタイプがある。このうち ET と JI は先進国(附属書Ⅰ国)間の取引であり,CDM は先進国(附属書Ⅰ国)と発展途上国(非附属書Ⅰ国)間の取引である。「地球温暖化対策推進大綱」では,6％の温室効果ガス排出削減目標のうち1.6％を京都メカニズムの活用によって達成するとしている。日本の削減目標達成のためには ET や JI も実施していく必要があるが,地球環境全体の改善を考えた場合,急速な経済成長にともなってエネルギー消費に起因する温室効果ガスの排出量が増加している発展途上国を組み込んだ CDM が重要になるだろう。CDM とは,附属書Ⅰ国(先進国)が,非附属書Ⅰ国(発展途上国)で温室効果ガスを削

減した分を CERs（排出量クレジット）として獲得し，自国の削減量に加えることができるメカニズムである。CDM を活用することで，例えば日本の環境保全・省エネルギー技術を中国に移転し，そこで削減された温室効果ガスを日本の削減量として加算することができる。このような環境協力を進めることは，日本にとって単に削減目標の達成のみならず，環境・エネルギー市場としてのポテンシャルが大きな中国に対し，中国国内で事業を展開するノウハウを蓄積することができるだろう。

(3) 日本の対中国 CDM プロジェクトの現状

日本においては，環境省，経済産業省，外務省，農林水産省，国土交通省が京都メカニズムに関する担当省庁になっており，いずれの省庁においても JI および CDM プロジェクトの承認申請をすることができる。地球温暖化対策推進本部幹事会の下に，これらの省庁から構成される京都メカニズム活用連絡会を設置し，JI および CDM プロジェクトの承認，承認にかかわる手続き，その他必要事項の決定を行う。2004 年 4 月までに申請された CDM プロジェクトは，豊田通商株式会社がブラジルで行うバイオマスを利用した鉄鋼生産をはじめとして，タイ，韓国，ブータン，ベトナム，インドで実施され，日本の対中国 CDM プロジェクトについては，現在まで申請されていない。しかし，政府主導のいくつかの CDM 事業性調査（フィージビリティ

表 5-3　NEDO による CDM 事業性調査の例

(1)　中国における炭鉱メタンガス回収利用プロジェクト
(2)　中国におけるセメント排熱発電
(3)　中国の製油所における残渣発電による CO_2 削減プロジェクトに関する FS 調査
(4)　中国製鉄会社向高炉ガス専焼コンバインドサイクル発電設備
(5)　中国における 300MW 石炭火力発電所リハビリ
(6)　中国におけるセメントキルン普及調査
(7)　遼寧省藩陽鋼鉄総廠省エネプロジェクト
(8)　中国既設火力発電所効率向上調査
(9)　中国鉄鋼業におけるエネルギー使用合理化
(10)　CO_2 削減のための中国重慶直轄市の低品位石灰質の改善

出所）NEDO ホームページ（http://www.nedo.go.jp）。

スタディ，FS) は行われており (表5-3)，そのうち多くのプロジェクトの実施主体は，新エネルギー・産業技術総合開発機構 (NEDO) である。2003年度においても CDM 事業性調査の募集が行われた。

(4) 日中 CDM プロジェクトにおける論点

実際に日中間の CDM プロジェクトを進めていく際には，様々な問題が生じる。ここでは，日本と中国の CDM プロジェクトに対する意見の相違の一例として，中国国家発展計画委員会能源研究所との意見交換の経緯を紹介する[16]。

(a) 目的の相違

日中共通の認識となっている CDM の目的は，先進国における排出削減目標を達成するために行う国内努力を補足するものとして，先進国が発展途上国において実施したプロジェクトによる温室効果ガス排出削減量の一部を，先進国の削減量として獲得することである。そして，同時に発展途上国における持続可能な発展に貢献するものとされている。しかし，実際に議論してみると，必ずしも地球全体の環境を改善するという話ではなく，お互いにいかに有利な条件を引き出すかという部分に議論は集中する。一般的に，先進国は，CDM を排出量クレジット獲得手段やビジネスチャンスとして捉える傾向にあるのに対し，発展途上国ではより多くの資金や技術の獲得のみに興味が集中し，排出削減そのものには関心がない。これは，先進国企業がCDM を市場メカニズムに則った排出量クレジット獲得を可能とする商業的プロジェクトと認識していることと，発展途上国が革新的技術獲得の機会を最大限に活用したいと考えている思惑が交錯しているからである。また，発展途上国においては地球規模で存在する地球温暖化という，先進国が主たる原因を作ってきた目に見えない現象よりも，地域都市環境の方がより深刻か

---

16) この意見交換は，総合研究開発機構 (NIRA) における自主研究「北東アジアにおける環境配慮型エネルギー利用――環境先進地域を目指して――」の一環で行われたものである。

つ重要な場合も多い。さらに中国のような大国にとっては，今後のエネルギーの安定供給とそれに付随する技術の獲得，環境の保全という問題が重なっていることも事実である。

(b) 持続可能性

　中国は発展途上国であるので，CDMにおいてはホスト国として先進国からのプロジェクト投資を受ける立場になる。発展途上国の環境を改善していくと同時に，「持続可能な発展」に貢献する必要があるという京都メカニズムにあるくだりは，発展途上国の利益も確保していくことを担保する重要なものとなっている。能源研究所との意見交換においても，中国における「持続可能な発展」は，重大な議題の一つであった。彼らの意見としては，以下のようなものがあった。CDMには，2つの目的があり，一つは発展途上国における持続可能な発展であり，もう一つは先進国における排出削減義務の達成である。「持続可能な発展」という言葉の定義ははっきりしておらず，各国において考え方が異なるが，共通認識としては，自然環境の許容範囲内での生活の質の向上であり，①人を中心に考えた発展，②各国に平等に存在する発展の権利の尊重，③生態系の保全を重視，④社会の公平性を実現させるというものである。

　しかし，中国側がCDMプロジェクトで提供される技術に求める「持続可能性」においては，意見が対立する。日本側は，技術を提供するかわりにCERsを獲得することが目的であるものの，その技術に対する正当な対価を求める。それが先進的なものであればなおさらである。これに対し中国側の主張は，いくら優れた技術が提供されたとしても，その技術が一時的かつ限定的な効果しかもたらさない場合は，必ずしも持続可能とは言えず，持続可能な発展という条件を満たすためには，中国側にその技術の設計図や製造方法も含めて技術そのものが移転され，国産化されることが必要であるとしている。この場合，先進国にとっては，提供する技術に対して得られる一定のCERsだけでは対価として見合うものとは言えない。何をもって持続可能な発展とするかということは，基本的にホストとなる発展途上国に決定権があるため，中国が完全な技術供与を持続可能性の定義とすることは可能である。

しかし，こうした主張が，中国に対する投資を阻害する要因となりかねない。

(c) 追加性

CDMプロジェクトとしてホスト国で行われるものには，資金面，技術面および環境面における追加性が存在する必要があるとされている。環境面における追加性は，ホスト国におけるBaU (Business as Usual) プロジェクトと比較して，温室効果ガス排出など環境負荷の軽減が存在すればよい。資金面については議論の余地があるものの，主だったものとしては，ODAをCDMプロジェクト資金に流用しないという点があげられる。これらについては，ほぼ共通認識が形成されていると言えよう。

しかし，技術の追加性については，現在も必ずしも明確な解釈がないことから，お互いの利害が対立する。技術的追加性を満たす最低限の条件としては，プロジェクトベースで考えた場合，CDMプロジェクトによって導入される技術水準が，一般的にそのホスト国（地域）で導入されている技術よりも高いということである。ここまでは双方の共通認識であるが，その技術水準が「どれほど高いか」ということが議論の焦点となる。通常，技術水準はその技術の価格と正の相関があるため，投資側である先進国にとっては可能な限り最小な投資でのCERs獲得を期待する。また，技術水準の高低に応じて温室効果ガスの削減量も増減するケースが多いため，どの水準の技術が投入されるかは，投資主体が成果物としてのCERsをどれくらい獲得したいかということに左右されると考えられる。つまり，大量のCERsを獲得したい場合は高水準の技術を導入すればよいし，必要分のみのCERsを獲得したければ，それに見合った水準の技術を導入すればよいわけである。しかし，当初中国側があげた「認められる技術水準」は，単純にその地域でのBaU技術水準を上回るというものではなく，中国が保有していない先進技術であった。具体的には，コンバインドサイクルなどの最新の天然ガス火力発電技術や，PFBC（加圧流動層ボイラ）などの先進的な石炭火力発電技術などがあげられていた。しかし，現実問題として，日本企業が一定量のCERs獲得だけのために，そのような最先端技術を提供するということは考え難い。ましてやその技術の完全な供与を求められた場合，CDMプロジェ

クトが実現しないことはほぼ確実であろう。

しかし，議論を重ねていく中で，先進技術が前提ではあるものの，CDMプロジェクトとして受け入れ可能な技術は，中国の平均技術レベル以上であればよいと中国側の姿勢に変化がみられた。最終的には中国側の考え方も，必ずしも先進技術でなくても，その技術を中国が必要としていれば，CDMとして認めることができるというように収斂した。これは，中国におけるCDMプロジェクト実現に向けて，大きな前進であると言える。中国においては，今後も増大していく電力需要を賄うため，あるいは環境に配慮した発電を行うために，天然ガス火力発電技術や最先端石炭火力発電などに目がいくことは当然のこととして理解できる。しかし，実質的に中国のエネルギーを今後も支えていくのは紛れもなく石炭であり，それは発電部門も例外ではない。中国国内には多くの小中規模石炭火力が存在する。中国政府の方針として，今後小規模な石炭火力発電所については閉鎖していくとしているが，中規模のものは今後も中国の電力供給の要となるだろう。持続可能な発展を達成していくためには，数える程度の最新鋭天然ガス火力技術を対象としたCDMプロジェクトを行うことよりも，古い技術で石炭を燃焼しつづけている多くの火力発電所を対象としたプロジェクトを実施していくことが，中国にとっては重要ではないだろうか。また，追加性における論点は，経済性というものも考慮する必要があるとの考え方もある。つまり，発展途上国が独自の資金調達によって得られる技術の水準と，先進国の支援によって得られるより良い技術に対する経済的な差，つまり経済的な超過性というものも今後検討していく必要があると思われる。

(d) ベースライン

ベースラインの設定方法において，中国側と日本側の意見が大きく異なっていたのは，ベースラインを動的ベースラインとするのか，あるいは静的ベースラインとするのかということであった。日本側の基本的な考え方は，ホスト国やその地域にCDMプロジェクトが存在しなかった場合に導入されたと思われるプロジェクトを想定してベースラインに設定し，技術格差は不変であるとして一定の排出量の差分をCERsとして発行するというものであ

った。それに対して中国側は，あるCDMプロジェクトにおけるベースラインとして比較する技術は，プロジェクト期間中永続的に採用するのではなく，随時見直しを行うことにより，その時々の平均的な技術と比較していくべきだとの考え方を示した。これは，発展途上国においても技術力の向上は常に起こっており，ベースラインの対象は常に変動しているので，そうした技術革新はベースラインに反映されてしかるべきという考え方に立っている。日本側にとって，こうした動的ベースラインは，静的ベースラインと比較して見直す分だけ手続きコストが上昇するだけではなく，獲得できるCERsの量に直接影響を与える。最近の国際的議論では，動的ベースラインに収斂している。

　ベースラインに関して議論が集中したもう一つの点は，何をベースラインプロジェクトに設定するかということであった。例えば天然ガス火力発電について考えると，西気東輸パイプラインにより天然ガスが供給される，東沿岸部（上海など）に導入される可能性が高い。その際，中国に今後天然ガス火力発電所が導入されていく可能性が大きいものの，基本的には石炭火力が主な電源であるので，中国における平均水準を上回る程度の石炭火力発電をベースラインと考えていた。それに対する中国側の反応としては，天然ガス火力に対するベースラインは天然ガス火力発電であるべきというものであった。もちろん，日本側の「中国におけるベースラインは基本的に石炭火力」という考え方は，中国側にとってみれば不本意なものであったのは理解できる。しかし，最先端の天然ガス・コンバインドサイクル発電のベースラインプロジェクトがコンバインドサイクル発電であれば，CDMプロジェクトとしては成り立たないだろう。また，中国側の意見の中には，ベースラインの設定方法について，そのCDMプロジェクトが行われる時に中国が保有する天然ガスや石炭火力技術をベースに決定するべきだというものもあった。この点についても，ベースラインプロジェクトはあくまでもプロジェクトベースで検討する必要があるという日本側の主張と大きく異なるものであった。こうした意見の対立は，できるだけ低いベースラインを設定したいと考える投資国側と，できるだけ高いベースラインを設定し，より良い技術を獲得したいというホスト国側の思惑が相反するため起こるものである。現在は，ベ

ースラインをプロジェクトベースで設定していくというCOPでの決定と，あらかじめ決められた技術レベルを適用するのではなく，何が導入されるのかということをみた上で確定させていくということで落ち着いている。中国が当初主張していたような高すぎるベースラインの場合，排出量クレジット獲得に要するコストが高くなり過ぎ，プロジェクト自体が成り立たなくなってしまう。また，逆に言えば，そのような地域にはCDMプロジェクトは必要ないのかもしれない。しかし，ホスト国が投資を呼び込むために必要以上に低いベースラインを設定しようとすることも，地球環境上は好ましくない。こうした考え方の根本にあるものとしては，日本側がベースラインを排出量クレジット算定のための基準値として捉えていることに対し，中国側にとってのベースラインはあくまでも希望する技術を提示するための「技術レベル」ということである。つまり投資を呼び込むためのものでなく，より良い技術を得るためのものと認識しているということである。中国側の意見の中で印象的だったのは，「高いベースラインを設定してCDMプロジェクトが成り立たなければ，通常の投資を呼び込むだけ」というものであった。中国においては天然ガス火力発電のようなCDMプロジェクトは適当ではなく，もう少し技術的な部分から離れて考えることのできるCDMプロジェクトから検討していく必要があるのかもしれない。

(e) プロジェクトの評価方法（コスト計算方法）

　CDMプロジェクトを実施する場合に，まず検討する必要があるのは，そのプロジェクトにおいて獲得できるCERsのコストがどれくらいかかるのかということである。たとえ大量のCERsが獲得できたとしても，それが排出権市場のクレジット価格を大幅に上回るコストを要するようであれば，そのプロジェクトの実現性は低くなる。しかし，そのコストの計算方法についても日中間で異なる見解が出てきた。日本側は内部収益率（IRR）をベースとした，そのプロジェクトの事業収益自体もみた上で，追加的にかかるコストをCERsのコストとした。投資側としては，CERsが獲得できるということ以前に，投資したプロジェクトに大きなリスクがないことと，そのプロジェクトが事業として成り立つということが重要となる。一方，中国側はベ

ースラインプロジェクトと CDM プロジェクトの総コスト差，つまり増分コストをもとに計算するべきだと主張した。この増分コストというものは，純粋にベースラインプロジェクト計画を CDM プロジェクトに格上げするために，どれだけの追加的なコストが必要かということをみるものである。わかりやすく言えば，ベースラインプロジェクトである石炭火力発電を CDM プロジェクトの天然ガス火力発電に変更するために必要なコスト差を算出し，全体の CERs 発生量で割るというものである。この見解の違いは，双方の立場の違いによるものであるが，ホスト国側にしてみればベースラインプロジェクトに対してどれくらいの追加的な資金（または技術）を得られるかが重要であり，投資側にすれば全体的な事業リスクも勘案した上で，どれだけ少ないコストで CERs が獲得できるかというところに主眼を置く。

(f) CDM プロジェクトのリスク

CDM プロジェクトは，通常の商業ベースでは成り立たないプロジェクトに，環境保全という付加価値を付けて行うプロジェクトであるが，結果的には CERs という成果物を効率的に獲得するための手段には変わりなく，その意味では商業ベースのものと同様のリスクが存在すると考える必要がある。投資プロジェクトには，プロジェクト固有のリスクやその国固有のカントリーリスクなどが存在するが，投資側がこれらのリスクがプロジェクトを通して得られるものに見合うと考えればプロジェクトは成立し，見合わないと考えれば成立しない。中国をはじめとする海外で電力ビジネスを展開している商社に対して，中国におけるリスクについてヒアリングを行った結果，中国においては外貨の持ち出し制限などの各種規制，法律をはじめとする投資環境の未整備などという多くのカントリーリスクが存在することをあげ，日本の一般的な投資基準としては，投資回収期間20年 IRR15％程度を目安に投資判断を行っているのではないかということであった。それに引き換え，中国側は IRR 9 ％前後で十分としており，現時点ではプロジェクトが合意に達するにはまだ相当の努力が必要と考えられる。また，電力事業の CDM プロジェクトには，電力事業とそこから生み出される電力および CDM 事業とそこから生み出される CERs というように，2 つの事業と 2 つの製品が存

在する。そこにはそれぞれのリスクが存在することになる。しかし，ここで重要なことはCDMプロジェクトの成立要件とリスクというものを別個に考える必要があるということである。プロジェクトの成立性は，リスクによって左右されてはならない。例えば，電力プロジェクトで考えた場合，プロジェクト期間中のCERsは確実に保証されると考えられる。したがって，自社の削減目標を達成するためにCERsを必要としている企業の場合，プロジェクトにおけるCERs価格（原価）については勘案する必要があるものの，その後の市場価格の変動は関係ない。しかし，もし企業がCERsを獲得後に市場で取引をしようとした場合，そのリスクは別に考える必要がある。

(5) 日本・オランダの対中国CDMプロジェクトの比較

第2節で述べたように，オランダは中国における初めてのCDMプロジェクトとして，風力発電プロジェクトを実施する。ここでは，ケーススタディとして，オランダが実施するプロジェクトを収益性の観点から評価するとともに，同じプロジェクトを日本が行った場合も評価し，両者の比較を行う。

(a) 評価方法

CDMプロジェクトを評価する際に，投資主体の立場からみた，キャッシュフローを考慮する評価基準を用いることにする。そこで，このケーススタディでは，内部収益率（Internal Rate of Return: IRR）を採用する。

IRRとは，事業収益率を示す指標の一つである。これは，現在のプロジェクト投資額と将来得られるであろうキャッシュフローの現在価値とが等しくなるような収益率を示し，プロジェクトの現在価値が費用の現在価値と等しくなるような割引率のことである。IRRは，プロジェクトに要する費用，プロジェクト期間に得られる便益によって次のように計算される。

$$I = \sum_{i=1}^{n} \frac{CF_i}{(1+R)^i} \qquad (5.1)$$

ただし，I：初期投資額
　　　　CF_i：第i期のキャッシュフロー

R：内部収益率（IRR）
n：IRR 評価期間

　当該プロジェクトが電力事業の場合，キャッシュフローは以下のように表される。

$$CF_i = REV_i - COS_i$$
$$= PG_i(PP_i - PC_i) \quad (5.2)$$

ただし，CF_i：第 i 期のキャッシュフロー
　　　　REV_i：第 i 期の売電による収益
　　　　COS_i：第 i 期の発電コスト
　　　　PG_i：第 i 期の発電量
　　　　PP_i：第 i 期の売電単価
　　　　PC_i：第 i 期における発電量当たりの発電コスト

　また，CDM プロジェクトによって獲得可能な CERs の算定方法は，以下のとおりである。

$$CER_i = BaseC_i - CdmC_i \quad (5.3)$$

ただし，CER_i：第 i 期に獲得可能な CERs
　　　　$BaseC_i$：第 i 期のベースライン技術からの CO_2 排出量
　　　　$CdmC_i$：第 i 期の CDM プロジェクト技術からの CO_2 排出量

　CDM プロジェクトを評価する際，CERs 販売による収益をキャッシュフローに加える。ただし，ここでは発生する CERs すべてを投資主体が獲得できると仮定している[17]。したがって，(5.1) は次のように書き換えられる。

---

17)　実際には，認証された排出削減量から，管理費用および適応コストの一部を賄うための収益金分担分を差し引き，プロジェクト当事者間で分配することになる。

$$I=\sum_{i=1}^{m}\frac{CF_i+CP_i\cdot CER_i}{(1+R)^i}+\sum_{j=n-m}^{n}\frac{CF_j}{(1+R)^j} \tag{5.4}$$

ただし，CP_i：第 i 期の CER の価格
　　　　m：CERs を獲得できる期間

　この (5.4) から計算される IRR を用いて，CDM プロジェクトの投資案件としての可能性を吟味することとする。この可能性を評価する基準として，IRR 評価期間20年で IRR 8 %（中国が要求する水準），IRR 評価期間15年で IRR10%（日本の標準的な投資判断水準），IRR 評価期間20年で IRR15%（日本の商社に対するヒアリングによって得た，中国に投資する場合の投資判断水準）の 3 つを採用した。

(b) ケーススタディの想定条件

　風力発電所の新設を CDM プロジェクトとした場合，そのベースラインは風力発電所を新設する電力網の平均値になると考える。ここでは，華北地域の内モンゴル自治区に風力発電を導入すると想定しているので，華北電力網の発電量当たりの CO_2 排出量をベースラインに設定した。ベースラインの予測は，IT Power (2002) によるもので，動的ベースラインになっている。
　ケーススタディに使用した風力発電所の想定条件は，表 5 - 4 の通りであ

表 5 - 4　風力発電所の想定条件

投資国		オランダ	日本
設備容量	MW	19.2*	
総投資額	億元	1.3	1.1
運転期間	年	20	
年間発電量	GWh	41.5*	
発電コスト	元/kWh	0.13	
利用率	%	24.7	

*ただし，オランダの建設計画に基づき，1 年目は設備容量9.6MW，年間発電量20.8GWh とする。
出所) ①IT Power (2002), Baseline Study for a Windfarm at Huitengxile, Inner Mongolia, China, Consultation Report for Inner Mongolia Windpower Corporation.
　　　②関和市 (2000)「風力発電の現状と課題」総合エネルギー調査会新エネルギー部会資料。

る。運転期間は，20年と想定し，CDMとして認められるプロジェクト期間は10年とした。また，投資額には，風車本体とその設置費用が含まれているが，ギアやコントロールセンターなどに関連する費用は含まれていない[18]。さらに，オランダの建設計画によれば，1年目は増設する風力発電設備の半分が稼動し，2年目以降にすべてが稼動する。投資額や発電容量・年間発電量に関する上のような想定は，日本・オランダで共通にしている。

他の想定条件として，為替レートを1ドル＝8.26元および1ユーロ＝1.02ドルとし，売電単価はPPA（Power Purchase Agreement）を利用できるとして0.61元/kWhとした。またCERsの価格は，世界銀行のプロトタイプ・カーボン・ファンド（PCF）が提示する期待価格とオランダのCERUPTにおけるCERsの買い取り価格の上限値を採用した。前者のPCFの期待価格は10-20ドル/t-C（2.73-5.45ドル/t-CO_2）である。CERUPTについては，CDMプロジェクトのタイプによって買い取り価格が異なるが，風力発電所の新設では「再生可能エネルギー（バイオマスを除く）」の5.50ユーロ/t-CO_2（5.61ドル/t-CO_2）を適用した。ただし，為替レートの変動による不確実性や，モニタリングなどのCDMプロジェクト固有の取引コストは考慮していない。

(c) 計測結果とその考察

投資回収期間別，CERs価格別に計測されたIRRを示したものが表5-5である。IRR評価期間20年でIRR 8％（中国が要求する水準），IRR評価期間15年でIRR10％（日本の標準的な投資判断水準），IRR評価期間20年でIRR15％（日本の商社に対するヒアリングによって得た，中国に投資する場合の投資判断水準）の3つの評価基準に基づいて，まずオランダの方の結果を見ると，どの評価基準も満たしており，プロジェクトに収益性があることがわかる。同様に日本の結果を見ると，こちらもすべての評価基準を満たしている。

---

18) オランダのCDMプロジェクトは，既存の風力発電所に風車を増設するものであり，ギヤやコントロールボックスは既存のものをそのまま使うことができる。したがって，投資額には，それらが含められていない。

表 5-5　計測結果(1)

オランダ

IRR 評価期間	年	15			20		
CERs 価格	US$/t-CO$_2$	2.73	5.45	5.61	2.73	5.45	5.61
IRR		11.96%	12.57%	12.61%	13.46%	13.99%	14.02%

日本

IRR 評価期間	年	15			20		
CERs 価格	US$/t-CO$_2$	2.73	5.45	5.61	2.73	5.45	5.61
IRR		14.94%	15.71%	15.76%	16.20%	16.88%	16.92%

出所）著者により計算。

　もちろんプロジェクトを実施する上では他にも様々なリスクがあり，それらが収益性に影響するであろう。また，注意すべき点として，風力による電力がPPAによって高く売れると想定していることである。中国の平均的な売電価格は0.4元/kWhであり，この価格でIRRを計算すると著しく収益性が低下する。

　いずれにしても，日本・オランダ両国を比較すると，必ずしもオランダのCDMプロジェクトに高い収益性が認められるわけではなく，逆に日本がプロジェクトを行う際にも収益性が低いわけではない。また，前節で述べたような日中間のCDMをめぐる見解の相違は，オランダ・中国間でも存在するだろう。それでは，日本も直ちに風力発電のCDMプロジェクトを行えばよいということになるが，問題は投資資金である。オランダがODA予算とは別枠でCDMプロジェクトのためのファンドを設置していることは，先に述べた通りである。しかし，日本がODA予算ではない公的資金の注入を強調しても，ODA予算枠がはっきりと決まっていない現状では，ODA予算の転用であるという批判は免れないであろう。したがって，日本がCDMプロジェクトを実施する際には，新たな枠組みが必要となる。

4. 日中間 CDM プロジェクトにおける韓国の役割

　本節では，北東アジアにおいて CDM プロジェクトを実現するために，日本と中国は韓国に何を求め，韓国は何で応えられるか，また韓国が日中間 CDM プロジェクトに参加するインセンティブは何か，そして何が得られるのかについて述べたい。そしてこのような日中間 CDM プロジェクトに韓国が参加する場合を考えることで，北東アジアにおける CDM プロジェクトの実現可能性を検討する契機としたい。

(1) CDM プロジェクトをめぐる韓国の現状

　京都メカニズム（JI，排出量取引，CDM）において現在，韓国が参加可能な制度は CDM しかないことから積極的に CDM を活用しようとしており，温室効果ガスの削減技術と資本の導入を期待している。それについては「1・2次総合対策[19]」において CDM への期待と推進計画が示されている。
　まず，1次総合対策の中では，地理的条件から中国に対して CDM プロジェクトの参加を期待し，その際に韓国の技術を売り込むことを予想している。また北朝鮮への経済支援事業が CDM として認められる場合，費用削減とともに将来の韓国の削減義務達成に役立つことを期待している。そのため，政府と民間部門との協力とともに国際的な試験事業への積極的参加も盛り込まれている。そして，2次総合対策においては，産業資源部[20]を中心に積極的に CDM を活用する内容が記されている。具体的には，第1に，国内 CDM

---

19) 1997年の京都会議（COP3）における京都議定書の採択により，韓国の気候変動問題の総合対策として1998年4月「気候変動枠組条約汎政府対策機構」を発足させた。そして，1999年2月に「気候変動枠組条約対応総合対策（以下，総合対策）」案を発表し，その中で気候変動枠組条約に対応するため，主に温室効果ガスの削減対策に重点を置きながら，その他にも柔軟性措置の活用対策，フロンガスの削減対策，温室効果ガス削減の基盤助成対策を打ち出している。この総合対策は3年間の計画で，2002年からは第2次総合対策が実施されており，5部門84課題について各部庁別の具体的な計画案が含まれている。韓国の温暖化対策の軌跡については鄭雨宗・和気洋子（2003.4），pp.2-24を参照されたい。
20) 日本の経済産業省に該当する。

事業開発および外国との協力試験事業を推進するため，CDM/AIJ 試験事業の海外事例調査，CDM として可能な国内・外の技術発掘および妥当性調査事業，CDM 試験事業の発掘のための自治体および企業との業務協議，そして韓国の東部での風力発電所（100MW）の CDM プロジェクト可能性調査が推進されている。第2に，CDM 運営機構（OE）の認定推進として，エネルギー管理公団（KEMCO）を，国際CDM事業を認定する国際認定機構として指定されるように努力する。そのためには気候変動枠組条約が規定している資格要件を満たすべく，客観性と専門性の確保が必須である。第3に，CDM 承認機構（National Authority）の設立であり，国内に導入されるCDM 事業の承認に必要な法的・制度的基盤を設けることが必要である。そのため，国務調整室に「CDM 委員会（仮）」を設置し，CDM 事業承認機能を与えて実務作業はエネルギー管理公団，環境管理公団などを活用する案が議論されている。第4に，環境部門の CDM 事業推進であり，環境部のもとで埋立地のガス資源化事業を CDM 事業として活用する案が研究されている。そして，2002年から3年間の計画として，様々な CDM 推進計画が設けられた（表5-6）。

また，このような国内での対策とともに，温暖化対策の国際的な交渉の場である締約国会議（COP）においては，中進国の韓国と同じ状況に置かれ

表5-6　第2次総合対策における CDM 推進計画（2002-2004年度）

2002年度	2003年度	2004年度
・CDM 運営機構の業務マニュアルと手続き書および指針書を作成推進 ・CDM 運営機構の申請および CDM 試験事業の発掘 ・CDM 事業として可能と見込まれる技術目録の作成および海外事例の調査 ・UN 事務局の議決日程により国内承認機構の設置 ・CDM モデル事業の発掘および推進	・試験的な国内温室ガス削減事業の認定推進（製造業，建物，再生エネルギー部門） ・発掘した CDM 試験事業を CDM 委員会に登録および事業のモニタリング ・東北アジア地域での CDM 試験事業の発掘 ・FDI と CDM との連携および国家総合戦略の樹立	・CDM 事業認定の本格的推進 ・CDM 試験事業の報告書作成 ・ASEAN 地域での CDM 共同事業推進

出所）気候変動枠組条約対策委員会（2002.6）。

ているメキシコ，そして先進国でありながら EU にもアンブレラグループにも入ってないスイスとともに交渉団体（EIG: Environment Integrity Group）を結成して，環境配慮を前面に打ち出しながら，G77＋中国とは一線を画す主張をして独自の路線を歩いてきた。環境保全グループ（EIG）の一番の特徴は先進国でも途上国でもない第 3 のグループとしての存在である。その中で韓国は非附属書 I 国が自力で CDM を行う Unilateral CDM を強く主張してきた（図 5-3）。

韓国が国内 CDM を推進する背景には，1992年から実施している省エネ専門企業（ESCO: Energy Services Company[21]）制度を国内 CDM として活用したいという思惑があるからである。ESCO 制度の特徴をみると，第 1 に，省エネ専門企業の財源を利用した投資であること，第 2 に，省エネ施設からの省エネの成果（節減額）は省エネ施設の利用者と省エネ専門企業の契約により配分すること，第 3 に，省エネ専門企業の投資コストの回収が終わると，省エネ施設はエネルギー利用者の所有になることである。

依頼者であるエネルギー利用者からみて ESCO 制度のメリットは，省エネ施設への投資コストの負担がなくエネルギー費用が節約できること，省エネ施設への投資による技術・経済面でのリスクヘッジが可能なことである。また省エネ施設に対する専門的なサービス，例えば設計，購入，施工，事後管理などを提供してもらえることでエネルギー利用者は時間と費用が節約できる。さらに ESCO 制度の利用者は税制面での優遇措置が受けられる。つまり，租税特例制限法の第26条により省エネ設備の投資金額の5％に相当する金額を所得税あるいは法人税から控除する措置が1998年から実施されてい

---

[21] 省エネ専門企業（ESCO: Energy Service Company）は，エネルギー利用者が技術的，経済的負担の大きい設備投資を行う場合，省エネ専門企業の資金あるいは公的資金（国からの補助金）でエネルギー利用者の省エネ施設へ設備投資を行った後，投資施設から発生した利益の一部を投資コストとして回収して利益を得る企業である。これはエネルギー利用者が省エネのために既存のエネルギー使用施設を改修あるいは補完しようとする際に，技術的または経済的な負担からエネルギー施設の改善が困難な場合，省エネ専門企業がエネルギー利用者の代わりに技術や資金を投入することによって，効率的に省エネが行えるような制度である。この制度は省エネ技術と資金面での支援を通して，エネルギー利用者への高効率の設備を普及させるとともに，生産工程の改善を通したエネルギー消費を削減しようとする目的で導入された。鄭雨宗・和気洋子（2003. 4），p.25 参考。

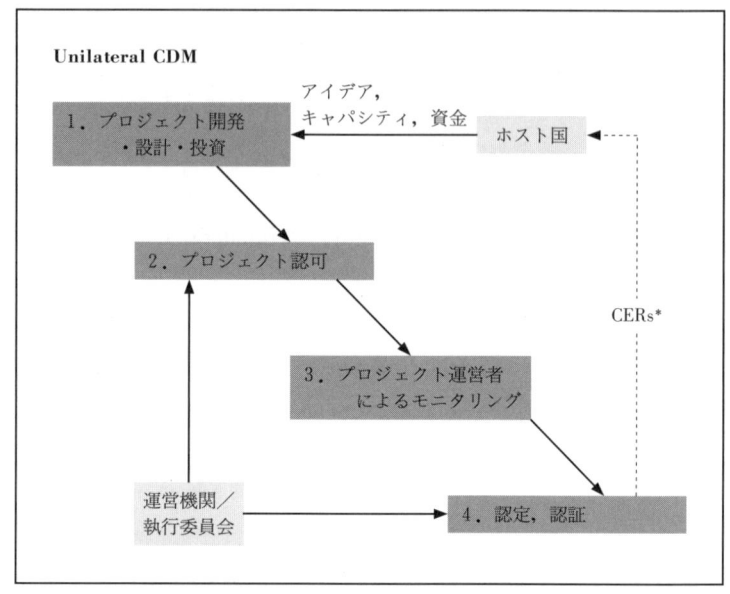

```
┌─────────────────────────────────────────────────────┐
│ Unilateral CDM                                       │
│                         アイデア,                    │
│           1. プロジェクト開発  キャパシティ, 資金    │
│              ・設計・投資  ←──────────── ホスト国 ←┐│
│                      │                             ││
│                      ↓                             ││
│           2. プロジェクト認可                       ││
│                      │                       CERs* ││
│                      ↓                             ││
│           3. プロジェクト運営者                     ││
│              によるモニタリング                     ││
│                                                     ││
│    運営機関／        4. 認定, 認証 ─────────────────┘│
│    執行委員会 ────→                                  │
└─────────────────────────────────────────────────────┘
```

*CERs：認定排出削減量（Certified Emission Reductions; CERs）。
出所）Kevin, A. Baumert and Nancy Kete with Christiana Figueres (2000) p.5.

図5-3　Unilateral COM の仕組み

る。その結果，現在，ESCO 制度に登録した企業は，建設，エネルギー関連企業など幅広い分野で，2003年11月までに164社に達する。そして，2002年までの投資実績を見ると図5-4のようである。

しかし，現状ではこのような制度を利用した国内CDM が国際的に認められる可能性が非常に低く，韓国においては国際的な枠組みに合わせた政策転換を余儀なくされている。つまり，国際交渉の場では国内CDM を主張しながらも，一方では現在のCDM 枠組の中で，すなわちホスト国としてCDMプロジェクトの活用可能な分野をみつけることである。

ただし，韓国は外資を導入せずとも環境改善を実施できる能力があり，投資国企業としてもベースラインが高く設定されてしまうため，韓国でのCDMプロジェクトには魅力をあまり感じない。そのため韓国自身がCDMのホスト国になる可能性はあまり期待できない現状であり，したがって，韓国の現状を考慮した上でCDM を活用しようと考えるのであれば，投資国となり得る日本と協力していくという選択肢がより現実的である。

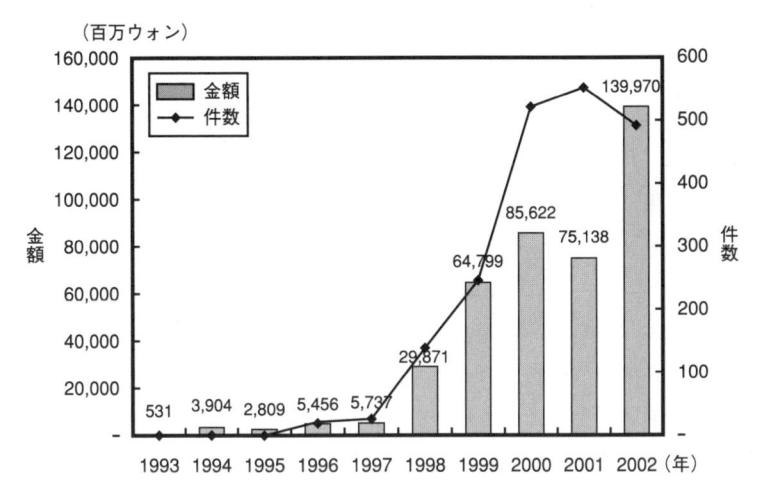

図5-4 省エネ専門企業（ESCO）の投資実績（1993-2002年）

出所）韓国エネルギー管理公団（KEMCO）

(2) CDMプロジェクトと取引コスト

　取引コストの概念を最初に経済学に導入したのは，1937年のR. H. Coaseによって著された論文「企業の本質（The nature of the firm）」においてのことであった。Coaseによると，取引コストとは，市場という制度を利用するために主体が負担しなければならないコストであり，具体的には，以下の3項目が指摘されている。1）財の価格や取引相手を発見するための探索のコスト，2）取引相手と交渉するためのコスト，3）取引相手と契約を締結するためのコスト，その他にも取引が契約通りに履行されていることをみるためのモニタリングコストが含まれる。市場というシステムが完全な情報のもとで円満に作動すれば，取引コストはゼロである。しかし，情報の不完全性などの要因により，システムの運行が部分的に妨げられると，それは無視できないほど大きくなる。つまり，新古典派的な視点からすると，取引コストは市場システムの円滑な運行を妨げる要因を収容する一つの概念とみなされる。ここに，取引コストを削減する代替案，つまり市場取引を内部化すると

いう案が浮上する[22]。そして，この取引コストはCDMプロジェクトにおいても大きな障害要因となり得る（図5-5）。図5-5のように取引コストがない場合，市場のCERsの均衡点はP_0とQ_0で決まるが，取引コストの発生により価格がP_0からP_Aへと上昇すると，供給曲線がSからS_Aへとシフトする。その結果，取引されるCERsの量もQ_0からQ_Aへと減少し，Q_Aにおける取引コストはP_AとP_Rの差である。

CDMプロジェクトは，先進国が自国で温室効果ガスの削減対策を行うより安価なコストで削減が可能となり，ホスト国においては事業実施により，資金と技術の移転が行われる。そして地球規模では温室効果ガスが削減されるメリットが発生する。しかし，CDMプロジェクトは海外での事業である。それは，通常の海外投資事業を行う際に事業によって発生する利益やリスクを考慮した上で，事業に乗り出すのと同じ軸で，CDMプロジェクトが考えられることを意味する。そして，実際にCDMプロジェクトを行うときには，上記で述べたような利益に加え，費用およびリスクも発生することとなり，通常の海外投資事業とCDMプロジェクトとの比較をすると図5-6のよう

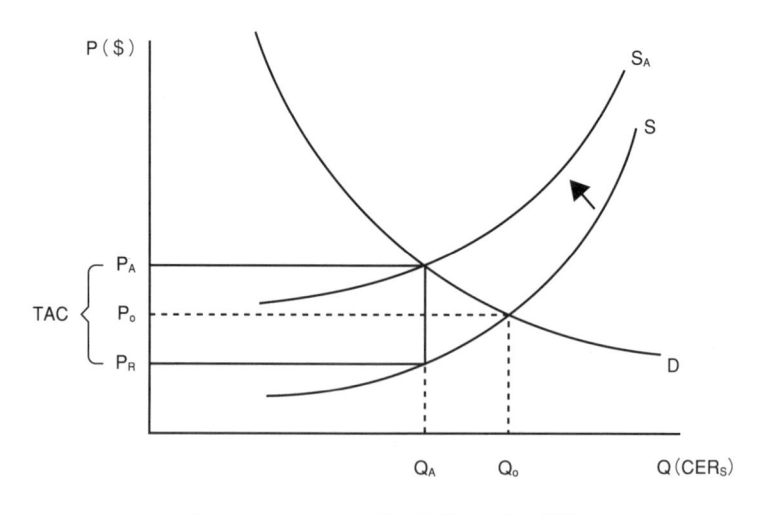

図5-5　CDMにおける取引コストの影響

---

[22] 取引コストをめぐる諸問題については，塩田（2001.3），pp.165-190を参照されたい。

になる。図5-6のように、CDMプロジェクトは通常の海外投資事業と比べてCERsという新たな「生産物」を生み出すが、それとともに、通常の海外投資事業では考えていなかった取引コストやリスクも発生する。取引コストをできるだけ低下させることが必要であり、CDMプロジェクトを行う投資側とホスト国間での2国間協定などを結ぶことで部分的に対処できる。リスクにおいては通常の海外投資事業のリスクに加えて、排出量取引市場でのクレジットの価格変動の影響を受け[23]、事業実績の少なさから試行錯誤が

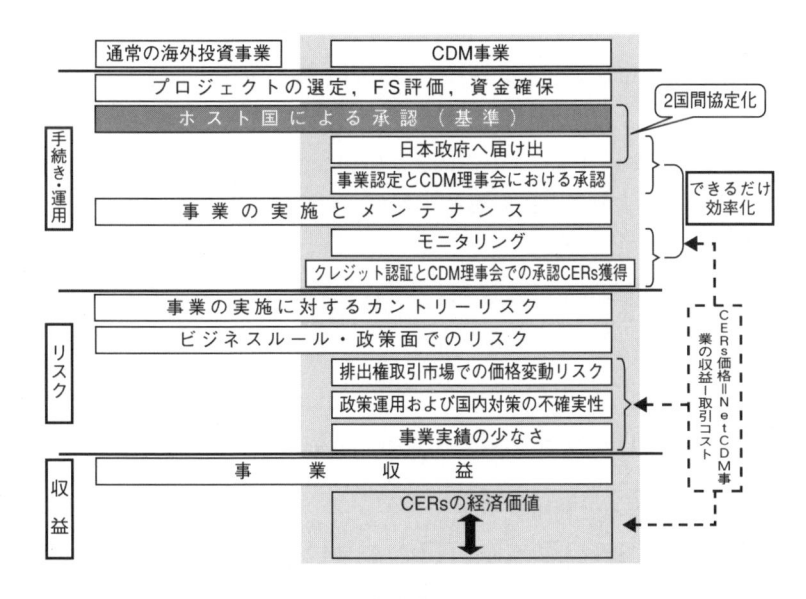

図5-6 CDMプロジェクトと既存海外投資プロジェクトとの比較

出所）工藤拓毅（2002），10頁より修正加筆。

---

[23] その理由は、CDMプロジェクトから発生したCERsが結局、市場で取引されて価値が生じるが、場合によっては高いCERsの価格によって取引されないこともありうるからである。つまり、CERsが取引されるところは排出量取引市場であり、その市場ではCDMだけではなく、JIからのERU（Emission Reduction Unit）や排出権取引のAAU（Allowance Amount Unit）、さらに植林からのクレジットであるRMU（ReMoval Unit）も一緒に取引される。その際、他のクレジットとの価格競争力がないと当然売れにくくなり、その事業自体が縮小されることも予想される。一般的には、CERsに対して他のクレジットの価格が安いと言われており、今後CDMプロジェクトへの参加条件として他のクレジットとの価格競争力が重要な要因と考えられる。

発生する。概念上は，CDMプロジェクトの純収益からこのようなリスクを含んだ取引コストを引いた差額がCERsの経済価値となり，最終的には事業の収益にCERsの経済価値を合わせたものが，CDMプロジェクトから得られる総収益となる。したがって，CDMプロジェクトにおいてリスクの評価とともにどれほど取引コストを低く抑えるかが，プロジェクト成立の要件となる。その中でも努力次第で削減が可能と見込まれる取引コストを削減することが現実的である。

さらに，CDMプロジェクトにおける取引コストの構成を見ると，大きく実施前と実施段階での取引コストに分けられ，情報・調査コストからCERsの認証および売却コストまで各段階において取引コストはかかる（表5-7）。また，このような取引コストについて先行研究は近年多く行われており，その中でもケーススタディを行った研究はいくつかある。それをまとめたのが表5-8であり，その結果からみるとプロジェクト総コストに占める取引コストは16.9％となる。また，構成比からみると，CERsの認証および売却コストが取引コストの42％を占めており，次いで，モニタリングコストと契約実施コストの占める割合が大きい[24]（図5-7）。

(3) 韓国のCDMプロジェクト参加による取引コストの削減効果

(a) 分析の枠組みと利用データ

第3節において述べたように，日中間CDMプロジェクトはCDMプロジェクトの目的，評価方法，リスクの考え方などの相違点により実施までは結びつかないのが現状である。そして，韓国はホスト国としての魅力がないため自らCDMプロジェクトを実施できない。そこで，日本と協力していくことでCDMを活用しようとする動機付けが発生する。さらに，韓国の参加へ

---

[24] 今回のケーススタディの結果は8つのプロジェクトに関するものであり，取引コストの構成比に関して一概に判断するのは難しい。Liel et al. (1998) の研究によると，承認コストが投資側にとって主な費用であると述べており，またOscar J. Cacho et al. (2002) によると，植林プロジェクトの場合，交渉コストは政治的な影響と多額の弁護士費用により高いコストがかかるという研究もある。

表5-7　取引コストの構成および定義

〈プロジェクト実施前の取引コスト〉

取引コストの構成	定　義
情報・調査コスト	投資側とホスト国において魅力あるプロジェクト相手を探すためのコスト（例，情報サービス，広告，仲介料）
計画・デザインコスト	ベースラインの手法，プロジェクトシナリオの設定，モニタリング方法の開発，プロジェクトによる社会的・環境的利益に対するFS調査にかかるコスト
交渉コスト	主にプロジェクト計画書（PDD）の準備にかかる費用，具体的に投資側とホスト国間でのプロジェクトの詳細な部門に関する議論，相互義務，タイムスケジュール，現地訪問，専門家（弁護士）による契約書の作成にかかるコスト
承認コスト	PDDをホスト国と投資側の政府に提出してCDMプロジェクトとして承認を得るためのコスト

↓

〈プロジェクト実施の取引コスト〉

取引コストの構成	定　義
契約実施コスト	現地での職員採用，コンサルタント，プロジェクト職員の訓練とキャパシティ・ビルディング，現地訪問と地域社会との意見交換，技術・管理計画等にかかるコスト
モニタリングコスト	契約に定められた義務を参加者が果たしたかをチェックするための，技術的な経験，訓練，データ収集・分析，報告書作成にかかるコスト
施行コスト	プロジェクト参加者が契約あるいは合意書の内容を満たしているかをみるためにかかる法的そして行政コスト
保険コスト	相手が義務を果たしてない場合，あるいは自然災害によるプロジェクトの損害を補うためにかかるコスト
排出削減の認定コスト	プロジェクトのレビューおよび運営機関への報告と適応コスト（2％）などのコスト
CERsの認証および売却コスト[注]	執行委員会によるCERの認証，そして市場での売買仲介料とレジストリの登録にかかるコスト

注）売却コストには売却した後に投資国側のレジストリへの登録費も含まれる。
出所）Mary Milne（1999），Axel Michaelowa and Marcus Stronzik（2002），Oscar J. Cacho（2002）．

表5-8 プロジェクト別の取引コストの構成比 (%)

TAC \ Project	Mary Milne (1999)					Michaelowa and Stronzik (2002)			
	Scolel Tè	Klinki	SIF	Vologda	RUSAFOR	Gas plant (L)	Gas plant (H)	Biomas (L)	Biomas (H)
情報・調査	6.3	5.3				0.5	0.4	3.7	2.4
計画・デザイン		11.4	35.1						
交渉		0.8			47.7	1.1	0.9	7.6	5.3
承認	1.5		3.5	32.3		0.9	0.5	6.1	3.0
契約実施	92.2	20.3	35.1						
モニタリング		62.2	26.3	67.7	47.0	2.7	6.1	18.3	35.6
施行						15.8	20.9	10.7	12.2
保険									
認定					5.3				
認証・売却						78.9	71.1	53.5	41.5
TAC 合計 (%)	100	100	100	100	100	100	100	100	100
TAC ($1,000)	1,302	1,312	1,140	133	66	2,173	4,822	320	826
TC ($1,000)	3,990	28,558	18,760	1,376	146	34,300	34,300	3,430	3,430
TAC/TC (%)	32.6	4.6	6.1	9.7	45.2	6.3	14.1	9.3	24.1
Ave. TAC/TC(%)	16.9								

注) TAC:取引コスト, L:low cost の場合の取引コスト, H:high cost の場合の取引コスト。
出所) Mary Milne (1999), Michaelowa and Stronzik (2002) により計算。

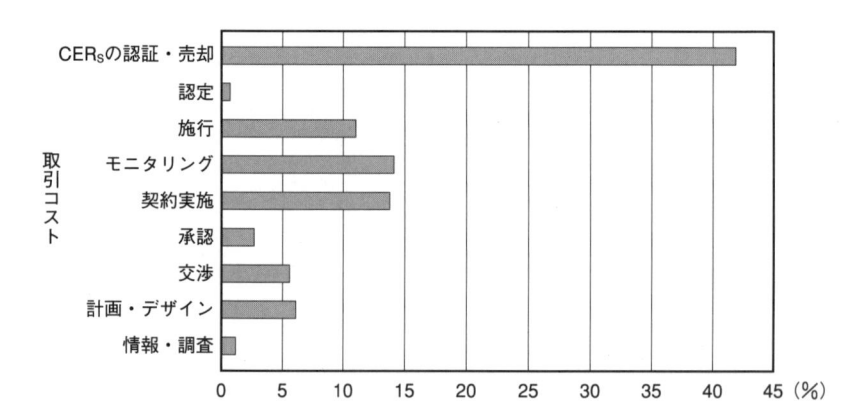

図5-7 取引コストの構成比

出所) Mary Milne (1999), Michaelowa and Stronzik (2002), Michaelowa and Jotzo (2003), PCF (2002) により計算。

のインセンティブとしては，CDMプロジェクトがもつ特有の取引コストを韓国の参加によって削減することで，日本独自でCDMプロジェクトを行う場合と比較してより安い取引コストが予想される。

そこで，日韓の取引コストの比較を行うために，まず日本と韓国の取引コストとして予想されるいくつかの項目の消費者物価を選定し，各部門ごとの消費者物価を原単位価格に直した。また，物価変動による影響を排除するために物価調整後の実質為替レートを使用して価格条件を揃えた。そして日本と韓国の各部門ごとの消費者物価に占める加重値を取り入れ，最終的には8つのカテゴリーによる日韓の取引コストの比較分析を行った。この分析に利用したデータは日本の統計局が発表する「消費者物価（http://www.stat.go.jp/data/index.htm）」と韓国の場合も統計庁が発表した「消費者物価（http://www.nso.go.kr/sub/sub2.htm）」を主に利用した。またリスクに関しては投資情報提供会社であるユーロマネー社（Euromoney）が機関投資家に提供しているカントリーリスクデータを利用した。

(b) 分析の前提条件

日韓取引コストの比較分析においては以下のような前提条件のもとで分析を行った。

第1に，日韓におけるインフラと技術の差については，韓国側のキャッチアップが進んでいる。今回の分析においてはインフラと技術の差による取引コストへの影響を排除している。その理由は技術水準が低いために取引コストが安くなるのは，技術の低下による削減効果であり，本当の意味での取引コストの削減にはならないからである（表5-9）。つまり，低い技術による安価な取引コストの結果，そこから発生したCERsは正確性の問題により認証機関から認めてもらえない可能性もあり，ここではプロジェクトの質を低下させることなく，なおかつ安価な取引コストを達成することを前提条件としている。

第2に，日本が単独で対中国CDMプロジェクトを行う場合に比べ，韓国が参加する多国間プロジェクトでは摩擦が生じ，追加的なコストとなることも考えられる。しかし，最近10年間の日本・韓国の対中国貿易が両国の貿易

表 5-9　日本と韓国のインフラと技術状況（1999年）

	日本	韓国		日本	韓国
Air transport, freight (million tons per km)	8225.6	8358.7	Telephone mainlines (per 1,000 people)	558	438
Mobile phones (per 1,000 people)	449.0	500.0	Research and development expenditure (% of GNI)	2.8[b]	2.8[b]
Roads, paved (% of total roads)	76.0[a]	74.5[a]	High-technology exports (% of manufactured exports)	26.7	32.2
Telephone average cost of call to US (US$ per three minutes)	2.1	1.8	Information and communication technology expenditure (% of GDP)	7.1	4.4
Telephone average cost of local call (US$ per three minutes)	0.09	0.04	Gross foreign direct investment (% of GDP, PPP)	1.2	2.1

注) a)：1998年，b)：1996年。
出所) World Development Indicators (2001)。

全体に占めるシェアの推移をみると，輸出入ともに増加している。また，FDIに関しては，日本・韓国ともに実績がある（図5-8，図5-9）。このような日韓で共有できる対中国プロジェクトの経験がCDMプロジェクトの土台となるため，韓国が参加する多国間プロジェクトによって発生する追加的なコストを最小限にとどめることができるだろう。

(c) 韓国による取引コストの削減効果

CDMプロジェクトにおいて取引コストはプロジェクトの収益性を圧迫する要因となり，ベースラインの標準化，手続きの簡素化などが議論されている。しかし，このような新たな制度の枠組みはCOPでの合意が必要となり，一国での取り組みだけでは限界があるのも事実である。このような状況においては，隣国とのプロジェクトの共有による取引コスト削減が民間レベルで実現可能な方法であろう。そこで，韓国における取引コストを日本と比較することでその効果を計測する。そして，ここでは日本と韓国の消費者物価に品目ごとのウェイトを乗じた加重消費者物価を利用して，比較を行った。

つまり，j国におけるi部門の加重消費者物価（CPW）は

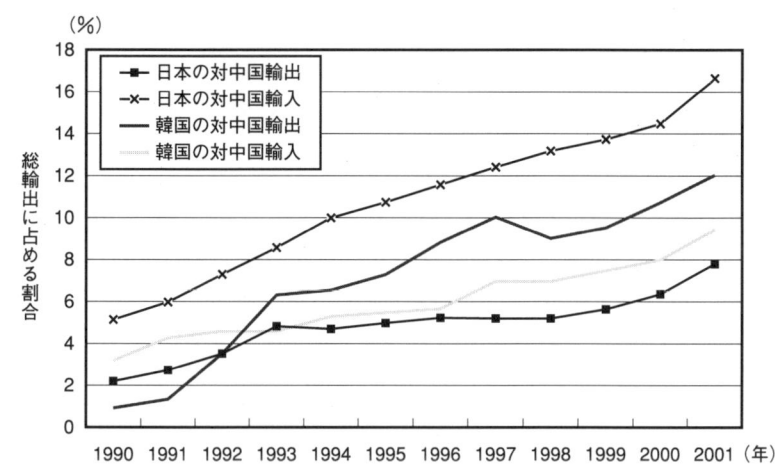

第5章　北東アジアにおける多国間CDMプロジェクトの検討　147

図5-8　対中国の輸出・輸入比率

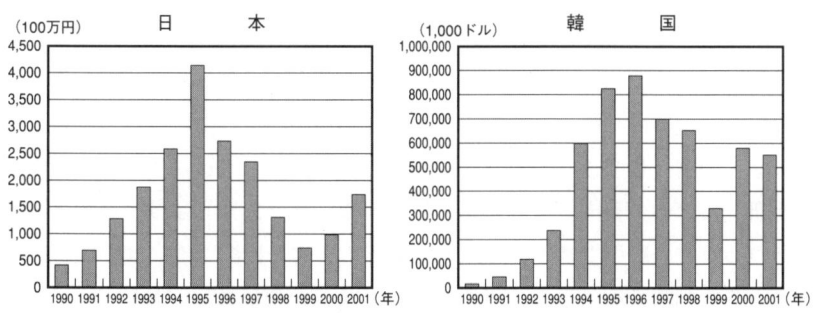

出所）日本統計局、韓国統計庁および輸出入銀行データベース、財務省「対外および対内直接投資状況」(http://www.mof.go.jp/1c008.htm) より計算。

図5-9　対中国へのFDI推移

出所）図5-8と同じ。

$$CPW_i^j = CP_i^j \cdot \left[\dfrac{W_i^j}{\sum_{i=1}^{n} W_i^j} \right] \quad (i=1, 2, \cdots\cdots n) \quad (5.5)$$

CPW：加重消費者物価，CP：消費者物価，W：ウェイト

となり，それぞれ品目（表5-10）のCPWを統合し日韓での取引コストを比較した。また品目ごとの統合の際に，各品目に対応するウェイトがない場

合は関連する品目のウェイトを使って計算した。例えば航空料金の場合，日本はウェイトが2.6であり[25]，韓国のように国際と国内に分類されていない。そのため航空料金の消費者物価ウェイトは，日本は単純平均した消費者物価にウェイトを乗じたのに対して，韓国は国際と国内に分かれているため加重平均した値を航空料金の加重消費者物価として使った（5.6）。

$$CPW_A^K = \left[\frac{IAP_1^K + IAP_2^K}{2}\right] \cdot \left[\frac{W_I^K}{W_I^K + W_D^K}\right] + (DAP^K) \cdot \left[\frac{W_D^K}{W_I^K + W_D^K}\right] \quad (5.6)$$

IAP^K：韓国の国際航空料金，DAP^K：韓国の国内航空料金
W_I^K：韓国国際航空料金のウェイト，W_D^K：韓国国内航空料金のウェイト

取引コストの構成要素については，表5-7と表5-8において，その定義と先行研究の結果，そして構成比について述べた通りである。しかし，日韓の取引コストの比較分析においては，上記において述べたような取引コストの構成要素だけでは限界があり，より詳細な取引コストの内訳が必要とされる。例えば，投資側がプロジェクトの相手を探すためにかかる情報・調査費用の場合，現実にどのような費用がどれほどかかるかについては実際のプロジェクトを実行してみない限り，正確な内訳の把握が難しい。また今までの先行研究においても内訳を明らかにしているプロジェクトはわずかであり[26]，そのため実質の取引コストの項目またはその費用を把握するには限界がある。このような制約条件の下で，日韓の取引コストの項目は，CDMプロジェクトの実行において測定可能であり，予想可能な項目をその選定基準とした。その結果，取引コストとして50項目を選定し，最終的には8つのカテゴリーに統合した。そして，その結果が図5-10である。この結果からは，韓国の取引コストは日本に比べて約23％安く抑える削減効果がある。韓国において

---

[25] 消費者物価ウェイトは日本が総ウェイト10,000に対して，韓国は1,000に対するウェイトとなっており，日本と韓国のウェイトを合わせるために桁を揃えた。そのため実際，日本の航空料金のウェイトは26であるが，今回の分析では2.6として計算を行った。

[26] 取引コストの項目別の内訳を明示しているプロジェクトは先行研究の調査結果13のプロジェクトであり，この中で総費用を示しているのは9のプロジェクトに限る。

第 5 章　北東アジアにおける多国間 CDM プロジェクトの検討　149

表 5-10　日韓取引コストの比較部門

取引コスト	分　　類		単　位
賃金	平均賃金	管理職 技術者 事務職平均賃金 初任給（大卒）	円/月 円/月 円/月 円/月
地代	全国平均（住宅地）	東京・ソウル（住宅地平均） 大阪・釜　山（住宅地平均）	m³ m³
	全国平均（商業地）	東京・ソウル（商業地平均） 大阪・釜　山（商業地平均）	m³ m³
電力・ガスなど インフラ	石油	ガソリン 軽油（ディーゼル） 灯油	L L L
	ガス	都市ガス プロパンガス	m³ m³
	電力	電力（Ave. 1-120kWh） 電力（Ave. 121-280kWh） 電力（Ave. 281 以上 kWh）	kWh kWh kWh
	水道	水道料（月） 下水道料（月）	20m³ 20m³
通信 インフラ	電話	電話（区域内通話料） 公衆電話（通話料） 国際電話（東京-北京）（ソウル-北京）	分 分 分
	携帯料金	携帯料金（通話料）	分
	インターネット 接続料	ADSL 接続利用料（NTT，KT） 高速インターネット接続利用料（NTT，KT）	月 月
	郵便	はがき 国内封書（普通） 国内封書（速達） 国内封書（書留） 国内小包 国際郵便（東京-北京）（ソウル-北京） 国際郵便小包（東京-北京）（ソウル-北京）	通 通 通 通 g 通 g
輸送 サービス	航空料金	国際航空料金（東京-北京）（ソウル-北京） 国際航空料金（東京-上海）（ソウル-上海） 国内航空料金（東京-大阪）（ソウル-釜山）	総距離 総距離 km
	タクシー料金	タクシー料金（全国，基本料金）	m
	鉄道貨物料金	貨物輸送料 航空貨物運送料 国内電車料金（東京-大阪）（ソウル-釜山） 鉄道運賃	g g km 初乗り
	バス代	バス代 高速自動車道路料金 高速バス運賃（東京-大阪，ソウル-釜山）	初乗り km km
その他の サービス	ホテル	ホテル（民営）	日
	行政手数料	印鑑証明 戸籍抄本証明 パスポート取得料	通 通 回
	金融手数料	銀行振込（自行） 銀行振込（他行，電信）	回 回
税金	税負担率	税負担率	％
リスク	カントリー・リスク	カントリー・リスク・トータル・スコア	％

出所）著者作成。

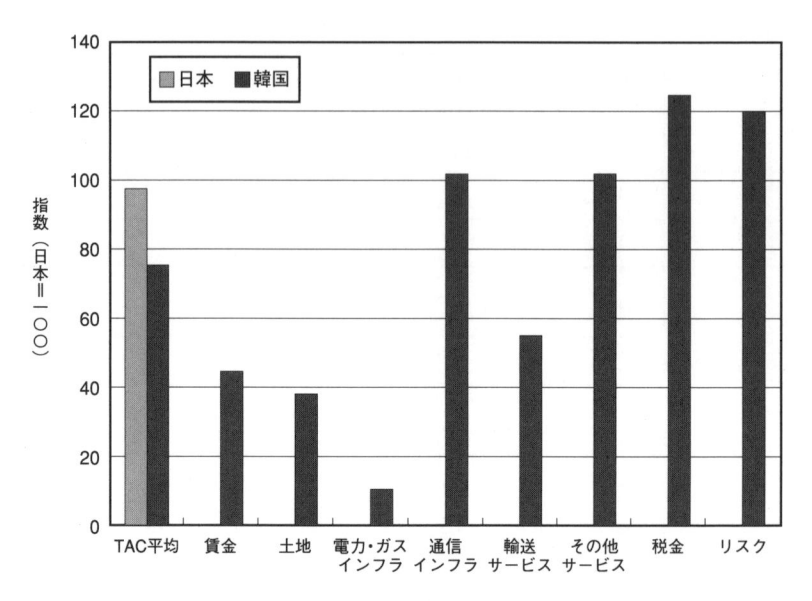

出所）著者により計算，作図。

図5-10 日韓取引コストの部門別比較

は，日本を100とした場合，通信インフラ（103），その他のサービス（103），税金（129），リスク（124）の部門で日本より高い結果となり，一方，賃金（48），土地（41），電力・ガスなどのインフラ（12），輸送サービス（59）の部門では日本より取引コストを安く抑えられることがわかった。さらに，プロジェクト全体に対する効果としては，総コストに占める取引コストの割合を求め，それを日本で行った場合の取引コストであると仮定して計算した。その結果，韓国のCDMプロジェクト参加は3.9％の総コストの削減効果が得られる結果となった（表5-11）。

ここで，韓国の日中間CDMプロジェクトへの参加による取引コストの削減効果が，日本と中国，そして韓国においてどのような意味をもつかについて考察してみよう。例えば，日本の電力会社が中国を投資相手とし，資本と技術を提供してCDMプロジェクトを実施しようとする場合，日本の電力会社がプロジェクトの場所選定から契約，そしてモニタリングとCERsの販売，登録に至るまですべての過程を自ら直接行うとは一般的に考えにくい。

表5-11 韓国参加による総コスト削減効果（％）

TAC/TC（日本）	TAC/TC（韓国）	総コストの削減効果
16.9†	13‡	3.9

注）†：表5-8のケーススタディの総コストに占める取引コストの平均値を日本の取引コストとして想定した場合の比率。‡：加重消費者物価（CPW）により得られた結果を他の条件一定で韓国に適用した場合の総コストの比率。TAC：取引コスト，TC：総コスト。
出所）著者により計算。

　言い換えれば，プロジェクトの実行が決まった後の実質的な業務は委託事業として専門業者に任せるのが，電力会社が直接行うより効率的で費用面においてもメリットがある。その場合，日本の電力会社が実質的な業務（対象場所の選定からCERsの認証，登録まで）を必ず日本の専門業者にのみ委託する義務はない。日本の専門業者に比べてプロジェクトの質を低下することなく，なおかつ，安価でプロジェクトの諸般業務を行える業者があれば，日本の電力会社はそのような業者にCDMプロジェクトの業務を委託するであろう。そこに，韓国の安価な取引コストを利用して日本の電力会社からCDMプロジェクトの委託事業を実施すれば，韓国としてはCDMプロジェクトによる経済的な利益（手数料）とともにノウハウも蓄積していくことができる。特に，このようなノウハウは韓国が将来，温室効果ガスの削減義務を負った場合，経済的には計り得ない価値がある。

　しかし，このような韓国の日中間CDMプロジェクト参加による取引コストの削減効果は，韓国だけではなく，日本と中国にもメリットが生じる。つまり，中国は日本からの高い技術と資本の導入をベースにしたCDMプロジェクトによって持続可能な発展が可能となり，日本は韓国の参加による取引コストの削減から排出削減コストが日本独自の場合より安くなり，事業の実現可能性が高まる。そして，韓国は上記で述べたようにプロジェクト参加によって学習効果を得られることが利益となる。また，事前に韓国がCERsを獲得する契約を結んでおけば，そのCERsを日本へ転売することも可能である。このように，従来と比較して北東アジアにおけるCDMプロジェクトの実現可能性が高まり，事業の幅が広がる効果が期待できる。

　このような削減効果に基づいて，CDMプロジェクトの内部収益率を再度

計算してみる。すなわち，第3節のケーススタディでは，CDMプロジェクト特有の取引コストを考慮していなかった。そのため，ここでは，取引コストの概念を追加することで，日本の対中国CDMプロジェクトを再評価する。取引コストが総コストの約16.9％にあたるという結果を用い，風力発電ユニットの総投資額および発電コストを各年一律に膨らませる。他の想定条件については，第3節と同様にしている。

投資回収期間別，CERs価格別に計測されたIRRが，表5-12の上段に示される。投資回収期間20年でIRR 8％（中国が要求する水準），投資回収期間15年でIRR10％（日本の標準的な投資判断水準），投資回収期間20年でIRR15％（日本の商社に対するヒアリングによって得た，中国に投資する場合の投資判断水準）の3つの評価基準に基づいて結果をみると，3つ目の投資判断基準を満たさず，取引コストを考慮しない場合と比較してプロジェクトの収益性がかなり低下したことがわかる。

次に，本節で導出された，韓国の日中間CDMプロジェクトへの参加によって取引コストが低減される効果を考慮して，同じプロジェクトを評価する。その際，上で膨らまされた風力発電ユニットの総投資額および発電コストを，3.9％減少させてIRRを計測した。その結果，日本が単独で対中国CDMプロジェクトを実施する場合と比べ，収益性が上昇する。したがって，日中間CDMプロジェクトに韓国が参加することで，経済的な側面からプロジェク

表5-12　計測結果(2)

〈日本単独の場合〉

IRR 評価期間		15年			20年		
CERs価格	US$/t-CO$_2$	2.73	5.45	5.61	2.73	5.45	5.61
IRR		10.57%	11.24%	11.27%	12.20%	12.77%	12.80%

〈日本が韓国と協力した場合〉

IRR 評価期間		15年			20年		
CERs価格	US$/t-CO$_2$	2.73	5.45	5.61	2.73	5.45	5.61
IRR		11.48%	12.17%	12.21%	13.03%	13.62%	13.65%

出所）著者により計算。

第5章　北東アジアにおける多国間 CDM プロジェクトの検討　153

トの実現性が高まると言えよう。

5. おわりに：北東アジアの CDM プロジェクト実現に向けて

　中国は CDM プロジェクトを積極的に取り入れる姿勢を示しているが，条件は依然として厳しい。その条件は，小規模プロジェクトに対して消極的であることや，再生可能エネルギーおよびエネルギー効率改善プロジェクトに積極的であることである。また，政府資金による CDM プロジェクトに反対しており，資金調達に CERs による収益を充てることに対し，懸念を示している。このような状況下において，オランダ・中国間の CDM プロジェクトが実現したのは，外交ルートなどを使って積極的にオランダ政府が介入したこととともに，中国にとっても初めての CDM 案件であり，実験的なプロジェクトとして政治的な要因が働いた結果である。

　一方，日本は，6％の温室効果ガス排出削減義務のうち1.6％を CDM など京都メカニズムの活用によって達成するとしている。特に日中間 CDM プロジェクトは，広大な中国のエネルギー市場進出の機会という意味からも，重要な方策になっている。しかし，日中間 CDM プロジェクトを実施するにあたっては，目的，評価方法などで双方に見解の相違があり，現時点ではプロジェクトの実現には至っていない。そこで，オランダ・中国間の風力発電プロジェクトとの比較を通して，プロジェクトを実現させるための必要条件を検討した。その結果，経済的な側面からみると，オランダのプロジェクトに必ずしも優位性が認められるわけではなく，日本がプロジェクトを実施しても高い収益性が得られることがわかった。したがって，オランダの CDM プロジェクトの実現は，政府が積極的に CDM プロジェクトに介入する政策をとったことによるところが大きいことが再確認された。

　しかし，日本が公的資金を注入すれば，それが ODA 予算の流用であるという批判を免れないだろう。また，公的資金使用に関する制度を国際的に整備するためには，多大な時間を要するだろう。そこで，現時点では周辺国である韓国との CDM プロジェクトの共有が，有効な手段としてあげられる。プロジェクト共有のメリットは，韓国の参加によって CDM プロジェクトの

障害である取引コストを削減できることである。加重消費者物価（CPW）を利用した日韓の取引コストの比較によれば，韓国は日本に比べて約23％の削減効果があり，総コストにおいては3.9％の削減効果が得られる。このような韓国の日中間CDMプロジェクト参加による取引コストの削減効果は，韓国だけではなく，日本と中国にもCDMプロジェクトの実現性を高めるというメリットが生じる。つまり，中国は日本からの高い技術と資本の導入をベースにしたCDMプロジェクトによって持続可能な発展が可能となり，日本は韓国の参加による取引コストの削減から排出削減コストが日本独自の場合より安くなって事業の実現可能性が大きくなる。そして，韓国はプロジェクト参加によって学習効果を得られることが利益となる。また，CDMプロジェクトに参加する際にCERsを獲得する契約を結んでおけば，得られたCERsを日本へ転売することも可能である。このように，従来と比較して北東アジアにおけるCDMプロジェクトの実現可能性が高まり，事業の幅が広がる効果が期待できる。

参考文献

Axel Michaelowa and Frank Jotzo (2003) "Impacts of Transaction Costs and Institutional Rigidities on the Share of the Clean Development Mechanism in the Global Greenhouse Gas Market." Paper für die Sitzung des Ausschusses Umweltöknomie im Verein für Socialpolitik, Rostock 1.-3.5.

Axel Michaelowa, Marcus Stronzik (2002) Transaction Costs of the Kyoto Mechanisms, *HWWA Discussion Paper 175*, Hamburg Institute of International Economics.

Coase, R. H. (1937) "The Nature of the Firm." *Economica*, Vol. 4, no. 15, pp.386-405.（宮沢健一他訳（1992），『企業・市場・法』第2章「企業の本質」pp.36-64，東洋経済新報社）。

Euromoney. com (http://www.euromoney.com/default.asp)

Fahana Yamin (1998) "Operational and Institutional Challenges." in *Issues and Options: The Clean Development Mechanism*, ed. Jose Goldemberg, New York: UNDP, pp.53-79.

IT Power (2002) "Baseline Study for a Windfarm at Huitengxile, Inner Mongolia, China." Consultation Report for Inner Mongolia Windpower Corporation.

Jiahua Pan (2002) "Transaction Costs for Undertaking CDM Projects." Background paper prepared for UNF project on capacity building for CDM projects in China.

Kevin, A. Baumert and Nancy Kete with Christiana Figueres (2000) "Designing the Clean Development Mechanism to Meet the Needs of a Broad Range of Interests." *Climate Note*, WRI.

Lile, R., Powell, M. and Toman, M. (1998) "Implementing the Clean Development Mechanism: Lessons from the U.S. Private Sector Participation in Activities Implemented Jointly." *Discussion Paper 99-08*, Resources for the Future, Washington DC.

Mary Milne (1999) "Transaction Costs of Forest Carbon Projects."*Working Paper CC05*, ACIAR Project ASEM.

Marcus Stronzik (2001) "Transaction Costs of the Project-based Kyoto Mechanisms." *Additional Report of Working Group 4*, No. 14. 5, Mannheim.

Oscar J. Cacho and Graham R. Marshall and Mary Milne (2002) "Transaction and Abatement Costs of Carbon-sink Projects: An Analysis Based on Indonesian Agroforestry Systems." Conference of the Australian New Zealand Society for Ecological Economics University of Technology Sydney.

Prototype Carbon Fund (PCF, 2002) Presentation at the Canadian National Workshop on the Clean Development Mechanism (CDM) and Joint Implementation (JI), Jan 7, 2001, Ottawa.

World Development Indicators (2001) World Bank.

Lee, Sunginn (2000) 『ESCO 事業の持続的活性化をための民間資金の流入方案に対する研究』エネルギー経済研究院（Korea Energy Economic Institute）。

明日香壽川（2003）『オランダ ERUPT/CERUPT の経験と日本での制度設計に対する含意（ドラフト版）』(http://www2s.biglobe.ne.jp/~stars/cerupt.pdf)。

蟹江憲史（2001）『地球環境外交と国内政策：京都議定書をめぐるオランダの外交と政策』，慶應義塾大学出版会。

韓国エネルギー管理公団（KEMCO, http://www.kemco.or.kr)。

韓国輸出入銀行，海外投資統計情報データベース (http://www.koreaexim.go.kr)。

韓国統計庁，統計データベース（KOSIS, http://www.nso.go.kr/sub/sub2.htm)。

気候変化枠組条約対策委員会（2002.6）『気候変動枠組条約対応第2次総合対策』，気候変化枠組条約対策委員会。

工藤拓毅（2002）「地球温暖化対策としての京都メカニズムの重要性」，日本エネルギー経済研究所。

国務調整室気候変動枠組条約実務対策会議（1999）『気候変動枠組条約対応総合対策』，韓国国務調整室。

塩田眞典（2001.3）「取引コストをめぐる諸問題」『経済学論叢』第52巻，4号，165-190頁，同志社大学経済学会。

新エネルギー・産業技術総合開発機構（NEDO）ホームページ (http://www.nedo.go.jp)。

人民日報社『人民日報』人民日報社。
人民日報社系列『国際金融報』人民日報社系列。
関和市（2000）『風力発電の現状と課題』総合エネルギー調査会新エネルギー部会資料。
孫翠華（2002）『地球温暖化問題――CDM（Clean Development Mechanism）国際規則と中国の行動――』3E（エネルギー・環境・経済）研究院プロジェクトセミナー（http://www.3e.keio.ac.jp/images/sun.pptj.ppt）。
鄭雨宗・和気洋子（2003.4）「韓国の温暖化対策の現状とCDM活用可能性」『中国の環境保全と地球温暖化防止のための国際システム構築に関する研究』Discussion Paper 大型03-01，慶應義塾大学大型研究助成プロジェクト。
中野諭・亀井大介（2003）「日中CDMプロジェクトの論点とケーススタディ」『中国の環境保全と地球温暖化のための国際システム構築に関する研究』Discussion Paper 大型02-10，慶應義塾大学大型研究助成プロジェクト。
野村総合研究所（2002）『地球温暖化対策関連ODA評価調査報告書』外務省ホームページ（http://www.mofa.go.jp/mofaj/gaiko/oda/kunibetu/gai/gwarm/）。
日本総務省統計局，統計データベース（http://www.stat.go.jp/index.htm）。
劉馨，黄盛初（2002）『煤鉱区煤層気CDM項目発展前景』中国煤炭網（http://www.zgmt.com.cn/2002/zgmt2002/zgmt4/KJDG4mkqmc.htm）。

第6章

東アジアにおける自由貿易協定と
その環境影響分析

竹中　直子・鄭　雨宗・和気　洋子

1．はじめに

　今日において経済システムの根幹をなす貿易は，経済の相互交流のもとで世界各国の発展をもたらしてきた。その中で，「貿易」と「環境」の両者の立場を尊重しつつ，共存をはかる道筋をみつけ，「持続可能な発展」を目指すことが極めて重要な課題であることには異論の余地もないであろう。しかし，資源の有限性が顕在化する中で，貿易の拡大は環境および環境政策にも様々な関わりをもつようになり，貿易の拡大とそれにともなう経済発展が環境に悪影響を及ぼし，持続可能な発展の妨げとなっているのではないかという懸念が生じている。また，近年の国際的な相互依存関係の深化により，貿易の拡大が自国だけでなくその他の国の経済・環境にまで影響を及ぼすというのが現状である。

　そこで，本章では，貿易の拡大をWTO加盟と自由貿易協定の締結という2つのケースを想定し，それにともなう経済成長と環境負荷の関係に焦点をあてることにした。まず，ケーススタディ1として中国のWTO加盟を前提とし，中国において貿易自由化が行われた場合の中国や日本にもたらす経済，環境への影響を，同様に，ケーススタディ2では，日韓両国の関税を撤廃した日韓FTAの締結が両国の経済，環境にもたらす影響を分析した。「貿易と環境」をめぐる問題は，背後に国際的な相互依存関係が絡み，当事国，さらには当事国以外の第3国においても非常に敏感な問題であり，なかなか解決の糸口がみつからないものである。しかし，「貿易」と「環境」の各々の

立場を尊重しつつ両者が共存可能な道筋をみつけ，「持続可能な発展」を目指すことが極めて重要な課題であると言える。

2．中国の貿易自由化と環境負荷の関係[1]
　　　　　　 ―ケーススタディ1―

(1) 分析の視点

　今日，加速する貿易の自由化の動きが経済規模の拡大や国際的な相互依存関係の深化と相まって自国だけではなくその他の国の環境を悪化させる一因になっているという懸念の声があがっている。たしかに，1980年代以降，国際連合やGATT等の様々な機関において，「貿易と環境」をめぐる論争が表面化してきた。その背景には，自由貿易と環境保全をめぐる対立があり，自由貿易が環境保全と対立する関係にあると，主に環境保護論者は主張している一方，自由貿易により経済水準が向上し，環境改善が進むという経済面における楽観論もある。果たして，環境保全という道を考えていく上で，貿易の自由化は障害となるものであろうか。一方で，各国が比較優位に特化した結果，効率的な資源配分を達成し，環境負荷軽減の方向へシフトするのではないかというような環境保全の側面に着目した議論も行われている。そこで，ケーススタディ1では，近年著しい成長を遂げている中国を対象に，中国の貿易自由化が中国と日本の経済・環境にもたらす影響を定量的に明らかにする分析を行う。まず，「貿易と環境」をめぐる議論について論じることで，貿易と環境の関係を考察し，分析の概要とモデル設定について説明する。そして，中国の貿易自由化が両国の経済と環境へ与える影響を定量的に明らか

---

1) 本ケーススタディは，「貿易自由化の環境影響評価に関する検討会」による「貿易自由化の環境影響評価に関する調査報告書」に参考資料として掲載 (http://www.env.go.jp/earth/report/h14-04/) されているものの一部である。また，慶應義塾大学商学研究科大学院高度化推進プロジェクト平成13年度『環境の経済・経営・商業・会計の視点による多面的研究』の助成を受けたものであり，竹中 (2002)，和気他 (2003.5) の加筆修正版である。また，分析手法はすべて篠崎他 (1997a) (1997b) に順じており，記して謝意を表したい。

にし，最後に中国の貿易自由化がもたらす環境への影響について考察を行う。

(2) 「貿易と環境」の関係

まず，「貿易と環境」をめぐる関係の論点を整理する。「貿易と環境」について考える際，主体をどちらに置くかによって，「貿易が環境に与える影響」と「環境が貿易に与える影響」の2方向から捉えることが可能である。そこで，まず，「貿易が環境に与える影響」の論点を整理し，続いて，「環境が貿易に与える影響」を明らかにすることで，「貿易と環境」の関係を把握することにする。

(a) 貿易が環境に与える影響

「貿易と環境」をめぐる議論は様々であるが，多くの人々の素朴な関心は，貿易自由化の潮流が地球環境保全という目的に対してはたして相互支持的であるか，あるいは対立関係にあるかといった論点にあろう。「貿易と環境」をめぐる思想的相克や実質的な政策交渉は，複雑に錯綜する利害関係者の存在によって，ますます混迷を深め，一つの定義や最適解を合理的に見出すことなど到底できない[2]。様々なアプローチによって「貿易と環境」の関係について論じることも意義はあるが，ここでは，貿易が環境に与える影響について論じることで相互の関係を明確にしたい。まず，貿易は，環境にマイナスの面（環境破壊）とプラスの面（環境保全）の両方の効果をもたらすと考えられる。図6-1は，貿易が環境に与える影響を図示したものである。

まず，貿易が環境に与える影響をみると，貿易の拡大は結果として当事国のみならず生産波及の恩恵を受け，当事国以外の国々にも経済の拡大効果をもたらす。よって，この生産の拡大により天然資源の枯渇や自然資源の略奪等が頻雑に行われるようになり，特に途上国において環境破壊が進む可能性がある。また，国際的な相互依存関係の深化により，公害のスピルオーバーと言われるような，廃棄物や大気汚染が国境を越え，他の国々の環境に悪影

---

2) 和気洋子（2002）p.96。

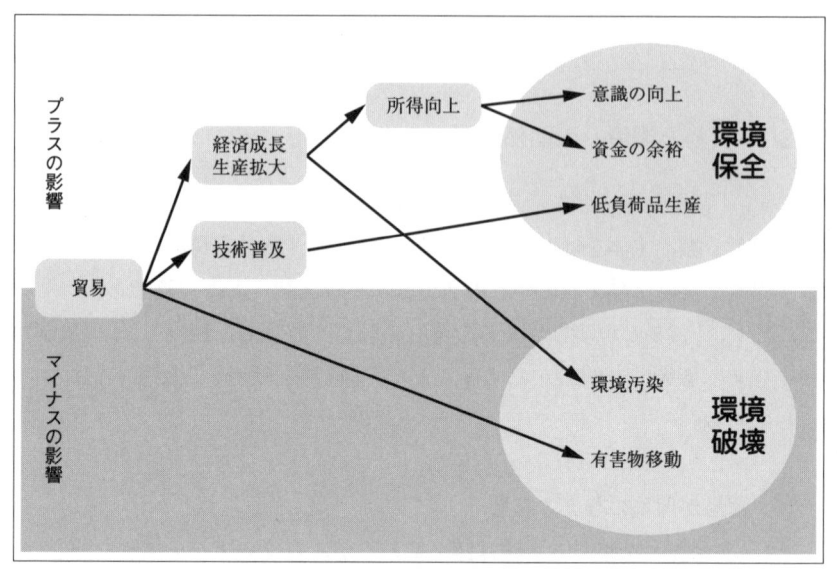

出所）筆者により作図。

図6-1　貿易が環境に与える影響の概念図

響をもたらすことが予想される。さらに，有害物質の越境移動等を原因に生態系の破壊という生命の根源に関わる問題が生じる可能性もある。一方で，貿易自体が環境問題を引き起こす直接的な原因となるのではなく，その国自体にあらかじめ存在する，市場の失敗，政策の失敗など，制度的メカニズムの欠陥にその原因があるとも言われる。

　その一方，貿易にともなう経済成長により環境保全が促進されるというプラスの面も考えられる。貿易により環境にやさしい技術が伝播し，これにより環境への影響が少ない低負荷品の生産が可能となり，環境改善が進展する点も予想される。さらに，貿易による経済成長そして個々人の所得が上昇することで，環境保全のための資金的余裕ができると同時に国民の環境に対する意識に変化がみられ，環境対策インセンティブが働き環境改善効果がある点も考えられる。

(b) 環境が貿易に与える影響

　一方，環境が貿易に与える影響，つまり，環境が貿易摩擦を引き起こす由来となる問題として，各国が自国の環境を守るための環境政策が結果として貿易問題に障害をもたらす点があげられる。これは主に，輸入国が一方的にとる自国内政策への輸出国からの苦情という構図であるが，一方で，貿易論上で重要な国際論議となる問題でもある。環境政策が自国の状況に合致するよう策定されている場合でも，結果として輸入制限的な措置となり，国内産業保護の措置であるとして国外に非難される可能性がある[3]（図6-2）。そもそも，これは国によって環境基準，規制の内容が相違することに多くは由来する。もともと，環境基準や規制内容の相違は，特にEC域内[4]での顕著な問題であったが，経済のグローバル化進展の中で先進国と途上国の貿易障壁問題として近年では認知されるようになってきた[5]。環境保全を理由とする貿易政策や貿易に影響を及ぼす環境政策の妥当性をめぐる紛争として，デンマーク飲料容器をめぐる紛争，イルカ保護を理由とするアメリカのマグロ

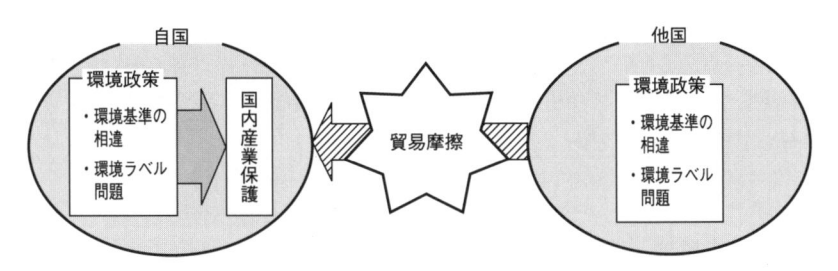

出所）筆者により作図。

図6-2　環境が貿易に与える影響の概念図

3）　環境保全のための輸出入制限や環境基準を満たさない産品の使用・販売の規制，あるいは企業の公害防止活動に対する各種の補助の付与等々の「環境保全」政策は，たとえそれが真に環境の保全を目的とするものであったとしても，結果的には国内の産業に保護を与えることになる（加藤峰夫，1994，p.29）。結果として，事実上，その国の市場へのアクセスが困難となるため，「貿易障壁」と同様のものとみなされる。一方で，環境政策自体が自国の当該産業の国際競争力を弱めるという面と，逆に，環境政策に基づく特定産業あるいは企業への補助金や援助が，その国内の産業の競争力を保護し強化する「不公正」補助となり得る問題も注目されている（加藤峰夫，1993，p.725）。
4）　国内環境を保全するための環境政策が結果として，貿易障壁となりEC域内で争われたものとして後述のデンマークの飲料容器回収を巡る事例がある。
5）　詳細は山口光恒（1992）参考。

輸入規制等が過去の事例としてある。前者は，デンマーク政府により，国内外を問わず製造・販売業者に再使用が不可能な容器の使用を一律に禁止する措置として，欧州裁判所に環境保護のための妥当な範囲を超えていると判断された。後者は，海洋哺乳類保護法におけるイルカ保護のための混獲基準を超えるマグロ漁を行っているメキシコからのマグロ・マグロ加工品の輸入を禁止したアメリカの禁輸措置は，GATTの禁じる数量制限に違反するという判定が下された[6]。しかし，この事例は，環境政策の相違を理由に，輸入国の環境基準に基づき輸出国に対して輸入を制限するものであり，GATTの原則に反する。よって，このような手段が真の環境保全のためだけを意図するのではなく，国内産業保護のための手段として今後も濫用される危険性があり，「貿易と環境」を考える際の事例として多く登場するのである。

「貿易と環境」をめぐる問題は，背後に国際的な相互依存関係が絡み，当事国，さらには当事国以外の第3国においても非常に敏感な問題であるがゆえに，なかなか解決の糸口がみつからないものである。また，貿易による経済成長ばかりに視点が向き，派生的にもたらされる環境負荷という負の側面には関心が向かないのが現状である。そのため「貿易と環境」の各々の立場を尊重しつつ両者が共存可能な道筋をみつけ，持続可能な発展を目指すことが極めて重要な課題である。

(3) 分析概要・方法

(a) 分析の枠組み

本ケーススタディでは，中国の貿易自由化は環境負荷を下げる方向に寄与するのではないかという仮説を1995年 EDEN Data Base[7]を用いて検証することに目標をおく[8]。まず，世界には中国と ROW（その他国）の代表とし

---

6) 詳細は加藤峰夫 (1994) p.30。
7) EDEN データベース詳細に関しては付録6－1参照。
8) 本ケーススタディの先行研究は篠崎他 (1997a)(1997b) であり，分析概念・方法はすべて先行研究に従っている。しかし，使用データや概念等では先行研究と若干の相違がみられる。先行研究の結果については篠崎他 (1997a)(1997b) を，また，先行研究と本ケーススタディの結果の比較については吉岡他 (2003.12) が詳しい。

第6章 東アジアにおける自由貿易協定とその環境影響分析　163

```
                    ┌─────────────────────────┐
                    │  EDENによる産業連関分析   │
                    │ (基本取引表)(CO₂・SO₂発生表)│
                    └─────────────────────────┘
                          │              │
  ┌──────────────┐        │     ┌────────┐│
  │ 購買力平価指数 │       │     │(CO₂・SO₂)││
  │安価な財│高価な財│      │     │ 発生係数 ││
  └──────────────┘        │     └────────┘│
         │   ╭─────╮     ▼           │   │
         └──→│中国の│ ┌──────┐       │   │
             │貿易自│ │輸出・輸入額の│  │   │
             │由化  │ │  新規設定   │  │   │
             ╰─────╯ └──────┘       │   │
                          │           │   │
 ◆中国で相対的に安価な財    ▼           │   │
  ⇒中国で輸出増加,日本で輸入増加 ┌──────┐ │ ┌──────┐
                         │生産誘発額│ │ │生産誘発額│
 ◆中国で相対的に高価な財    │(貿易自由化)│ │ │ (BaU)  │
  ⇒中国で輸入増加,日本で輸出増加 └──────┘ │ └──────┘
                          │←------┘      │
                          ▼                ▼
                    ┌──────────┐   ┌──────────┐
                    │(CO₂・SO₂)  │   │(CO₂・SO₂)  │
                    │誘発発生量  │   │誘発発生量  │
                    │(貿易自由化)│   │  (BaU)    │
                    └──────────┘   └──────────┘
                          │                │
                          └────────┬───────┘
                                   ▼
                            ╭──────────╮
                            │  中国の   │
                            │貿易自由化による│
                            │環境負荷の定量的評価│
                            ╰──────────╯
```

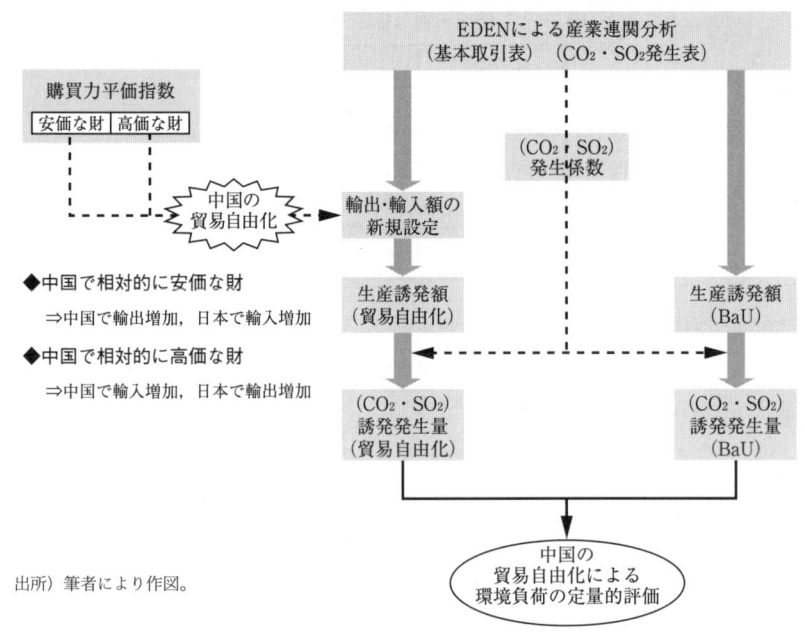

出所）筆者により作図。

図6-3　分析モデルの枠組み

て日本の2国しか存在しないと仮定し，中国の貿易自由化が中国と日本のCO_2，SO_2発生量に与える影響を探ることにする[9]（図6-3）。また，本ケーススタディでは，中国の貿易自由化により，中国において相対的に安価な財，つまり，労働集約財の輸出が増加し，逆に，相対的に高価な財，つまり労働節約財の輸入が増えるものとする。これは，リカードモデルの標準的な設定のもとで得られる主要な結果である「自由貿易下においては，両国はそれぞれ比較優位を持つ商品を生産する[10]」と，どの資源が相対的に豊富に存在するかによって比較優位を説明する，ヘクシャー・オリーン定理の「労働（資本）が相対的に豊富な国は，労働（資本）集約的な財を輸出する[11]」を

---

9) 中国のWTO加盟が実現し，貿易自由化が進展すると，最恵国待遇等の様々な特権義務により，2国間ではなく多国間という枠組みでよりグローバルに貿易政策を考えていくことが必要である。しかし，本分析では，世界には中国と日本の2国しか存在しないと設定した。
10) 木村福成（2000）第2章参照。
11) 木村福成（2000）第3章参照。

表6-1 輸出・輸入を増加させる部門

輸出増加	輸入増加
食料品	紙パルプ・同製品
繊維工業	鉄鋼業
縫製品・皮革	非鉄金属
航空輸送	輸送用機械機器
飲食業	電気機械
	電子・通信機器

もとにした考えである。そこで，本ケーススタディにおいて，「価格の高低」により中国における労働集約財と労働節約財を判断することにする。その際，購買力平価指数[12]を判定基準として用いた。以上より，1995年において労働集約財，つまり，中国の輸出を増加させる部門として，「食料品」「繊維工業」「縫製品・皮革」「航空輸送」「飲食業」の5部門を，一方，労働節約財，つまり輸入を増加させる部門として，「紙パルプ・同製品」「鉄鋼業」「非鉄金属」「輸送用機械機器」「電気機械」「電子・通信機器」の6部門を選択した（表6-1）。

(b) モデル

次に，ケーススタディ1の分析モデルの概略を説明する。まず，前述の通り，中国にとって相対的に安価な財が比較優位をもつと考え，選択した5部門の輸出量をそれぞれ50%増加させる。一方，相対的に高価な財は中国ではなく日本に比較優位があるとし，中国における輸入量が増えると考える。この際，貿易収支に変化はないと想定するため，総輸入量が総輸出量に均等し，さらに輸入を増やした6部門の輸入増加率が一律となるようにモデルを設定する。以上の設定をもとに，レオンチェフオープンモデルにより生産誘発額，そしてSO_2発生量，CO_2発生量を定量的に推計し，中国の貿易自由化が環境に与える影響を把握する。以上の分析モデルを式で表記すると以下のようになる。

まず，日本と中国それぞれについて，以下のバランス式が成立する。

---

[12] これは産業連関表の実質化を可能にするために推計されたもので，篠崎他（1994）が詳しい。

$$X^i = A^i x^i + Fd^i + E^i - M^i (i=C, J) \tag{6.1}$$

また，生産誘発額は，

$$X^i = (I - A^i)^{-1}(Fd^i + E^i - M^i) \tag{6.2}$$

A：投入係数行列
Fd：国内最終需要ベクトル
E：輸出列ベクトル
M：輸入列ベクトル
X：国内生産額行列

で求められる。ここで，両国の生産量，輸出量，輸入量を変化させると，バランス式は以下のようになる。

$$\Delta X^i = A^i \Delta x^i + \Delta E^i - \Delta M^i \tag{6.3}$$

また，両国のSO_2発生量は以下のように求められる。

$$S^i = s^i X^i \tag{6.4}$$

s^i：生産単位当たりSO_2発生量の対角行列

よって，生産量の変化によるSO_2発生量の変化量は以下の式で求められる。

$$\Delta S^i = s^i \Delta X^i \tag{6.5}$$

次に，両国の輸出入額の決定の仕方を考える。中国は，相対的に安価な5財の輸出を50％増加させる。よって，中国の輸出増加分は，

$$\Delta E^C = a \sum_{n=1}^{5} E_n^C \tag{6.6}$$

で示される。ただし，$a=0.5$である。一方，中国の輸入は，輸出増加額に見合う分のみ，先に選択した6部門の輸入を増加させる。ただし，各部門の輸出増加比率が一律となるよう設定する。よって，中国での輸入増加分は，

$$\Delta M^C = b \sum_{n=1}^{6} M_n^C \tag{6.7}$$

で示される。輸出の収支は一定となるため，(6.6)と(6.7)は等しくなる。以上の結果，中国の生産誘発額の変化分は以下のように計算される。

$$\Delta X^C = (I - A^C)^{-1}(\Delta E^C - M^C) \tag{6.8}$$

一方，前述の通り，中国と日本の2国しか存在しないと仮定しているため，日本は，中国の輸出増分に対応する部門の輸入分が増加し，逆に，中国の輸入増分に対応する部門の輸出分が増加する。よって，日本の生産誘発額変化分は，

$$\Delta X^J = (I - A^J)^{-1}(\Delta E^J - M^J) \tag{6.9}$$

と表記できる。また，この際，日本の輸出増加分は中国の輸入増加分に等しく，一方，日本の輸入増加分は中国の輸出増加分に等しいため，

$$\Delta E^J = \Delta M^C \tag{6.10}$$
$$\Delta M^J = \Delta E^C \tag{6.11}$$

が成り立っている。また，日本のSO_2発生量変化分（ΔS^J）は，

$$\Delta S^J = s^J \Delta X^J \tag{6.12}$$

と表記できる。同様の方法でCO_2発生量に関しても求められる。以上より，中国の貿易自由化により日本と中国において変化するSO_2とCO_2発生量を求めることが可能となる。

(4) 中国の貿易自由化が両国の経済・環境に与える影響

本節では，中国の貿易自由化が中国と日本の経済や環境に与える影響を前節のモデル式に基づいて分析する。まず，1995年における両国の貿易構造の特徴を明らかにし，つづいて，1995年を対象とし，中国の貿易自由化が中国

と日本の両国に与える影響を生産，そして CO_2 発生量，SO_2 発生量に関して明らかにし，中国を事例とした場合の「貿易と環境」の定量的な評価や両国の構造変化を明らかにする。

(a) 中国と日本の貿易構造の特徴

表 6-2 は，日本と中国における1995年の輸出額，輸入額の上位 5 部門を一覧にしたものである。

1995年の中国の輸出は，「縫製品・皮革」が全輸出の約22.0％を占めもっとも輸出額が多い部門であり，つづいて「電子・通信機器」「機械工業」などの重工業が上位部門となっている。また，輸入は，「機械工業」「電子・通信機器」「化学製品」などの重工業が上位であり，これら 3 部門で全輸入の約37％を占めている。「電子・通信機器」「繊維工業」「機械工業」の 3 部門は輸出と同時に輸入も多い部門となっている点が特徴である。

同様に，日本についてみると，1995年の輸出は，「電子・通信機器」「輸送用機械機器」「機械工業」が上位部門となっており，これら 3 部門で全輸出の約57％を占めている。日本は，輸出の上位部門が重工業である点が特徴と言える。また，輸入は，「食料品」「電子・通信機器」「原油・天然ガス」が

表 6-2 日本と中国の輸出入の上位 5 部門（1995年）

	中国（輸出）			中国（輸入）		
1	縫製品・皮革	31,959	22.00%	機械工業	29,189	21.04%
2	電子・通信機器	13,250	9.12%	電子・通信機器	13,178	9.50%
3	機械工業	12,228	8.42%	繊維工業	9,858	7.10%
4	繊維工業	10,139	6.98%	化学製品	9,318	6.72%
5	紙パ・同製品	7,513	5.17%	ゴム・プラスチック製品	8,239	5.94%
	日本（輸出）			日本（輸入）		
1	電子・通信機器	122,560	24.63%	食料品	50,709	10.91%
2	輸送用機械機器	97,128	19.52%	電子・通信機器	47,678	10.26%
3	機械工業	65,920	13.25%	原油・天然ガス	45,271	9.74%
4	商業	32,955	6.62%	縫製品・皮革	31,994	6.88%
5	その他輸送	30,466	6.12%	飲食業	27,510	5.92%

注）表は，増加量（100万ドル）と増加量に占めるシェア（％）を表記している。
出所）EDEN データベースより推計。

上位3部門であり，天然資源や農作物，軽工業の輸入が多い点が特徴と言える。「電子・通信機器」は輸出も輸入もシェアが多い部門となっている。

以上より，中国の輸出は，「縫製品・皮革」「繊維工業」などの軽工業に加え，「電子・通信機器」「機械工業」などの重工業の輸出が多い点が特徴であり，また，輸入は，「機械工業」「電子・通信機器」などの重工業の輸入シェアが多い点が特徴と言える。一方，日本の輸出は「電子・通信機器」「輸送用機械機器」「機械工業」などの重工業での輸出が多いのが特徴であり，輸入は，天然資源や「食料品」「縫製品・皮革」などの軽工業の輸入が多い点が特徴と言える。

また，両国の貿易収支をみると中国は約65億ドルの黒字，一方，日本は約327億ドルの黒字である。部門別にみていくと，中国は「機械工業」「化学製品」「輸送用機械機器」「鉄鋼業」などの重工業でそれぞれ約169億ドルから約25億ドルの赤字となっているが，「縫製品・皮革」「紙パ・同製品」「金属製品」「食料品」における，それぞれ約286億ドルから約12億ドルの黒字が大きく影響し，全体として黒字になっていると言える。一方，日本は，輸入の多い「農林業」「食料品」「縫製品・皮革」「木材・家具」「飲食業」などの1次産品や軽工業において，それぞれ約488億ドルから約132億ドルの非常に大きな赤字となっているが，輸出の多い「電子・通信機器」「輸送用機械機器」「機械工業」などの重工業で大幅な黒字となっている点が影響し，全体としては中国を上回る約327億ドルの貿易黒字になっていると言える。

(b) 中国の自由貿易化がもたらす影響

中国の労働集約財の輸出を増やし，労働節約（資本集約）財の輸入を増加させる中国の貿易自由化導入を想定し，EDENデータベースを用いた産業連関分析より，中国と日本の両国の経済・環境に直接・間接的に与える影響を定量的に測る分析を行った。表6-3は中国，日本，そして両国合計の生産額，CO_2発生量，SO_2発生量に関する結果を一覧にしたものである。

まず経済に与える影響をみると，生産は，中国で6億3千万ドル（0.03％）増加し，日本でも76億2千万ドル（0.07％）の増加となった。次に，環境に与える影響をみると，CO_2発生量は中国では4,250万 t-CO_2（−1.54％）

表6-3 結果（1995年）

	中国		日本		中国・日本	
	変化量	変化率	変化量	変化率	変化量	変化率
生産誘発額（100万ドル）	633	0.034%	7,626	0.075%	8,259	0.069%
CO_2誘発発生量(1,000t)	−42,557	−1.545%	2,990	0.250%	−39,568	−1.002%
SO_2誘発発生量（t）	−335,429	−1.471%	31,176	0.398%	−304,253	−0.993%

出所）表6-2と同じ。

減少したのに対し，日本では290万 t-CO_2（0.24%）の増加となった。同様に，SO_2発生量は中国では33万5千t-SO_2（−1.47%）の減少に対し，日本では3万1千t-SO_2（0.39%）の増加となった。中国と日本の両国合計をみると，生産では82億5千万ドル（0.06%）の増加，CO_2では3,950万 t-CO_2（−1.00%）の減少，SO_2でも30万4千t-SO_2（−0.99%）の減少である。両国とも生産は増加するが，CO_2やSO_2発生量は中国では減少し，日本では増加する。しかし，両国合計でみると中国の発生の減少量が日本の増加量を上回るため，両国合計のCO_2発生量やSO_2発生量は減少となる。また，発生量の減少率は生産の増加率よりも絶対額では大きい。よって，両国に与える影響をマクロでみると，中国の貿易自由化は両国に生産の増加をもたらす一方，環境負荷軽減の方向に寄与し，環境改善の傾向が予想されると結論できる。

以上はマクロ経済全体に与える結果であったが，次は部門別にみていくことでその要因を探る。

表6-4は，中国の貿易自由化を想定した場合に，生産増加量が多い上位4部門を，同様に表6-5は，減少量が多い上位4部門を中国，日本，そして両国合計に関して一覧にしたものである。まず，中国自身においては，労働集約財であり輸出増加となった「繊維工業」「縫製品・皮革」「食料品」での生産増加が大きい。特に，「繊維工業」と「縫製品・皮革」は増加量のそれぞれ約34%以上を占め，直接・間接に誘発される生産量が非常に多い部門といえる。「食料品」は間接波及効果のため生産が増加した部門である。また，生産増加となった部門数は全43部門のうち11部門のみであり，中国自身の貿易自由化により直接・間接に生産誘発効果を受ける部門は非常に限定さ

表6-4 生産増加の主要部門（1995年）

	中国			日本			中国・日本	
1	繊維工業	18,710	34.63%	電子・通信機器	15,526	31.67%	繊維工業	9,781	44.14%
2	縫製品・皮革	18,399	34.05%	鉄鋼業	11,073	22.59%	農林業	5,802	26.18%
3	農林業	7,196	13.32%	輸送用機械機器	7,132	14.55%	鉄鋼業	1,984	8.95%
4	食料品	4,929	9.12%	非鉄金属	4,737	9.66%	文化・教育・科学研究	1,584	7.15%

注）表は、増加量（100万ドル）と増加量に占めるシェア（％）を表記している。
出所）表6-2と同じ。

表6-5 生産減少の主要部門（1995年）

	中国			日本			中国・日本	
1	電子・通信機器	−16,469	30.84%	縫製品・皮革	−20,492	49.50%	縫製品・皮革	−2,093	17.73%
2	鉄鋼業	−9,089	17.02%	繊維工業	−8,929	21.57%	非鉄金属	−1,959	16.59%
3	非鉄金属	−6,696	12.54%	食料品	−4,470	10.80%	機械工業	−1,580	13.38%
4	輸送用機械機器	−5,662	10.60%	化学製品	−2,680	6.47	商業	−1,058	8.96%

注）表は、減少量（100万ドル）と減少量に占めるシェア（％）を表記している。
出所）表6-2と同じ。

れていると言える。一方、輸入増加となった6部門のうち、「電子・通信機器」「鉄鋼業」「非鉄金属」「輸送用機械機器」の4部門での生産減少量が多く、これら4部門で生産減少量の約70％以上を占めている。特に、「電子・通信機器」での生産減少量が多く、減少量の約30％以上を占めている。日本は、輸出増加となった「電子・通信機器」「鉄鋼業」「輸送用機械機器」「非鉄金属」での生産増加が顕著であり、これら4部門で増加量の約78％以上を占めている。特に、中国では生産が減少となった「電子・通信機器」において日本での生産増加が顕著である。一方、輸入増加となった「縫製品・皮革」「繊維工業」「食料品」での生産が減少している。また、「化学製品」は間接的な波及効果が影響し、生産が減少した部門である。中国の貿易自由化により、日本で生産が増加する部門数は24であり、中国よりは日本の方が生産誘発効果を受ける部門数が多いと言える。

次に、中国と日本を合計した場合をみると、「繊維工業」「農林業」「鉄鋼業」「文化・教育・科学研究」が生産増加の多い部門であり、逆に、「縫製品・皮革」「非鉄金属」「機械工業」「商業」が減少量の上位部門となっている。中国で輸出増加となった「繊維工業」は中国での生産増加が大きく影響し、両国合計では増加、逆に「縫製品・皮革」は中国での生産増加以上に直接・間接的にもたらされる日本での生産減少が多かったため、両国合計でみ

ると，生産は減少となっている。また，中国で輸入増加となった「鉄鋼業」は，日本での直接・間接的にもたらされる生産増分が中国での生産減少分を上回り，両国合計では生産の増加となった。一方，「非鉄金属」は中国での生産減少分が大きく影響し，両国合計では生産の減少となっている。また，「農林業」「文化・教育・科学研究」は間接的に両国への生産波及効果がもたらされる部門である。特に，「農林業」は中国での生産増分が，「文化・教育・科学研究」では日本の生産増分が大きく影響し，結果として両国合計では生産増加となっている。一方，「機械工業」や「商業」は間接的に生産の減少がもたらされる部門である。両部門とも中国での生産減少が影響し，両国合計では生産が減少となっている。

　また，部門別の特徴をみると，両国ともに生産が増加したのは「機械工業」「文化・教育・科学研究」の2つのみであり，これらは間接的な影響を受け生産増加となった部門である。一方，両国とも生産が減少したのは，「原油・天然ガス」「印刷・文化教育用品」「石油製品」「その他製造業」「道路輸送」「その他輸送」「通信」「商業」「公共事業・民間サービス」「金融・保険」である。また，中国で生産が増加し日本では減少した部門は，輸出増加となった5部門の他に，間接的な影響を受け，中国のみで生産増加となった「農林業」「漁業」「化学製品」「医薬品」である。一方，日本では生産が増加したが中国では減少した部門は，中国での輸入増加となった6部門の他に，「金属鉱業」等の鉱業，「セメント」「機械工業」等の重工業が多い点が特徴である。次に，環境面での影響を部門別にみていく。

　表6-6は，中国の貿易自由化を想定した場合に，CO_2発生の増加量が多い上位5部門を，同様に表6-7は，CO_2発生の減少量が多い上位4部門を中国，日本，そして両国合計に関して一覧にしたものである。中国は，自身の貿易自由化により輸出増となり直接・間接的に生産が誘発された「繊維工業」「縫製品・皮革」「食料品」「航空輸送」や，間接的な生産波及効果を受け生産増加となった「化学工業」でのCO_2発生量増加が顕著である。特に，「繊維工業」「化学工業」の上位2部門でCO_2発生量の増加量の約65％を占めている点が特徴である。一方，輸入増加で直接・間接的に生み出される生産が減少した「鉄鋼業」や「非鉄金属」では発生が減少し，また間接的な波

表6-6　CO_2発生増加の主要部門（1995年）

	中国			日本			中国・日本		
1	繊維工業	11,747	40.79%	鉄鋼業	3,755	60.56%	繊維工業	11,393	44.26%
2	化学製品	6,969	24.20%	コークス・石炭製品・ガス	600	9.67%	化学製品	6,663	25.88%
3	縫製品・皮革	2,531	8.79%	電力・熱供給	540	8.71%	農林業	2,273	8.83%
4	食料品	2,379	8.26%	紙パ・同製品	493	7.95%	食料品	2,221	8.63%
5	航空輸送	2,338	8.12%	非鉄金属	411	6.63%	縫製品・皮革	1,695	6.59%

注）表は，増加量（1,000t-CO_2）と増加量に占めるシェア（%）を表記している。
出所）表6-2と同じ。

表6-7　CO_2発生減少の主要部門（1995年）

	中国			日本			中国・日本		
1	鉄鋼業	−22,766	31.91%	航空輸送	−1,313	40.88%	電力・熱供給	−21,186	32.44%
2	電力・熱供給	−21,726	30.45%	縫製品・皮革	−836	26.03%	鉄鋼業	−19,011	29.11%
3	非鉄金属	−6,768	9.48%	繊維工業	−354	11.03%	非鉄金属	−6,357	9.73%
4	その他窯業土石	−4,991	6.99%	化学製品	−306	9.53%	その他窯業土石	−4,946	7.57%

注）表は，減少量（1,000t-CO_2）と減少量に占めるシェア（%）を表記している。
出所）表6-2と同じ。

及の影響を受け生産が減少となった「電力・熱供給」でも「鉄鋼業」と同じ規模の発生の減少がみられる。さらに間接的な影響を受け生産が減少となった「その他窯業土石」では，発生係数が高いことが影響し，主要な発生の減少部門になっている。日本は，輸出の増加にともない生産増加となった「鉄鋼業」「紙パ・同製品」「非鉄金属」や間接的な影響を受けて生産増加となった「コークス・石炭製品・ガス」や「電力・熱供給」での発生の増加が顕著である。特に「鉄鋼業」によるものが発生増加の約55%を占め，非常に多いのが特徴である。一方，日本での発生減少をみると，輸入増加により生産が減少した「航空輸送」「縫製品・皮革」「繊維工業」の減少シェアがもっとも多いのが特徴で，さらに，間接的な影響を受け生産が増加した「化学製品」での発生が減少している。

　以上を中国と日本の合計でみると，CO_2発生量は，中国において輸出増加による直接・間接的な生産波及効果による生産増加が大きく影響した「繊維工業」での増加量がもっとも多く，「食料品」や「縫製品・皮革」での増加も多い。また「化学製品」や「農林業」での増加量も多く，これらは，特に中国において間接的な波及効果による生産量の増加が大きく影響し，発生量が大きく増加した部門と考えられる。

一方，両国合計でみると，CO_2発生量の減少は「電力・熱供給」「鉄鋼業」が多い。「電力・熱供給」は，日本では間接的な波及の影響を受け，生産が増加したが，中国自身での生産減少分が大きく影響し，結果として発生量の減少につながった部門である。同様に「鉄鋼業」は，日本では輸出増加にともなう生産の増加が影響し，発生量がもっとも増加した部門であるが，中国での輸入増加にともなう生産の減少による発生量の減少が大きく影響し，両国合計では発生量が減少となった部門と考えられる。

次に，SO_2発生量に関してみていく。表6-8は，中国の貿易自由化を想定した場合に，SO_2発生の増加量が多い上位4部門を，同様に表6-9は，SO_2発生の減少量が多い上位4部門を中国，日本，そして両国合計に関して一覧にしたものである。中国自身の貿易自由化により中国でもっともSO_2発生量が増加するのは，輸出増加にともない生産が増加した「繊維工業」や「食料品」，そして間接的な生産波及効果を受けた「化学製品」などの部門である。特に「繊維工業」は発生増加量のうち約46%を占め，発生量増加が非常に多い部門である。一方，中国において間接的な影響を受け生産が減少した「電力・熱供給」「その他窯業土石」や輸入増加による生産減のために発生量が減少した「鉄鋼業」「非鉄金属」での発生減少量が多い。日本では，輸出増にともない生産が増加した「鉄鋼業」や「紙パ・同製品」での発生が

表6-8　SO_2発生増加の主要部門（1995年）

	中国			日本			中国・日本	
1	繊維工業	114,587	46.64%	鉄鋼業	20,055	55.47%	繊維工業	113,621	47.16%
2	化学製品	51,002	20.76%	電力・熱供給	5,278	14.60%	化学製品	50,074	20.79%
3	食料品	27,658	11.26%	紙パ・同製品	4,541	12.56%	食料品	27,313	11.34%
4	縫製品・皮革	24,233	9.86%	コークス・石炭製品・ガス	4,209	11.64%	縫製品・皮革	22,129	9.19%

注）表は，増加量（1,000t-CO_2）と増加量に占めるシェア（%）を表記している。
出所）表6-2と同じ。

表6-9　SO_2発生減少の主要部門（1995年）

	中国			日本			中国・日本	
1	電力・熱供給	-160,188	27.57%	縫製品・皮革	-2,104	42.25%	電力・熱供給	-154,909	39.69%
2	鉄鋼業	-159,107	27.38%	繊維工業	-966	19.40%	鉄鋼業	-139,052	35.63%
3	その他窯業土石	-69,802	12.01%	化学製品	-928	18.64%	その他窯業土石	-69,687	17.86%
4	非鉄金属	-55,688	9.58%	食料品	-344	6.91%	非鉄金属	-54,512	13.97%

注）表は，減少量（1,000t-CO_2）と減少量に占めるシェア（%）を表記している。
出所）表6-2と同じ。

多く，また，生産自体が増加した「電力・熱供給」「コークス」での発生増加が多い。一方，輸入が増加し生産が減少した「縫製品・皮革」「繊維工業」「食料品」の3部門で発生減少の約69％を占める。また，間接的な影響を受け中国では生産増加となったが日本では減少となった「化学製品」での発生減少も多い。以上を中国と日本の合計で SO_2 発生量をみると，増加，減少ともに中国の発生量の増減が影響し「繊維工業」「化学製品」「食料品」「縫製品・皮革」で増加し，逆に「電力・熱供給」「鉄鋼業」「その他窯業土石」「非鉄金属」で減少している。

(5) まとめ

本ケーススタディでは，貿易自由化が環境負荷にもたらす影響を，中国を事例に分析した。「中国での貿易自由化の方向は環境負荷を下げるのか」という問いに答えるため，中国での労働集約財の輸出を増加，一方，労働節約財の輸入を増加させた結果，中国と日本の両国で生じる CO_2・SO_2 発生量にどのような影響をもたらすのかを分析した結果，以下の5点が得られた。

第1に，生産額は中国と日本で増加となり，一方，CO_2 や SO_2 発生は中国で減少，日本では増加となる。ただし，中国と日本の合計でみると，生産は0.06％の増加，CO_2 発生は1.00％，SO_2 発生は0.99％の減少となる。よって，中国の貿易自由化は，両国に生産拡大効果をもたらす一方，環境負荷を削減する方向に寄与すると言える。

第2に，両国の生産増加額と増加比率をみると，中国は6.3億ドル（0.03％），同様に，日本は76.2億ドル（0.07％）であり，増加量は日本の方が中国よりも多く，増加率も日本の方が高い。よって，中国の貿易自由化は，中国自身よりも日本の方により大きな生産拡大効果をもたらすと言える。

第3に，直接・間接的に生み出される生産額に関して部門別にみていくと，中国自身では労働集約財で輸出増加となった「繊維工業」「縫製品・皮革」「食料品」や間接的な波及効果を受けた「農林業」での生産の増加がみられ，逆に，輸入増加となった「電子・通信機器」「鉄鋼業」「非鉄金属」「輸送用機械機器」において生産の減少がみられる。一方，日本では，中国の自由化

の影響を受けて輸出増加となった「電子・通信機器」「鉄鋼業」「輸送用機械機器」「非鉄金属」において直接・間接的な生産の増加がみられ，逆に，輸入増加となった「縫製品・皮革」「繊維工業」「食料品」や間接的な波及の影響を大きく受けた「化学製品」において生産の減少が顕著である。また，生産増加となる部門数を両国で比較すると，中国は11部門のみ，日本は24部門である。よって，中国の貿易自由化により直接・間接的な生産波及効果を受ける部門は，中国の方が日本よりも限定され，「繊維製品」「縫製品・皮革」などの労働集約財に限られていると言える。

第4に，CO_2発生量に関してみていくと，中国では輸出増加により生産が増加した「繊維製品」や間接的な影響を受け生産増加となった「化学製品」での発生増加が多く，逆に，輸入増加にともない生産が減少した「鉄鋼業」「非鉄金属」，そして「電力・熱供給」での減少が顕著である。また，日本は，輸出増加にともない生産増加となった「鉄鋼業」や間接的な波及効果を受け生産増加となった「コークス・石炭製品」「電力・熱供給」での増加が多く，逆に，輸入増加にともない生産減少となった「航空輸送」「縫製品・皮革」での発生量の減少が多い。以上を中国と日本の合計でみると，中国での生産増加が大きく影響し，「繊維製品」や「化学製品」での発生増加が大きく，逆に，中国で発生が減少した「鉄鋼業」「電力・熱供給」での減少が大きくなっている。

第5に，SO_2発生量に関してみていくと，中国では輸出増加となり生産が増加した「繊維製品」「食料品」や間接的な影響を受け生産増加となった「化学製品」での発生増加が多く，逆に，輸入増加にともない生産が減少した「鉄鋼業」，そして間接的な波及効果を受け生産が減少した「電力・熱供給」「その他窯業土石」での減少が顕著である。また，日本は，輸出増加にともない生産増加となった「鉄鋼業」「紙パ・同製品」や間接的な波及効果を受け生産増加となった「コークス・石炭製品」「電力・熱供給」での増加が多い。逆に，輸入増加にともない生産減少となった「縫製品・皮革」「繊維製品」「食料品」での発生量の減少が多い。以上を中国と日本の合計でみると，中国での生産増加が大きく影響し，「繊維製品」「食料品」「縫製品・皮革」や「化学製品」「農林業」での発生増加が大きく，逆に，中国で発生

が減少した「電力・熱供給」「鉄鋼業」「その他窯業土石」「非鉄金属」での減少が大きくなっている。

　以上の結果より，中国の貿易自由化は，中国国内でのCO_2・SO_2発生量を削減し，さらに中国と日本の発生量の合計量も減少することから，環境負荷が軽減の方向に寄与すると結論できる。ただし，本ケーススタディの結果より「中国の貿易自由化は環境負荷を下げる方向に寄与する」と必ずしも断言はできないが，その可能性が強くあることが確認できたと言える。つまり各国が比較優位構造に特化した結果，効率的な資源配分が達成され環境にプラスの影響を与える側面も見られることを把握できたと言える。また本ケーススタディは国内総支出（GDE）規模を一定とし，外生的に貿易構造を変化させた結果，環境負荷がどうなるかという分析であり，所得効果，価格等による影響を考えていない。今後は以上の点を考慮し，さらには，例えばCO_2発生量やSO_2発生量を一定とした場合にどのような貿易構造が最適であるか等，より議論を発展させ，現実の政策につながるような分析を行っていきたいと思う。

3. 日韓FTAによる環境への影響分析[13]
　　　－ケーススタディ2－

(1) 分析の視点

　今日において経済システムの根幹をなす貿易は，経済の相互交流のもとで世界各国の発展をもたらしてきた。貿易の自由化は所得を増加させ，世界経済全体に経済的な利益をもたらす。その一方，加速する経済規模の拡大や国際的相互依存関係の深化と複雑に絡み合い，環境を悪化させる原因になるのではないかと言われる。たしかに1980年代以降GATTをはじめとする様々な国際機関において「貿易と環境」をめぐる議論が頻雑に行われるようにな

---
[13] 本ケーススタディは環境省の「環境と経済連携協定に関する懇談会」の資料の一部である。また，研究を行うにあたり，慶應義塾大学産業研究所の吉岡完治先生から貴重なコメントをいただいた。記して謝意を表したい。

ってきた。自由貿易が環境保全と対立関係にあるとの主張がある一方，自由貿易による経済水準の向上に注目し，逆に環境改善が進むという意見も存在する。経済水準の向上と環境保全の両立を意味する「持続可能な発展」の達成という道筋を考えていく上で，果たして貿易の自由化は障害となるものであろうか。

そこで本ケーススタディでは日韓FTAによる貿易構造の変化とともに，生産拡大効果を視野に入れた場合の経済，環境への影響に焦点をあてている。すなわち，日本と韓国の間に自由貿易協定が締結された場合を想定し，自由貿易による両国の貿易と最終需要の変化が経済・環境に与える影響を定量的に把握する分析を行った。

本ケーススタディは以下の5節から構成される。まず第2節では，今回の分析の枠組みと利用するモデルの構造について述べることにする。第3節では，日本と韓国の輸出・輸入の結合度から貿易を通した両国の相互依存関係を探ってみることに重点をおく。そして第4節では，日本と韓国の貿易関係の現状を理解した上で，日韓FTAによる環境への影響を分析する。具体的には，日韓FTAによる経済的な影響としてAIM/CGEモデルを利用した結果をパラメータとしEDENデータベースに制約条件として用い，CO_2・SO_2発生への影響を定量的に評価する。最後の第5節では，以上の結果から日韓FTAによる経済・環境への効果を考察することにしたい。

(2) モデルの構造

本ケーススタディは，日本と韓国の関税を撤廃した日韓FTAを想定した場合の両国の経済と環境に及ぼす直接・間接的な影響を定量的に把握することを目的としている。図6-4のフローチャートは，本ケーススタディの分析モデルの枠組みを図示したものである。まず関税を撤廃した日韓FTAによる経済効果は，国立環境研究所AIM (Asian-Pacific Integrated Model) プロジェクトチーム[14]の藤野純一氏の結果[15]を利用している。日韓両国の関税を撤廃した際の貿易および需要変化に関するAIM/CGEモデルのシミュレーション結果を産業連関表であるEDENデータベース[16]（慶應義塾大学

図6-4 分析モデルの枠組み

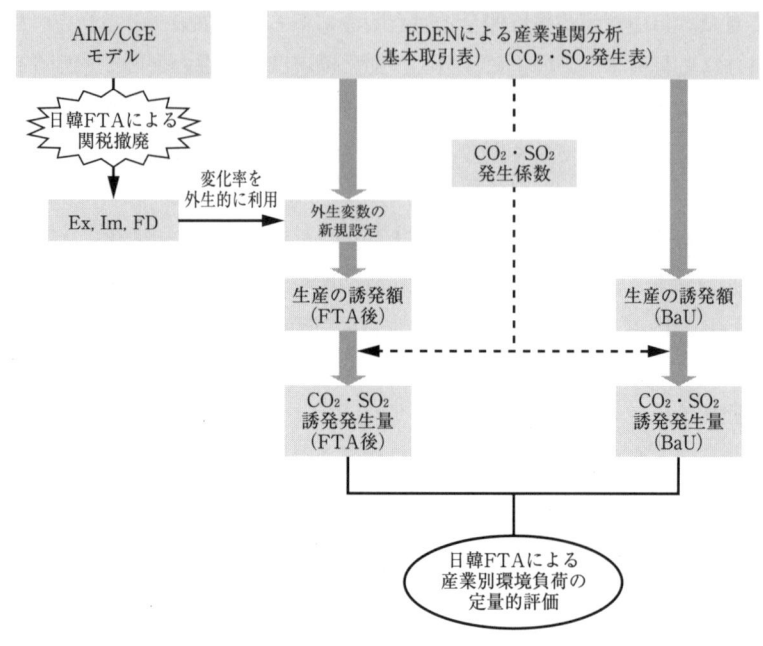

出所）和気他（2003.5）の加筆修正。

---

14) 国立環境研究所のAIMプロジェクトチームは，温暖化対策をターゲットに経済・環境の短期・中長期影響を評価するため，CGE（Computer General Equilibrium）タイプの一般均衡モデルを開発している。詳細は和気他（2003.5）に掲載し，本章では割愛した。
15) 国立環境研究所藤野氏と筆者は「環境と経済連携協定に関する懇談会」にて，経済連携協定（EPA）締結による経済・環境に与える影響を，前者はAIM/CGEモデルを，後者は産業連関表を用い，定量的に評価を行う分析を共同して行っている。本ケーススタディは，藤野氏の研究成果を一部利用した分析である。記して謝意を表したい。
16) EDENデータベースについては，日本学術振興会未来開拓学術推進事業複合領域「アジア地域の環境保全」（2002）が詳しい。EDENデータベースの詳しい概要やAIM/CGEモデルと整合性をもたせるための作業状況についての詳細は，先行研究である和気他（2003.5）に掲載し，本章では割愛した。なお，1995 EDENデータベースは2003年12月現在，推計中であり，今回の分析では暫定版を利用している。また，AIM/CGEモデルによるシミュレーション結果は1997年を対象としたものであるが，1995年のEDENデータベースに代用している。

産業研究所）に外生パラメータとして導入し，日韓 FTA が両国の経済と環境に与える直接・間接的な影響を定量的に把握する。技術構造が一定という仮定のもと，貿易構造の変化に加え，消費や投資といったマクロ需要規模の変化が生じた場合の経済・環境に与える直接・間接的な影響を分析するものである。具体的には，AIM/CGE モデル・シミュレーションから得られた結果（付録6-6），すなわち(1)輸出額の部門別変化率，(2)輸入額の部門別変化率，(3)消費額の変化率，(4)投資額の変化率[17]を産業連関分析に外生的に利用している。以上の方法で，日韓 FTA が両国に直接・間接にもたらす産業部門間の生産波及や CO_2・SO_2 発生への影響を調べる。

EDEN 分析には輸入内生の競争輸入型モデルを用いている。競争輸入型の需給均衡式は輸出入を考慮して表記すると以下のようになる[18]。

$$\sum_{j=1}^{n} x_{ij} + F_i = X_i + M_i \quad (i=1, 2, \ldots, n) \tag{6.13}$$

ここで，x_{ij} は第 i 部門から第 j 部門への投入量，F_i は輸出を含んだ第 i 部門の最終需要，X_i は第 i 部門の国内生産量，そして M_i は第 i 部門の輸入を表している。生産 X_j に対して第 i 部門から原材料として x_{ij} を投入している場合，線形性の仮定から，

$$a_{ij} = x_{ij}/X_j \quad (i, j=1, 2, \ldots, n) \tag{6.14}$$

として比例定数 a_{ij} が得られる。これは，第 j 部門の生産物を1単位生産するのに必要な第 i 部門からの投入を示したもので，投入係数と呼ばれる。

ここで（6.14）で求められた投入係数を用い，（6.13）を変形すると以下のようになる。

---

17) 輸出額・輸入額の変化は部門別の変化率を用いたが，消費・投資額の変化は総量の変化率のみを用い，部門別の変化率は一律として分析を行った。
18) 同じ産業に分類されている財であれば，輸入品と国産品の区別をせずに同一財とみなすものを競争輸入表といい，両者を区別したものを非競争輸入表という（井出眞弘，2003，p.80)。また競争輸入方式は，列部門として輸入部門を設け，同種の国産品部門の行との交点に品目別輸入額をマイナスで計上し，他方，需要側では輸入品と国産品とを区別しないで一括して各需要部門に配分する方法。非競争輸入式は，国産品と輸入品を区別して需要部門に配分する方式（宮沢健一，1998，p.65）。

$$\sum_{j=1}^{n} a_{ij}X_j + F_i = X_i + M_i \quad (j=1, 2,......,n) \tag{6.15}$$

また,最終需要部門は,内需である国内最終需要 Ed_i と外需である輸出 E_i に分けられることから,

$$F_i = Fd_i + E_i \quad (i=1, 2,......,n) \tag{6.16}$$

と表記される。(6.16) を用い,(6.15) を変形すると,

$$\sum_{j=1}^{n} a_{ij}X_j + Fd_i + E_i = X_i + M_i \quad (i=1, 2,......,n) \tag{6.17}$$

次に,輸入は,このモデル内では国内需要に依存して決定することから,

$$m_i = M_i / \left(\sum_{j=1}^{n} a_{ij}X_j + Fd_i\right) \quad (i=1, 2,......,n) \tag{6.18}$$

と表記される。この m_i は輸入係数と呼ばれるものである。(6.18) を用い,(6.17) を変形すると,

$$\sum_{j=1}^{n} a_{ij}X_j + Fd_i + E_i = X_i + m_i\left(\sum_{j=1}^{n} a_{ij}X_j + Fd_i\right) \quad (i=1, 2,......,n)$$

$$X_i - (I - m_i)\sum_{j=1}^{n} a_{ij}X_j = (I - m_i)Fd_i + E_i \quad (i=1, 2,......,n) \tag{6.19}$$

となる。次に,(6.19) を行列表記すると,

$$[\mathbf{I} - (\mathbf{I} - \hat{\mathbf{M}})\mathbf{A}]\mathbf{X} = (\mathbf{I} - \hat{\mathbf{M}})\mathbf{Fd} + \mathbf{E} \tag{6.20}$$

となる。(6.20) の $\mathbf{I}$ は単位行列 (unit matrix),$\hat{\mathbf{M}}$ は (6.18) で求めた輸入係数 m_i を主対角要素にとった対角行列 (diagonal matrix),$\mathbf{A}$ は (6.14) 式で求めた投入係数 a_{ij} を並べた n 次正方行列 (square matrix),そして,$\mathbf{Fd}$ と $\mathbf{E}$ は国内最終需要ベクトルと輸出ベクトルを意味する。さらに (6.20) を変形すると以下のようになる。

$$\mathbf{X} = [\mathbf{I}-(\mathbf{I}-\hat{\mathbf{M}})\mathbf{A}]^{-1}[\mathbf{I}-\hat{\mathbf{M}}]\mathbf{Fd}+\mathbf{E}] \tag{6.21}$$

(6.21) が輸入を内生化したモデルでの直接・間接に生じる生産誘発額を求めるものである。右辺第1項の $[\mathbf{I}-(\mathbf{I}-\hat{\mathbf{M}})\mathbf{A}]^{-1}$ は輸入内生化のレオンチェフ逆行列 (inverse matrix) と呼ばれ，投入係数 $\mathbf{A}$ に自給率である $(\mathbf{I}-\hat{\mathbf{M}})$ を左側から乗じることで，輸入分を除いた国産品のみの投入係数に変換し，輸入への波及もれを捉えたものである。

また，第 j 部門における生産1単位当たりの CO_2，SO_2 発生量を以下のように定義する。

$$c_j = CO2_j/X_j, \quad s_j = SO2_j/X_j \quad (j=1, 2, \ldots, n) \tag{6.22}$$

(6.22) は部門別の CO_2，SO_2 発生係数である。これを (6.21) に乗じることで，

$$CO2 = \hat{\mathbf{c}}[\mathbf{I}-(\mathbf{I}-\hat{\mathbf{M}})\mathbf{A}]^{-1}[(\mathbf{I}-\hat{\mathbf{M}})\mathbf{Fd}+\mathbf{E}] \tag{6.23}$$

$$SO2 = \hat{\mathbf{s}}[\mathbf{I}-(\mathbf{I}-\hat{\mathbf{M}})\mathbf{A}]^{-1}[(\mathbf{I}-\hat{\mathbf{M}})\mathbf{Fd}+\mathbf{E}] \tag{6.24}$$

部門別に，直接・間接に生じた CO_2，SO_2 誘発発生量を求めることができ，環境分析への応用が可能となる。

(3) 日韓の貿易構造の現状

本節では日本と韓国の貿易関係について，過去10年間の動向から日韓貿易の現状を明らかにし，さらに両国の貿易関係の緊密度を把握することで，日韓 FTA 導入の可能性を探ることにする。

(a) 日韓の貿易動向の推移と現状

日本と韓国の間の貿易関係においてもっとも象徴的なのは，貿易不均衡問題であろう。韓国の貿易統計によれば，1992年における対日赤字は，原油輸入によって赤字の大きい中近東の51億ドルを大きく上回る78.6億ドルに達しており，その輸入の80％以上が工業製品である（図6-5）。このような貿易

赤字は1998年の経済危機によって一時的に減少したが,その後再び増加し,2001年には100億ドルを超えた。また,過去10年間の韓国のGDPに占める貿易赤字の割合は平均2.5%であり,日韓貿易の不均衡がいかに深刻であるか理解できる。

　このような日韓貿易の不均衡には韓国の工業化の特徴にその原因があると笠井信幸（1995）は指摘している。笠井信幸によると,韓国の工業化の特徴は,「財の生産と生産基盤の当時的確立」と「急速な工業化」であると述べている。この「財の生産と生産基盤の当時的確立」は,製品生産に必要な最低限の組み立て生産設備の建設を優先させざるを得なかったことや中間財国産化には大規模投資と高度技術を不可欠とすることから生じたものであり,その結果,中間財の国産化を遅らせ,部品メーカーの育成が最終財メーカーに比べ立ち遅れることとなった。中間財部門が十分に輸入代替（国産化）されていない状況では,最終財部門で大量に投入される多種多様な部品は当然,十分供給できない。加えて輸出拡大のためには国際市場性を高めなければならず製品の品質向上は不可欠であり,常により上質の部品が求められたのである。こうした供給力と技術不足という質量の両面でボトルネックが存在す

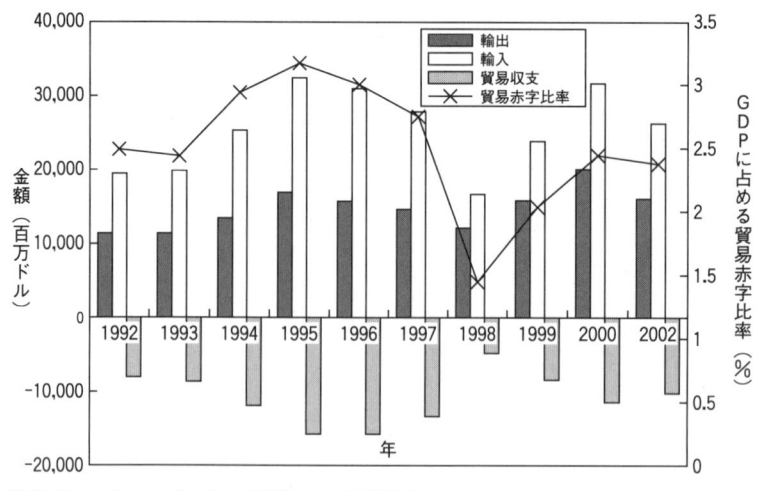

出所）Korea Customs Services（2003）により著者作成。

図6-5　韓国の貿易収支の推移およびGDP比率（対日本）

るにもかかわらず,輸出拡大によって「急速な工業化」を達成するためには中間財輸入が絶対条件であった。よって,輸出が伸びると輸入も伸びるという輸入誘発的生産構造は,不可避的趨向となって定着した。

つまり,韓国の輸出志向工業化を支えてきたメカニズムは国産化を図る時間や資本などのコストをかけることなく必要な中間財を必要量だけ容易に入手できるという条件のもとに,それらを自国の生産システムに通せば大量により高品質の製品輸出が可能となる供給体制の追求によって形成されてきたと言えよう。このメカニズムは輸入市場としての日本と輸出市場としてのアメリカを韓国の工業体制と結合させることによってのみ実現可能であったし,そのことは韓国の経済成長を「急速な工業化」によって達成させるという開発戦略に極めて合致していたのである。

しかしその反面生産が輸入財に依存するため,国内中間財供給者が育たず,結果として生産拡大→輸出増加→国内中間財の供給不足→中間財の輸入依存→中間財部門の未発達という最終財部門と中間財部門の間に非連続的な関係が形成されるという特徴をみせている。

また長く続いてきた輸出志向工業化は,企業家に海外市場優先主義を定着させてきたため,国内市場の育成と国内消費者に対する上質の製品供給を怠ってきた。ここに高級財の輸入選好志向が消費者に生まれ,輸入増大をもたらす原因となったと言える。他方,国内市場の立ち遅れは「市場の製品チェック機能」を育てず企業家にとって国内市場の学習効果を得る機会を阻害するという結果となってきた。「市場が企業を育てる」という原則がはたらかない以上,韓国のような財閥による中間財市場の分断化と相まって,とりわけ裾野産業の発達を阻害し,対日依存的な「急速な工業化」にならざるを得なかったと考えられるのである。

ここで韓国の工業化の過程を背景に,日韓の貿易関係を過去10年間の主要な貿易品目においてみる(図6-6,図6-7)。韓国から日本への輸出品をみると,石油製品,半導体,コンピューター,衣類,鉄鋼が輸出全体の約50％を占めている。また主要な品目の変化においては1992年には衣類が全体の17.9％,鉄鋼が8.3％を占めていたが2001年には衣類が4.5％,鉄鋼が3.8％に減少しており,その一方,石油製品(18.8％),半導体(12％),コンピュ

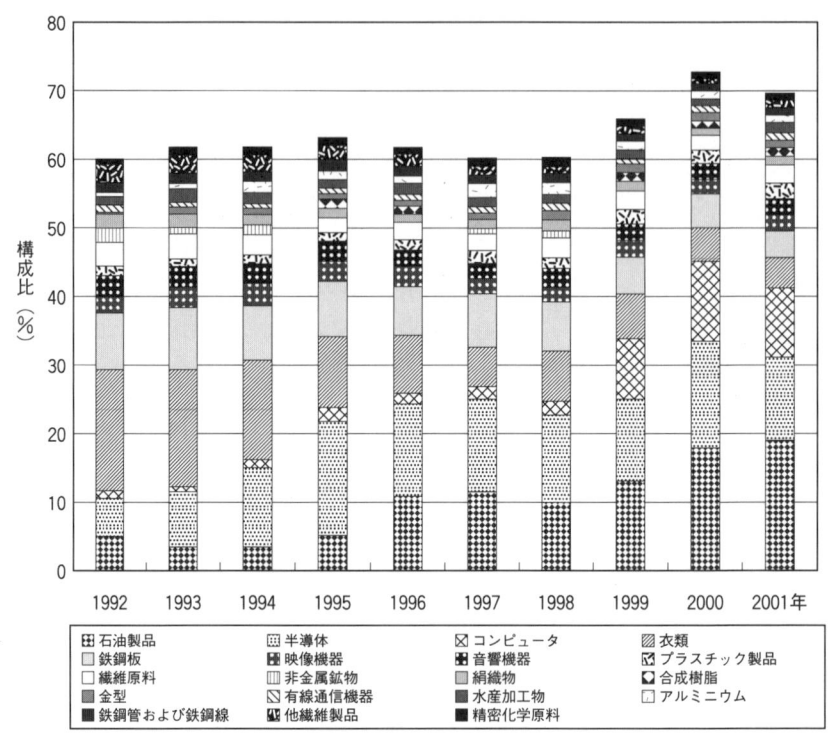

図6-6 韓国の主要な対日輸出品目

凡例：石油製品　半導体　コンピュータ　衣類　鉄鋼板　映像機器　音響機器　プラスチック製品　繊維原料　非金属鉱物　絹織物　合成樹脂　金型　有線通信機器　水産加工物　アルミニウム　鉄鋼管および鉄鋼線　他繊維製品　精密化学原料

出所）図6-5と同じ。

ーター（10％）が急激に伸びている。このような変化は衣類などの労働集約的な産業が1990年代に入って中国をはじめとする東南アジアの登場によって輸出競争力を失ったことに原因があると考えられる。また，経済危機を経てIT化への産業構造の変化が半導体，コンピューター部門での輸出を促進する結果となったと言える。皮肉にも，このような部門での輸出の増加は日本との貿易依存度が高い韓国において中間財輸入の増加を意味することとなり，半導体と半導体製造用装置の日本からの輸入が1990年代に入って急速に増加し，2001年には日本からの輸入が輸入全体の17％を占める結果となった。

さらに，HS分類による部門別（付録6-7）の日韓貿易をみると（図6-8），日韓貿易収支の構造が明らかになる。2002年における日韓貿易の最大の輸出入品目は「電気電子部門（HS Code 84-85）」で，貿易赤字額は80億

図6-7 韓国の主要な対日輸入品目

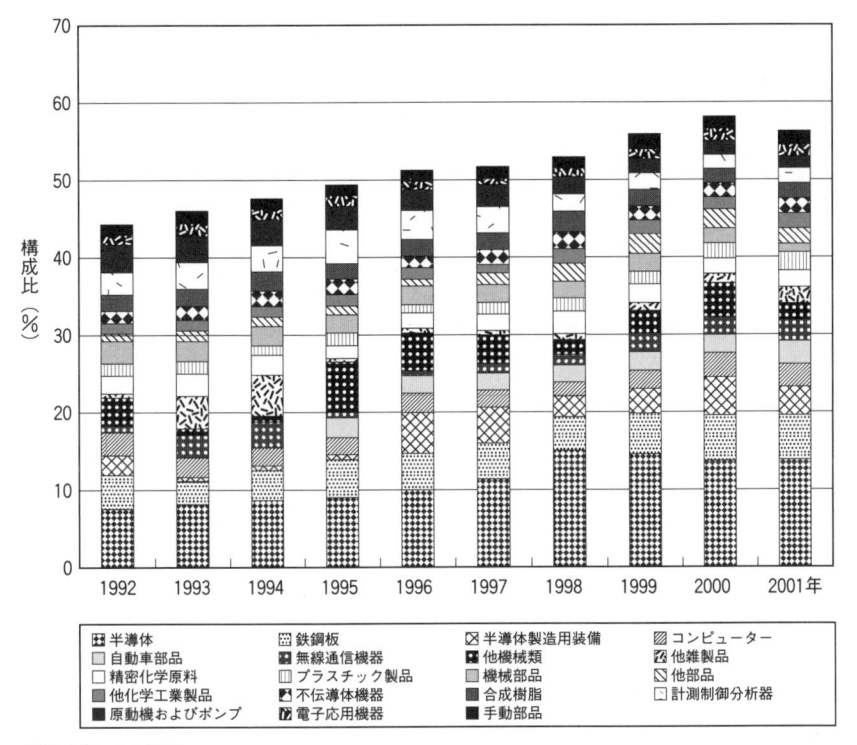

凡例:
- 半導体
- 自動車部品
- 精densen化学原料
- 他化学工業製品
- 原動機およびポンプ
- 鉄鋼板
- 無線通信機器
- プラスチック製品
- 不伝導体機器
- 電子応用機器
- 半導体製造用装備
- 他機械類
- 機械部品
- 合成樹脂
- 手動部品
- コンピューター
- 他雑製品
- 他部品
- 計測制御分析器

出所）図6-5と同じ。

ドルを超えており，貿易赤字の約44％を「電気電子部門」が占めている。また，「非金属とその製品（HS Code 72-83）」が30億ドルで16.9％，「化学工業または関連工業の生産品（HS Code 28-38）」が16.6％，「精密機械（HS Code 90-92）」が11.1％を占めており，この4つの部門が貿易赤字の約89％を占めるなど非常に偏った貿易構造をみせている。また，これらの部門の輸出入の動向をみると（図6-9），1998年の韓国経済危機の時期に一時的に輸入額が減少しているが，その後再び増加の傾向となるなど，この部門における貿易赤字の拡大が浮き彫りとなっている。

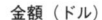

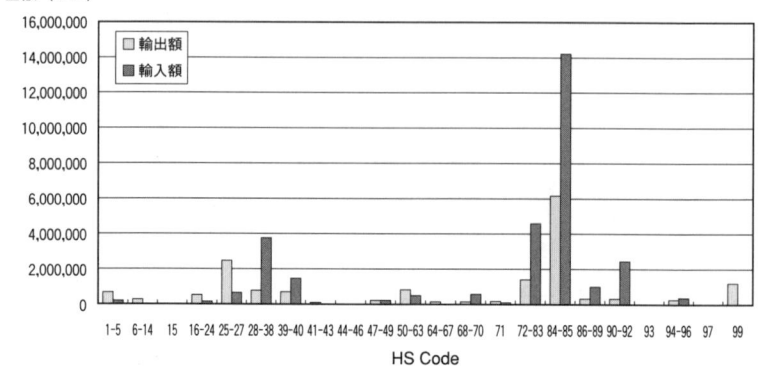

図 6-8　対日品目別輸出入額（2002年）

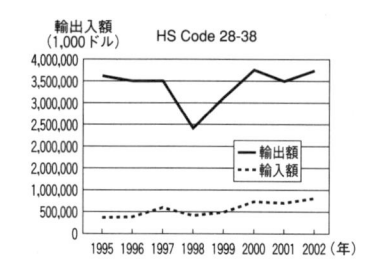

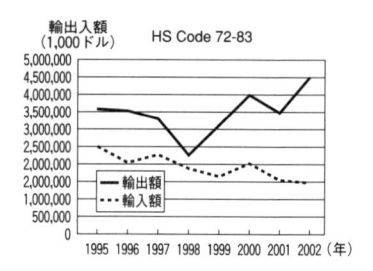

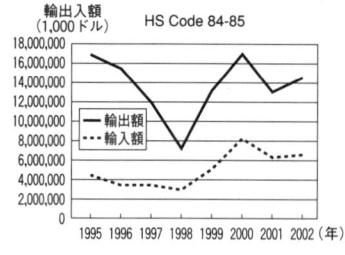

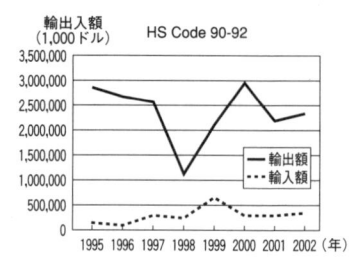

出所）図 6-5 と同じ。

図 6-9　主要品目の輸出入額の動向（1995-2002年）

出所）図 6-5 と同じ。

第6章 東アジアにおける自由貿易協定とその環境影響分析　187

(b)　日韓貿易における相互依存関係

日本と韓国はお互いに貿易相手国として重要な関係がある。日本にとっての韓国は，アメリカと中国に次ぐ，第3位の貿易相手国であり，輸出と輸入はそれぞれ6.27％，4.92％を韓国に依存している。一方，韓国にとっても日本は近年中国にその座を奪われているが中国に次ぐ第2位の輸出相手国である。また輸入においては相変わらず最大の相手国であり，アメリカを抜いて，全体の約20％を日本に依存している（表6-10）。

このように日韓の貿易の緊密度は表6-10をみるだけでも，両国の貿易における高い依存関係が明らかであるが，ここでは両国間の貿易関係全般を把握するために，貿易結合度指数を用いて経済関係を考察する。この貿易結合度指数は，世界全体の貿易額を基準として，2国間の貿易関係が基準ケースとどの程度掛け離れているかを示すもので，以下のような式によって算出される（6.25）。

つまり，i 国と j 国間の貿易結合度指数（I_{ij}）は，

表6-10　日本と韓国の輸出入相手国

(単位：％)

日本の輸出入相手国 (2001年)				韓国の輸出入相手国 (2002年)			
総輸出額(48兆9,790億円)		総輸入額(42兆4,160億円)		総輸出額(1,624.7億ドル)		総輸入額(1,521.2億ドル)	
U.S.A	30.04	U.S.A	18.09	U.S.A	20.18	**Japan**	**19.63**
China	7.68	China	16.57	China	14.62	U.S.A	15.12
Korea	**6.27**	**Korea**	**4.92**	Japan	9.32	China	11.44
Taiwan	6.01	Indonesia	4.26	Hong Kong	6.24	Saudi Arabia	4.96
Hong Kong	5.77	Australia	4.14	Taiwan	4.08	Australia	3.93
Germany	3.87	Taiwan	4.06	Germany	2.64	Germany	3.60
Singapore	3.65	Malaysia	3.68	United kingdom	2.62	Taiwan	3.18
United kingdom	3.01	United Arab Emirates	3.68	Singapore	2.60	Indonesia	3.10
Thailand	2.94	Germany	3.55	Malaysia	1.98	United Arab Emirates	2.77
Netherlands	2.84	Saudi Arabia	3.53	Indonesia	1.94	Malaysia	2.66
Others	26.89	Others	32.86	Others	33.78	Others	29.62

出所）総務省統計局（2001），Korea Customs Services（2003）より筆者作成。

$$I_{ij} = \left[\frac{T_{ij}}{T_i}\right] \Big/ \left[\frac{T_j}{T_w}\right] \tag{6.25}$$

ただし，T_{ij}：i 国と j 国間の貿易額
　　　　T_i：i 国の貿易額
　　　　T_j：j 国の貿易額
　　　　T_w：世界全体の貿易額，である。

貿易結合度指数が1以上の場合は2国間の結合度が強く，補完的であり，1以下の場合は結合度が弱く，競争的であることが言える。また，貿易結合度指数は輸出（輸入）結合度指数に分けて計測することができる。

i 国からみた j 国との輸出結合度指数（IX_{ij}）および j 国からの輸入結合度指数（IM_{ij}）は，

$$IX_{ij} = \left[\frac{X_{ij}}{X_i}\right] \Big/ \left[\frac{M_j}{M_w}\right] \quad \text{また，} \quad IM_{ij} = \left[\frac{M_{ji}}{M_i}\right] \Big/ \left[\frac{X_j}{X_w}\right] \tag{6.26}$$

ただし，X_{ij}：i 国から j 国への輸出額
　　　　X_i：i 国の対世界輸出額
　　　　M_j：j 国の対世界輸入額
　　　　M_w：世界全体の輸入額
　　　　M_{ji}：i 国の j 国からの輸入額
　　　　M_i：i 国の世界からの輸入額
　　　　X_j：j 国の世界への輸出額
　　　　X_w：世界全体の輸出額，である。

この指数より，i 国の輸出結合度の場合，j 国の世界に占める輸入シェアを i 国の総輸出に占める j 国への輸出シェアと比較して，後者が前者を上回る場合，i 国から j 国への輸出シェアは j 国の世界平均輸入シェアを上回り，i 国の j 国との貿易関係は緊密度が高いと考える。すなわち，これは i 国の相手国がもつ国際競争における輸入能力の程度を表していると言える。ここ

で，輸出（輸入）結合度指数を使って1991年から2001年までの日本と韓国の貿易関係を計測した結果が表6-11と図6-10である。

日韓における輸出入結合関係をみると，輸出・輸入結合度ともに1以上であり，かなり高い依存関係をみせていると言える。具体的には，日本からみた韓国との輸出結合度は1991年の2.78から2001年には2.81となり依然として

表6-11 日韓における輸出入結合度指数の変化（1991-2001年）

年	日本		韓国	
	IX_{jk}	IM_{kj}	IX_{kj}	IM_{jk}
1991	2.782	2.562	2.577	2.767
1992	2.459	2.415	2.487	2.388
1993	2.372	2.190	2.213	2.347
1994	2.571	2.166	2.189	2.544
1995	2.678	2.093	2.110	2.655
1996	2.582	1.880	1.916	2.535
1997	2.408	1.748	1.778	2.367
1998	2.353	1.770	1.803	2.309
1999	2.652	2.034	2.085	2.586
2000	2.620	1.988	2.052	2.538
2001	2.813	2.005	2.071	2.723

注）IX_{jk}：日本からみた韓国との輸出結合度指数，IM_{kj}：韓国からの輸入結合度指数
　　IX_{kj}：韓国からみた日本との輸出結合度指数，IM_{jk}：日本からの輸入結合度指数
出所）OECD（2002）より計算。

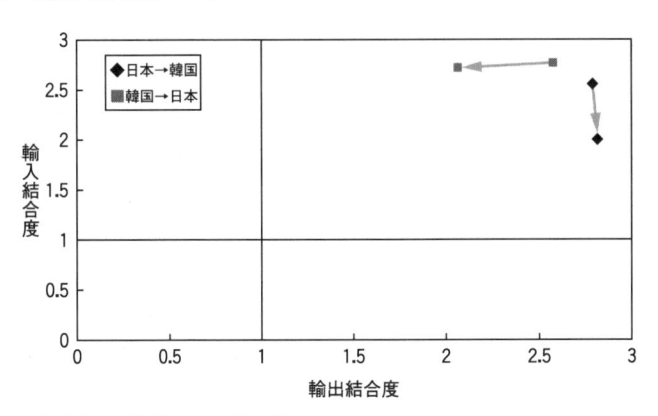

図6-10 日韓における輸出入結合関係（1991-2001年）

出所）OECD（2002）より計測，作図。

重要な輸出相手国であると言える。また，輸入結合度は2.56から2に低下したものの，一般的にみると結合関係は強いものとなっている。同様に，韓国からみた日本との輸出結合度は，1991年の2.57から2001年には2.07に減少し日本との輸出結合度が弱くなっている。一方，輸入結合度は2.76（1991年）から2.72（2001年）へと低下したが，依然として高い関係を維持している。以上より，日本と韓国間の輸出入結合関係は他国と比べると非常に高い関係を維持していると言える[19]。

(4) 日韓FTAによる環境への影響

本節では，日韓FTAによる経済効果とそれに付随して生じる環境への影響を，EDEN Data Baseを利用し定量的に評価を行う。環境への影響を測る指標としてCO_2とSO_2発生量を用いる。

(a) 日韓FTAによる貿易と生産誘発効果
〈日韓FTAによる貿易収支の変化〉

付録6-4は，日本と韓国の27産業別の輸出入額と貿易収支を一覧にしたものである。日韓FTAにより日本の輸出額は0.69%，輸入額は1.66%増加する。同様に，韓国の輸出額は4.83%，輸入額は4.11%増加する。部門別にみると，日本の輸出は，「AGR」「FPR」「FSH」での増加率が高く，逆に，「TRN」「T_T」「SER」「COL」「CRU」では減少する。また輸入は全産業において増大するが，なかでも「FPR」「TWL」「I_S」「FSH」「AGR」での増加率が高い。一方，韓国の輸出も日本と同様に「FPR」「AGR」「FSH」での増加率が高く，逆に，「OMN」「LVK」「SER」「T_T」などの部門で減少する。また輸入は「NFM」「COL」以外の部門において増加するが，なかでも「LVK」「FPR」「AGR」等の農産・食料品部門での増加率が高い。

---

[19] このような結果は他の研究でも実証されている。例えば，本多光雄（1999）p.191，野田容助（2003）p.116，などにおいて日本とNIES, ASEAN, 米国, 中国との輸出入結合関係の分析が行われており，いずれも日本と韓国との輸出入結合度が高い結果となっている。

つづいて，日韓FTAによる貿易変化の特徴をみると，まず，日韓ともに輸出・輸入が増加した部門は農産・食料品を中心とした「AGR」「FPR」「FSH」であり，これらは日韓FTAにより貿易が活発になると予想される部門である。そして，日韓ともに輸出が減少し，輸入が増加する部門は「T_T」「SER」「TRN」であり，これらは日韓以外の第3国からの輸入が増える部門であると予想される。また，日本の輸出が増加する一方，韓国では輸出が減少し，逆に，輸入が増加する部門としては，「NMM」「PPP」「OMN」「LVK」「FRS」「OME」の部門があげられる。これらは日韓FTAにより，日本の輸出が増加することで，韓国において輸出の減少と輸入の増加が起こるであろうと予想される部門である。

次に貿易収支をみると日本のBaUは約328億ドルの貿易黒字であり，FTA後は輸出・輸入ともに増加するが，輸入の増加量の方が多く，結果として貿易黒字は減少し，約285億ドルとなる。よって，日本は貿易黒字が約43億ドル（13.2%）減少し，貿易黒字の縮小傾向になると言える。一方，韓国のBaUは約180億ドルの貿易赤字であり，FTA後は約177億ドルの赤字となる。よって，韓国は貿易赤字が約3億ドル（1.82%）減少し，貿易赤字の縮小傾向となる。以上より，日韓FTAにより，両国では貿易収支の改善が予想される。また，日韓FTAによる貿易収支の特徴を部門別にみると，「I_S」「CRP」「NMM」「OME」の部門において日本の貿易黒字が増加し，韓国の貿易赤字が増加している。また逆に「FPR」「FSH」「TWL」の部門では韓国の貿易黒字が増加し，日本の貿易赤字が増加している。

〈日韓FTAによる消費・投資と生産誘発効果〉

AIM/CGEモデルのシミュレーション結果から，日韓FTAによる最終需要は，付録6-6に示したように日本では消費が0.26%（約96億ドル），投資は0.25%（約38億ドル）増加し，同様に韓国では消費は1.04%（約33億ドル）増加するが，投資は0.08%（約1.7億ドル）減少する。そこで貿易構造や最終需要の変化による生産誘発額を計算すると（付録6-5），日本では0.15%（約155億ドル），韓国では0.60%（約65億ドル）増加し，FTAによる生産額の変化量は日本の方が大きいが，変化率は韓国の方が大きいと言え

表 6-12　生産額変化の上位 5 部門

生産額（日本）		生産額（韓国）	
増加（213億ドル）	減少（57億ドル）	増加（113億ドル）	減少（47億ドル）
SER (38.06%)	FPR (47.32%)	FPR (41.10%)	OME (51.82%)
OME (11.64%)	TRN (26.29%)	TWL (18.10%)	I_S (18.38%)
CNS (11.12%)	TWL (17.53%)	SER (15.38%)	CRP (12.55%)
CRP (7.37%)	AGR (4.44%)	AGR (7.72%)	TRN (9.73%)
ELE (7.14%)	LVK (2.61%)	LVK (3.83%)	T_T (2.84%)

出所) EDEN データベースにより推計。

る。部門別にみると，日本の生産が増加し韓国での生産が減少する部門として，「I_S」「OME」「NMM」「CRP」「OMN」「T_T」がある。一方，日本での生産が減少し，韓国での生産が増加する部門は「TWL」「FPR」「LVK」「FSH」「AGR」である。また，変化量をみると（表 6-12），日本は「SER」「OME」「CNS」で，韓国は「FPR」「TWL」「SER」の増加量が多く，逆に日本は「FPR」「TRN」「TWL」，韓国は「OME」「I_S」「CRP」での減少量が多い。

(b)　日韓 FTA による環境負荷効果

〈日韓 FTA による CO_2，SO_2 の環境負荷効果〉

　日韓 FTA による CO_2 発生量は，日本では0.17%（約205万 t-CO_2），韓国では0.25%（約77万 t-CO_2）の増加をみせており，日本より韓国の方が環境負荷への影響度合いが大きいと言える（付録6-5）。部門別の変化率は生産誘発の場合と同様であり，日本の場合，「ELY」「I_S」「OMF」「T_T」「SER」「NMM」での増加量が多く，逆に，「FPR」「FSH」「TWL」での減少量が多い。韓国は「FPR」「TWL」「ELY」「SER」での増加量が多く，逆に，「I_S」「T_T」「OME」での減少量が多い（付録6-5）。

　また，SO_2 発生量は，日本では0.16%（12864t-SO_2），韓国では0.33%（5,106t-SO_2）の増加となり，日本よりも韓国の方が環境負荷への影響度合いが大きい（付録6-5）。SO_2 も CO_2 と同様各部門の変化率は生産誘発の場合と同じであり，変化量でみると日本の場合，「OMF」「ELY」「I_S」での増加量が多く，逆に「FPR」「FSH」「TWL」での減少量が多い。韓国の場

表6-13　CO_2負荷の上位5部門

CO_2負荷（日本）		CO_2負荷（韓国）	
増加（226万 t-CO_2）	減少（21万 t-CO_2）	増加（177万 t-CO_2）	減少（99万 t-CO_2）
ELY (34.18%)	FPR (44.88%)	FPR (23.83%)	I_S (38.15%)
I_S (15.92%)	FSH (22.10%)	TWL (18.63%)	T_T (18.59%)
OMF (15.62%)	TWL (19.11%)	ELY (18.30%)	OME (17.28%)
T_T (7.81%)	TRN (7.60%)	SER (12.69%)	NMM (12.20%)
SER (6.79%)	AGR (5.88%)	FSH (10.89%)	CRP (10.62%)
合計　80.32%	99.57%	84.34%	96.84%

出所）表6-12と同じ。

合，「FPR」「TWL」「FSH」での増加量が多く，逆に「T_T」「I_S」「CRP」での減少量が多い（付録6-5）。

〈日韓合計の生産誘発効果と環境負荷〉

　日韓両国の合計でみたFTAによる生産効果は，0.20%（約220億ドル）の増加をみせており，その結果CO_2発生では0.19%（約282万 t-CO_2），SO_2は0.19%（約18千 t-SO_2）増加する（付録6-5）。以上より，日韓合計で生産増加率とCO_2，SO_2の増加率を比較すると，生産の増加ほどCO_2，SO_2は増加していないと言える。よって，日韓におけるマクロでみた排出原単位は低下していると言える。

　また日韓FTAにより，日本では生産の増加以上にCO_2，SO_2が増加するのに対し，韓国では生産の増加ほどCO_2，SO_2の増加がみられない。その理由として，韓国では発生係数が高い「I_S」「CRP」「NMM」「OME」の生産が減少し，その代わりに係数が低い「AGR」「LVK」「FPR」などの部門の生産が増えた点があげられる。このような日韓の貿易構造の変化にともなう生産構造の変化により，日韓合計では生産の増加ほどCO_2，SO_2発生は増えない環境負荷軽減の結果になったと言える。

　また，部門別にみると（表6-13，表6-14）「I_S」「CRP」「OMN」「OME」は日本で生産が増加しCO_2，SO_2発生量は増加するが，韓国では生産が減少しCO_2，SO_2発生量が減少している。一方，「AGR」「LVK」

表6-14 SO₂負荷の上位5部門

SO₂負荷（日本）		SO₂負荷（韓国）	
増加 (13,349t-SO₂)	減少 (503t-SO₂)	増加 (10,360t-SO₂)	減少 (5,254t-SO₂)
OMF (53.3%)	FPR (41.96%)	FPR (31.75%)	T_T (25.5%)
ELY (16.27%)	FSH (24.42%)	TWL (29.66%)	I_S (24.71%)
I_S (14.45%)	TWL (20.89%)	FSH (12.10%)	CRP (18.53%)
NMM (4.14%)	AGR (6.74%)	ELY (10.51%)	OME (15.01%)
PPP (2.61%)	TRN (5.64%)	SER (5.63%)	NMM (13.98%)
合計 90.77%	99.65%	89.65%	97.73%

出所）表6-12と同じ。

表6-15 日韓FTAによる経済・環境への影響

		BaU	FTA	変化量	変化率（%）
日本	生産 (100M$)	10,169,250	10,184,802	15,552	0.15
	CO_2 (1,000t-CO_2)	1,201,079	1,203,132	2,053	0.17
	SO_2 (t-SO_2)	7,845,743	7,858,590	12,846	0.16
韓国	生産 (100M$)	1,091,082	1,097,618	6,536	0.60
	CO_2 (1,000t-CO_2)	313,140	313,914	774	0.25
	SO_2 (t-SO_2)	1,529,161	1,534,267	5,106	0.33
日韓計	生産 (100M$)	11,260,332	11,282,420	22,088	0.20
	CO_2 (1,000t-CO_2)	1,514,219	1,517,046	2,827	0.19
	SO_2 (t-SO_2)	9,374,905	9,392,857	17,952	0.19

出所）表6-12と同じ。

「FPR」「TWL」「TRN」は日本で生産が減少しCO_2，SO_2発生量が減少しているが，韓国では生産が増加しCO_2，SO_2発生量が増加している。

以上より，貿易構造の変化を通じて，エネルギー（資本）集約産業である「I_S」「OMN」などが，韓国から日本に生産シフトし，一方，労働集約産業である「AGR」「FPR」「TWL」などが日本から韓国に生産シフトする。その結果，日韓合計では生産増加の比率以上に，CO_2，SO_2発生が増加することはない。

また，日韓合計でみた場合（表6-15），標準化した原単位（BaU＝1）を比較すると，CO_2発生は0.0094%の削減，SO_2発生は0.0047%の削減がみられる。さらに，生産1単位の増加に対するCO_2の増加は0.95，同様にSO_2

は0.97であり，生産より低い伸び率をみせていると言える。

以上より，日韓両国の関税を撤廃した自由貿易は，環境負荷中立的な方向へ寄与すると言える。すなわち，本ケーススタディでは，日韓FTAによる貿易構造の変化とともに両国の最終需要の拡大を想定した際の環境負荷を評価したが，最終需要の拡大を加えた生産誘発は両国ともに増加する点が把握された。また生産に付随して，CO_2，SO_2の発生量も増加するが，その増加率は生産量の増加率を下回る値であり，日韓FTAの締結は両国の環境負荷に対して中立的な方向へ寄与することと言える。

(5) まとめ

本ケーススタディは，日本と韓国の関税を撤廃した日韓FTAの導入を想定した場合に両国の経済・環境にもたらされる影響を，EDENデータベースを用い定量的に明らかにしたものである。その際，AIM/CGEモデルの結果である，貿易構造の変化と消費や投資といったマクロ需要規模の変化をパラメータとして外生的にEDENデータベースに与え，貿易構造や需要構造の変化にともない生じる生産構造の変化が派生的にもたらす環境負荷の動向を，産業連関分析を用いて定量的に把握した。

日本と韓国の関税率をみると，日本における対韓国の平均関税率は5.7%，同様に，韓国における対日本の平均関税率は7.2%であり，日韓関係をみた場合，韓国側の方が日本よりも関税率が高い。部門別にみると，日本では「LVK」41.8%，「AGR」38%，「TWL」11.3%の3部門での関税率が高く，韓国では「AGR」74.4%，「FPR」44.5%，「FSH」12.0%，「LVK」10.2%の関税率が高い。農産品部門である「LVK」と「AGR」は両国共通して関税率が高い点が特徴である。一方，「TRN」「ELE」「SER」は，韓国では関税率が設定されているのに対し，日本では設定されていない。また，関税率が両国ともに設定されている部門をみると，「TWL」のみ日本での関税率の方が高く，他の部門はすべて韓国での関税率の方が高くなっている。以上のような状況を前提に，本分析では日本と韓国双方の関税率を撤廃した効果を分析するものである。よって，特に上述の「AGR」「LVK」等の関税率が

高い農産品や軽工業である労働集約部門において，生産や環境負荷に大きな変化が起きるのではないかと予想される。主な結果として以下の点が得られた。

第1に，日韓における貿易不均衡は大きな特徴であり，韓国の対日本の貿易赤字はGDPの約2.5％に達している。中でも日韓貿易における最大の輸出入品目は「電気電子部門」であり，貿易赤字額は80億ドル（2002年）を超え，貿易赤字の約44％を「電気電子部門」で占めている。そして「非金属とその製品」が30億ドルで16.9％，続いて「化学工業または関連工業の生産品」が16.6％，「精密機械」が11.1％を占めており，この4部門が貿易赤字の約89％を占めるなど偏った貿易構造をみせている。そして日韓の貿易における緊密度を測るため，過去10年間の日韓における輸出入結合度関係をみると輸出・輸入結合度ともに1以上であり，かなり高い依存関係をみせている。しかし，10年間の変化をみると日本にとっての韓国からの輸入結合度は減少し，同様に韓国からも日本への輸出結合度が減少している。このような変化は両国にとって中国との関係強化による結果と予想される。

第2に，日韓FTAによる輸出入額の変化をみると，日本は輸出が約34億ドル（0.69％）増加，輸入も約77億ドル（1.66％）増加し，同様に韓国でも輸出が約71億ドル（4.83％），輸入が約68億ドル（4.11％）増加している。したがって，日本では貿易黒字が約43億ドル（13.15％）減少するのに対し，韓国では貿易赤字が約3億ドル（1.82％）減少し，両国の貿易不均衡は改善の方向へ向かうと言える。

第3に，部門別に日本と韓国の輸出入額をみると，日本の輸出は関税が撤廃された「AGR」「FPR」等で増加率が高い。また，日本の輸入は全部門において増大するが，中でも「FPR」「TWL」「I_S」「ASR」での増加率が高い。同様に，韓国の輸出は，日本での関税率が比較的に高かった「AGR」「FPR」「FSH」で増加率が高く，逆に「OMN」「LVK」「T_T」「SER」では減少している。また，韓国の輸入は「AGR」「LVK」「FPR」等の農産品部門での増加率が高い。以上より，日韓ともに輸出・輸入が増加した部門は農産品を中心とした「AGR」「FPR」「FSH」であり，これらは日韓FTAにより貿易が活発化する部門であると予想される。一方，日韓ともに輸出が

減少し輸入が増加する部門は「T_T」「SER」「TRN」であり，これらは日韓以外の第3国からの輸入が増加する部門と予想される．また，「NMM」「PPP」「OMN」「LVK」「FRS」は日本の輸出が増加することで，韓国で輸出の減少と輸入の増加が起こると予想される部門である．また，部門別の貿易収支をみると，「I_S」「CRP」「NMM」「OME」では日本の貿易黒字が増加し，韓国では貿易赤字が減少する．逆に「FPR」「FSH」「TWL」は韓国での貿易黒字が増加し，日本で貿易赤字が増加する．

第4に，日本と韓国での生産額をみると，日韓FTAの導入により，日本では生産が約155億ドル（0.15％）増加，同様に韓国でも約65億ドル（0.60％）増加する．また日韓両国でみると生産は約220億ドル（0.2％）増加する．部門別にみると日本では「SER」「OME」「CNS」「CRP」「ELE」等の資本集約産業での生産増加が比較的多いのに対し，韓国では「FPR」「TRN」「TWL」「AGR」「LVK」等の農産物，軽工業での生産増加が顕著である．特に「I_S」「OME」「NMM」「CRP」「OMN」「T_T」は日本での生産が増加する一方，韓国では減少している部門である．逆に「TWL」「FPR」「LVK」「FSH」「AGR」は韓国で生産が増加し，日本では減少している点が特徴である．

第5に，日本と韓国のCO_2発生量をみると，日本は2,053（1,000t-CO_2）（0.17％）の増加，同様に韓国でも774（1,000t-CO_2）（0.25％）の増加となる．また，日韓両国でみると，CO_2発生量は2,827（1,000t-CO_2）（0.19％）増加する．部門別にみると，日本では環境負荷集約産業である「ELY」「I_S」「OMF」等での発生増加量が多く，逆に生産が減少した「FPR」「FSH」「TWL」等では発生量が減少している．一方，韓国は日本と同様に環境負荷集約産業である「ELY」での生産増加が多い点に加え，生産自体が増加した「FPR」「TWL」「FSH」でのCO_2発生量の増加が顕著であり，逆に生産が減少した「I_S」「T_T」「OME」「NMM」「CRP」において発生が減少している．

第6に，日本と韓国のSO_2発生量をみると，日本は12,846（t-SO_2）（0.16％）の増加，同様に韓国でも5,106（t-SO_2）（0.33％）の増加となる．また日韓両国でみるとSO_2発生量は17,952（t-SO_2）（0.19％）増加する．部門別

にみると，日本は「OMF」「I_S」「NMM」が増加量の多い部門であり，「FPR」「FSH」「TWL」が減少量の多い部門であるのに対し，韓国は「FPR」「TWL」「FSH」等で発生が増加し，「T_T」「I_S」「CRP」等で減少している。

第7に，生産額の変化率とCO_2，SO_2発生量の変化率を比較すると，日本は生産が0.15％増加するのに対しCO_2発生量は0.17％，SO_2発生量は0.16％の増加，韓国は生産が0.60％増加するのに対しCO_2発生量は0.25％，SO_2発生量は0.33％増加する。よって環境負荷への影響度合いは，日本よりも韓国の方が相対的に大きいと言える。また日韓合計でみると生産が0.20％増加したのに対し，CO_2，SO_2発生量はそれぞれ0.19％，0.19％の増加である。よって微量ではあるが生産額の変化に対し，環境負荷の変化率は下回る結果が得られた。また，環境負荷集約産業である「I_S」「OMN」などが韓国から日本に生産シフトし，逆に労働集約産業である「AGR」「FPR」「TWL」などが日本から韓国に生産シフトする点が確認される。よって，日本では生産の増加率以上に環境負荷が増大するのに対し，韓国では生産増加ほど負荷の増加がみられない理由として，韓国では環境負荷産業である「I_S」「CRP」「NMM」「OME」等での生産が減少する一方，比較的負荷の低い「AGR」「LVK」「FPR」等の産業で生産が増加する点が考えられる。よって韓国の生産構造変化による影響が大きいことが原因となり，日韓合計では生産の増加ほど環境負荷は増加しない結果になっていると結論づけられる。

以上より環境負荷指標としてCO_2，SO_2発生量を用いた場合，日韓FTAの締結は両国あわせた環境負荷に対して中立的な影響，あるいは，マクロ排出原単位に若干の低下がみられるという意味では，環境改善の効果がある点が把握できた。

「貿易と環境」をめぐる問題は，背後に国際的な相互依存関係が絡み，当事国，さらには当事国以外の第3国においても非常に敏感な問題であるがゆえに，なかなか解決の糸口がみつからないものである。また，「貿易」による経済成長ばかりに視点が向き，派生的にもたらされる環境負荷という負の側面には関心が向かないのが現状である。幸い本ケーススタディでは，共通分類で作成された日本と韓国の産業連関表を用い，従来の分析ではあまり対

象とされてこなかった「環境」に関しての実証分析を行うことができた。「貿易」と「環境」の各々の立場を尊重しつつ両者が共存可能な道筋をみつけ，「持続可能な発展」を目指すことが極めて重要な課題であると改めて感じた。今回の分析は，一時的な貿易構造の変化や需要構造の変化を外生的に与えた日韓FTAによる日本と韓国における経済・環境負荷の効果を定量的に評価したものである。本ケーススタディでは名目値を利用しており，価格動向を反映させた実質ベースでの分析も必要であり，今後の課題として研究を継続させていきたい。

4．おわりに

本章では，ケーススタディ1として近年成長著しい中国のWTO加盟を前提とし，中国において貿易自由化が行われた場合の中国や日本にもたらす経済，環境への影響を，同様にケーススタディ2では日韓両国の関税を撤廃した日韓FTAが両国の経済，環境にもたらす影響を産業連関分析より明らかにした。両ケーススタディより中国の貿易自由化や日韓の関税を撤廃した日韓FTAは，両国に経済効果をもたらす一方，両国合計の環境負荷を軽減させる方向に寄与すると結論でき，貿易自由化の傾向は，環境負荷をやわらげる効果があると言える。つまり，2つのケーススタディより各国が比較優位構造に特化した結果，効率的な資源配分が達成され，環境にプラスの影響を与える側面もみられることを把握できたと言える。ただし，本ケーススタディの結果のみで，貿易自由化が環境負荷を低減させると断言することはできない。価格効果を含んだ実質ベースでの分析や所得効果などを反映させたよりダイナミックな分析が必要であると感じている。

「貿易と環境」をめぐる問題は，背後に国際的な相互依存関係が絡み，当事国，さらには当事国以外の第3国においても非常に敏感な問題であるがゆえに，なかなか解決の糸口がみつからないものである。しかし，「貿易」と「環境」の各々の立場を尊重しつつ両者が共存可能な道筋をみつけ，「持続可能な発展」を目指すことが極めて重要な課題であると言え，今後の研究を継続したいと思う。

参考文献

朝倉他（2001）『環境分析用産業連関表』慶應義塾大学出版会。
井出眞弘（2003）『Excel による産業連関分析入門』産能大学出版部。
江崎光男（1985）『経済発展論』創文社。
笠井信幸（1995）「転換期の日韓経済関係」『Journal of Pacific Asia』2号, NPA (Network Pacific Asia)。
加藤峰夫（1993）「輸入国による地球環境保全対策と国際貿易の関係」松田保彦他編集『国際化時代の行政と法：成田頼明先生横浜国大退官記念』pp.721-747。
加藤峰夫（1994）「貿易と環境」『環境情報科学』23巻4号, pp.28-32。
木村福成（2000）『国際経済学入門』日本評論社。
佐々波陽子・中北徹（1997）『WTO で何が変わったか』日本評論社。
篠崎美貴・趙晋平・吉岡完治（1994）「日中購買力平価の測定-日中産業連関表実質化のために」KEIO Economic Observatory Occasional Paper, No. 34, 慶應義塾大学産業研究所。
篠崎美貴・和気洋子・吉岡完治（1997a）「日中貿易と環境負荷：中国の場合, 貿易自由化の方向は SOx 排出量を下げるのではないか」KEIO Economic Observatory Discussion Paper, No. 47, 慶應義塾大学産業研究所。
篠崎美貴・和気洋子・吉岡完治（1997b）「日中貿易と環境負荷：中国の場合, 貿易自由化は環境負荷を下げるか」日本学術振興会未来開拓学術研究推進事業複合領域「アジア地域の環境保全」KEIO Economic Observatory Discussion Paper, No. G-12 WG4-4, 慶應義塾大学産業研究所。
総務省統計局（2001）http://www.stat.go.jp/data/nenkan/15.htm。
世界銀行（各年版）『世界開発報告』, 東洋経済新報社。
竹中直子（2002）「中国の貿易自由化と環境負荷の関係——1995年版——」平成13年度慶應義塾大学商学研究科大学院高度化推進研究プロジェクト『環境の経済・経営・商業・会計の視点による多面的研究』pp.201-208。
日本学術振興会未来開拓学術研究推進事業複合領域「アジア地域の環境保全」Working Group I (2002)『アジアの経済発展と環境保全 第1巻 EDEN（環境分析用産業連関表）の作成と応用』慶應義塾大学産業研究所。
野田容助偏（2003）『貿易指数の作成と応用——東アジア諸国・地域を中心として——』アジア経済研究所。
藤野純一（2003）「日韓FTAの経済・環境影響評価のためのモデルフレームワークと試算結果について」『環境と経済連携に関する懇談会』第6回会合（2003年11月13日）配布資料。
貿易と環境問題研究会（1995）『「貿易と環境」問題に関する調書』住友生命総合研究所。
本多光雄著（1999）『産業内貿易の理論と実証』文眞堂。
宮沢健一（1998）『産業連関分析入門』日本経済新聞社。

矢野恒太記念会編集（各年版）『世界国勢図会』。
山口光恒（1992）「環境保護と自由貿易の相克」『朝日新聞』（夕刊）ウィークエンド経済1992年2月15日。
山口光恒（2002）『地球環境問題と企業』，岩波書店。
山口光恒・岡敏弘（2002）『環境マネジメント──環境問題と企業・政府・消費者の役割──』放送大学教育振興会。
吉岡・大平・早見・鷲津・松橋（2003）『環境の産業連関分析』，日本評論社。
吉岡完治・和気洋子・竹中直子（2002）「中国の貿易自由化と環境負荷の関係」『貿易自由化の環境影響評価に関する調査報告書』環境省　貿易自由化の環境影響評価に関する検討会（http://www.env.go.jp/earth/index.html）。
吉岡完治・和気洋子・鄭雨宗・竹中直子（2003.11）「産業連関分析による日韓FTAの環境負荷Ⅱ」Discussion paper 大型03-05，平成14-15年度慶應義塾大学大型研究助成プロジェクト『中国の環境保全と地球温暖化防止のための国際システム構築に関する研究』。
吉岡完治・和気洋子・竹中直子・鄭雨宗（2003.12）「中国の貿易自由化と環境負荷の関係──1995年版──」，KEIO Economic Observatory Discussion Paper, No. 89, 慶應義塾大学産業研究所。
李潔（2001）「購買力平価による中国と日本　産業連関表実質値データの構築──1995年を対象として──」『イノベーション&I-Oテクニーク』第10巻1号，環太平洋産業連関分析学会。
和気洋子・竹中直子・鄭雨宗（2003.5）「産業連関分析による日韓FTAの環境負荷」『アジア金融危機とマクロ政策の対応』Discussion Paper, COE 0301, 文部科学省科学研究費補助金（COE形成基礎研究費）適用研究プロジェクト。
和気洋子（2002）「環境と貿易」森田恒幸，天野明弘偏『地球環境問題とグローバル・コミュニティ，第6巻』岩波書店。
渡邊頼純（1997）「貿易と環境の政治経済学──貿易自由化と環境保全の両立は可能か」佐々波陽子・中北徹偏『WTOで何が変わったか』日本評論社。
H. E. ディリー（1994）「自由貿易の落とし穴」，『日経サイエンス』1994年1月号，日経サイエンス社。
Korea Customs Services（2003）http://www.customs.go.kr/hp/homepage/eng/index05.htm.
OECD（2002）International Trade by Commodity-SITC Revision 3-ITCS-, OECD.

付録6-1　EDENデータベースの概要

EDENデータベースは，東アジア諸国の経済成長，相互依存関係等の変化がエネルギー需給や環境に及ぼす影響を定量的に分析するために，日本学術振興会未来開拓学術推進事業複合領域「アジア地域の環境保全」の一環として，アジア各国の統計機関と共同で慶應義塾大学産業研究所が推計したものである。正式名称を，「アジア諸国の環境エネルギー分析用産業連関表 Economic Development and Environmental Navigator（通称 EDEN 表）」という。推計対象国は，日本，シンガポール，台湾，韓国，マレーシア，タイ，フィリピン，インドネシア，中国の東アジア9カ国・地域であり，推計対象年は1990年と1995年である[20]。EDENデータベースは，各国統一の部門分類を用い，作成されたデータベースである。産業連関表の取引表であるA表のほか，エネルギー物質投入表（B表），エネルギー消費表（C表），カロリー表（D表），CO_2・SO_2発生表（E表）の5表で構成されている。現在では，各種未来技術の環境評価，環境家計簿の推計などをはじめとする様々な環境分析に利用されている。

EDENデータベースの概要

	名称
A表	共通分類産業関連表（金額）
B表	エネルギー物質投入表（物量単位）
C表	エネルギー消費表（物量単位）
D表	カロリー表（カロリー）
E表	CO_2・SO_2発生表

注1）A表：76門共通分類産業連関表（各国通貨単位）
　　　B表：エネルギー22種の部門別投入量
　　　C表：B表のうち，燃料として消費されたエネルギーのみを表記
　　　D表：C表をカロリー換算したもの
　　　E表：炭素・硫黄含有量から推計した炭素・硫黄発生量をCO_2・SO_2換算したもの
注2）EDENデータベースでは，SO_2の発生そのものを「SO_2発生量＝generation」，脱硫を行った結果のものを「SO_2排出量＝emission」と表記し，両者を明確に区別している。
出所）日本学術振興会　未来開拓学術研究推進事業　複合領域「アジア地域の環境保全」(2002)。

---

20)　2003年12月現在，1990 EDENデータベースの35部門表のみ公表されている。1995 EDENデータベースは現在推計中であるが，本分析では暫定版を利用している。

第6章 東アジアにおける自由貿易協定とその環境影響分析　203

付録6-2　生産・CO_2・SO_2の変化量一覧

		生産誘発額の変化			CO_2誘発額の変化				SO_2誘発額の変化			
		中国	日本	中国・日本	中国	日本	中国・日本		中国	日本	中国・日本	日本
1	農林業	7,196	−1,394	5,802	2,332	−59	2,273		21,618	−139	21,480	
2	漁業	71	−187	−116	25	−100	−75		191	−258	−67	
3	原油・天然ガス	−215	−59	−274	−259	0	−260		−1,229	−1	−1,230	
4	金属鉱業	−1,475	582	−893	−1,466	30	−1,436		−12,198	81	−12,117	
5	石炭採掘	−401	88	−313	−774	3	−772		−6,614	10	−6,604	
6	非金属鉱業	−80	43	−37	−51	2	−49		−460	5	−455	
7	食料品	4,929	−4,470	459	2,379	−158	2,221		27,658	−344	27,313	
8	繊維工業	18,710	−8,929	9,781	11,747	−354	11,393		114,587	−966	113,621	
9	縫製品・皮革	18,399	−20,492	−2,093	2,531	−836	1,695		24,233	−2,104	22,129	
10	木材・家具	−133	126	−7	−39	2	−37		−437	4	−434	
11	紙パ・同製品	−1,966	1,754	−212	−3,054	493	−2,561		−38,800	4,541	−34,259	
12	印刷・文化教育用品	−74	−108	−182	−6	−1	−7		−51	−1	−52	
13	電力・熱供給	−686	241	−445	−21,726	540	−21,186		−160,188	5,278	−154,909	
14	石油製品	−115	−185	−300	−123	−12	−135		−676	−16	−692	
15	コークス・石炭製品	−154	250	96	−2,166	600	−1,567		−17,757	4,209	−13,548	
16	化学製品	2,777	−2,680	97	6,969	−306	6,663		51,002	−928	50,074	
17	医薬品	52	−6	46	63	0	63		493	0	493	
18	ゴム・プラスチック製品	−386	637	251	−147	15	−131		−1,351	34	−1,317	
19	セメント	−105	19	−86	−587	58	−529		−5,503	281	−5,222	
20	その他窯業土石	−1,128	314	−814	−4,991	45	−4,946		−69,802	115	−69,687	
21	鉄鋼業	−9,089	11,073	1,984	−22,766	3,755	−19,011		−159,107	20,055	−139,052	
22	非鉄金属	−6,696	4,737	−1,959	−6,768	411	−6,357		−55,688	1,176	−54,512	

付録 6-2 生産・CO_2・SO_2の変化量一覧（つづき）

	生産誘発額の変化			CO_2誘発額の変化			SO_2誘発額の変化		
	中国	日本	中国・日本	中国	日本	中国・日本	中国	日本	中国・日本
23 金属製品	−547	319	−228	−115	7	−108	−1,044	8	−1,035
24 機械工業	−1,932	352	−1,580	−763	3	−759	−5,536	5	−5,531
25 輸送用機械機器	−5,662	7,132	1,470	−1,548	77	−1,471	−12,659	133	−12,526
26 電気機械	−3,920	3,815	−105	−346	10	−335	−1,601	9	−1,592
27 電子・通信機器	−16,469	15,526	−943	−1,887	121	−1,766	−16,140	166	−15,973
28 計量・計測器	−283	36	−247	−101	0	−101	−814	0	−814
29 機械修理	40	148	188	49	1	49	557	1	558
30 その他製造業	−30	−408	−438	−85	−5	−90	−880	−9	−889
31 建設	−26	119	93	−3	2	−1	−28	4	−25
32 鉄道輸送	−207	3	−204	−687	0	−687	−7,026	0	−7,026
33 道路輸送	−233	−29	−262	−398	−13	−411	−1,082	−20	−1,103
34 航空輸送	942	−999	−57	2,338	−1,313	1,025	1,660	−117	1,542
35 その他輸送	−87	−88	−175	−143	−20	−163	−742	−61	−803
36 通信	−94	−34	−128	−44	0	−44	−438	0	−438
37 商業	−1,036	−22	−1,058	−254	0	−254	−2,732	0	−2,733
38 飲食業	839	−740	99	266	−30	236	2,898	−12	2,886
39 公共事業・民間サービス	−41	−37	−78	−21	−1	−22	−122	−1	−123
40 文化・教育・科学研究	81	1,503	1,584	100	24	124	775	41	816
41 金融・保険	−133	−534	−667	−39	−2	−41	−395	−2	−396
42 行政機関	0	3	3	0	0	0	0	0	0
43 分類不明	0	207	207	0	0	0	0	0	0
合計	633	7,626	8,259	−42,557	2,990	−39,568	−335,429	31,176	−304,253

注）単位：生産額（100万ドル），CO_2（千t-CO_2），SO_2（t-SO_2）。
出所）EDENデータベースにより推計。

付録6-3　27部門の日本語名

1	GAS	Natural gas works	ガス事業
2	ELE	Electricity and heat	電力および熱供給
3	OIL	Refined oil products	石油精製品
4	COL	Coal transformation	石炭製品
5	CRU	Crude oil	石油
6	I_S	Iron and steel industry	鉄鋼業
7	CRP	Chemical industry	化学産業
8	NMM	Non-metallic minerals	非金属鉱物
9	PPP	Paper pulp print	紙パルプ印刷
10	OMN	Mining	鉱業
11	AGR	Agriculture	農業
12	LVK	Livestock	畜産
13	FPR	Food products	食料品
14	FRS	Forestry	林業
15	FSH	Fishing	水産業
16	NFM	Non-ferrous metals	非鉄金属
17	TRN	Transport equipment	輸送機器
18	OME	Other machinery	その他機械
19	CNS	Construction	建設
20	TWL	Textiles wearing apparela leather	織物衣料皮革
21	OMF	Other manufacturing	その他製造業
22	T_T	Trade margins	運輸
23	SER	Commercial and public services	商業および公共サービス
24	DWE	Dwellings	住宅関連
25	CGD	Investment composite	投資関連
26	ELE	Electricity equipment	電子機器
27	n.e.c	Not-else classified	分類不明

付録6-4 日韓FTAによる貿易収支の変化量の一覧

		日本BaU			日本FTA			韓国BaU			韓国FTA		
		輸出	輸入	貿易収支	輸出	輸入	貿易収支	輸出	輸入	貿易収支	輸出	輸入	貿易収支
1	GAS	1	−8,228	−8,227	1	−8,239	−8,238	1	−1,452	−1,451	1	−1,462	−1,461
2	ELY	261	−3	259	261	−3	259	37	−18	18	37	−18	18
3	OIL	3,224	−12,108	−8,883	3,284	−12,244	−8,960	3,081	−7,017	−3,936	3,183	−7,063	−3,879
4	COL	1	−6,822	−6,821	1	−6,837	−6,836	0	−2,078	−2,078	0	−2,076	−2,076
5	CRU	0	−37,052	−37,052	0	−37,058	−37,058	0	−11,082	−11,082	0	−11,147	−11,147
6	LS	16,244	−6,364	9,880	16,763	−6,589	10,174	5,371	−7,929	−2,558	5,591	−8,273	−2,682
7	CRP	39,010	−29,444	9,566	40,133	−29,741	10,393	13,071	−16,142	−3,071	13,177	−17,100	−3,923
8	NMM	5,335	−3,374	1,961	5,519	−3,398	2,121	627	−1,699	−1,072	622	−1,799	−1,176
9	PPP	2,716	−6,375	−3,660	2,732	−6,404	−3,672	1,303	−3,516	−2,213	1,284	−3,581	−2,298
10	OMN	173	−9,986	−9,813	178	−10,038	−9,860	77	−2,179	−2,102	73	−2,187	−2,114
11	AGR	156	−15,338	−15,183	270	−15,496	−15,225	129	−4,645	−4,515	244	−5,068	−4,823
12	LVK	11	−628	−618	11	−629	−618	12	−590	−577	12	−648	−636
13	FPR	1,902	−50,708	−48,806	2,412	−54,561	−52,149	2,391	−6,723	−4,332	6,463	−7,357	−894
14	FRS	456	−19,317	−18,861	473	−19,379	−18,906	434	−3,096	−2,661	430	−3,113	−2,683
15	FSH	237	−3,667	−3,430	287	−3,738	−3,452	899	−648	250	1,131	−669	462
16	NFM	4,217	−17,930	−13,713	4,375	−18,069	−13,694	1,669	−6,376	−4,708	1,679	−6,314	−4,635
17	TRN	97,128	−17,791	79,337	95,961	−17,936	78,025	16,299	−8,174	8,126	16,252	−8,570	7,683
18	OME	82,358	−23,271	59,088	83,832	−23,437	60,396	10,963	−33,712	−22,748	10,939	−35,922	−24,983
19	CNS	0	0	0	0	0	0	78	−19	58	78	−19	58
20	TWL	6,358	−35,474	−29,115	6,700	−36,901	−30,201	21,179	−7,823	13,356	23,015	−8,251	14,764
21	OME	4,425	−14,905	−10,479	4,449	−15,029	−10,580	2,343	−1,573	770	2,363	−1,633	730
22	T_T	39,758	−26,663	13,095	39,416	−26,778	12,637	12,943	−4,667	8,276	12,644	−4,720	7,923
23	SER	53,604	−60,632	−7,028	53,101	−60,927	−7,826	10,185	−10,899	−715	9,907	−11,074	−1,167
24	DWE	55	−48	7	55	−48	7	45	−273	−227	45	−273	−227
25	CGD	0	0	0	0	0	0	0	0	0	0	0	0
26	ELE	139,529	−52,762	86,767	140,373	−53,153	87,220	40,375	−22,220	18,154	41,475	−23,019	18,456
27	n.e.c	490	−5,958	−5,468	490	−5,958	−5,468	4,105	−1,076	3,029	4,105	−1,076	3,029
	Total	497,651	−464,848	32,803	501,078	−472,588	28,490	147,617	−165,627	−18,010	154,750	−172,431	−17,681

出所 EDEN データベースにより推計。

第 6 章　東アジアにおける自由貿易協定とその環境影響分析　207

付録 6-5　日韓 FTA による生産額、CO_2、SO_2 変化量の一覧

		生産誘発変化量 (100万ドル)			CO_2誘発変化量 (千t-CO_2)			SO_2誘発変化量 (t-SO_2)		
		日本	韓国	日本・韓国	日本	韓国	日本・韓国	日本	韓国	日本・韓国
1	GAS	42	6	48	2	0	2	0	1	1
2	ELY	367	48	415	776	324	1,100	2,172	1,089	3,261
3	OIL	134	135	269	46	77	124	284	440	724
4	COL	-11	3	-8	0	0	0	-1	2	1
5	CRU	-5	-65	-70	0	0	0	0	0	0
6	LS	1,065	-878	187	361	-381	-19	1,929	-1,298	630
7	CRP	1,573	-600	973	105	-106	-1	303	-974	-670
8	NMM	392	-111	281	139	-122	17	553	-735	-182
9	PPP	308	100	408	39	15	54	348	184	532
10	OMN	5	-33	-28	0	-12	-12	1	-36	-36
11	AGR	-257	874	617	-13	57	44	-34	136	102
12	LVK	-151	433	282	-1	79	78	-1	114	113
13	FPR	-2,740	4,651	1,911	-97	422	325	-211	3,289	3,078
14	FRS	169	31	200	4	3	7	7	15	22
15	FSH	-89	356	267	-48	193	145	-123	1,254	1,131
16	NFM	144	29	173	12	7	20	36	40	75
17	TRN	-1,522	-465	-1,987	-16	-18	-35	-28	-81	-109
18	OME	2,484	7	-2,477	34	-172	-138	44	-788	-744
19	CNS	2,374	-14	2,360	38	-1	37	72	-2	70
20	TWL	-1,015	2,048	1,033	-41	330	289	-105	3,073	2,968
21	OMF	192	22	214	354	6	361	7,115	33	7,148
22	T_T	462	-137	325	177	-185	-8	272	-1,340	-1,068
23	SER	8,123	1,740	9,863	154	225	379	182	583	766
24	DWE	1,491	292	1,783	7	10	16	6	7	13
25	CGD	0	0	0	0	0	0	0	0	0
26	ELE	1,523	402	1,925	11	13	25	15	65	80
27	n.e.c	494	145	639	8	10	18	10	35	45
	Total	15,552	6,536	22,088	2,053	774	2,827	12,846	5,106	17,952

出所）EDEN データベースより推計。

付録6-6　輸出・輸入の部門別変化

部　門		変化率（%）		変化率（%）	
		日本輸出	日本輸入	韓国輸出	韓国輸入
1	Natural gas works	GAS	0.00	0.14	0.00	0.66
2	Electricity and heat	ELY	0.00	0.00	0.00	0.00
3	Refined oil products	OIL	1.83	1.12	3.31	0.66
4	Coal transformation	COL	−0.59	0.21	0.00	−0.09
5	Crude oil	CRU	−0.59	0.02	0.00	0.59
6	Iron and steel industry	I_S	3.20	3.54	4.10	4.33
7	Chemical industry	CRP	2.88	1.01	0.81	5.93
8	Non-metallic minerals	NMM	3.45	0.70	−0.72	5.85
9	Paper pulp print	PPP	0.60	0.45	−1.47	1.87
10	Mining	OMN	2.93	0.52	−4.53	0.36
11	Agriculture	AGR	73.62	1.02	88.85	9.10
12	Livestock	LVK	5.09	0.09	−4.49	9.83
13	Food products	FPR	26.79	7.60	170.32	9.43
14	Forestry	FRS	3.69	0.32	−1.02	0.56
15	Fishing	FSH	20.69	1.95	25.88	3.23
16	Non-ferrous metals	NFM	3.74	0.78	0.59	−0.98
17	Transport equipment	TRN	−1.20	0.81	−0.29	4.84
18	Other machinery	OME	1.79	0.71	−0.23	6.55
19	Construction	CNS	0.00	0.00	0.00	0.00
20	Textiles wearing apparela leather	TWL	5.38	4.02	8.67	5.47
21	Other manufacturing	OMF	0.54	0.83	0.83	3.82
22	Trade margins	T_T	−0.86	0.43	−2.31	1.13
23	Commercial and public services	SER	−0.94	0.49	−2.73	1.60
24	Dwellings	DWE	0.00	0.00	0.00	0.00
25	Investment composite	CGD	0.00	0.00	0.00	0.00
26	Electricity equipment	ELE	0.61	0.74	2.73	3.60
27	non-classified	n.e.c	0.00	0.00	0.00	0.00

出所）藤野純一（2003）より。

消費・投資の変化

	日本（%）	韓国（%）
消費	0.265	1.045
投資	0.258	−0.089

出所）藤野純一（2003）より作成。

付録6-7　部門分類（Harmonized System (HS) Code）

番号	品目	HS Code
1	動物および動物性生産品	1-5
2	植物性生産品	6-14
3	動植物性油脂およびその分解生産物	15
4	製造食料品と飲料・アルコールおよびタバコとその代用品	16-24
5	鉱物性生産品	25-27
6	化学工業または関連工業の生産品	28-38
7	プラスチックとその製品およびゴムとその製品	39-40
8	皮とその製品	41-43
9	木材とその製品，コックスとその製品	44-46
10	木材パルプまたはその他のパルプ製品	47-49
11	繊維およびその製品	50-63
12	靴・帽子，および関連製品	64-67
13	石灰石，セメントまたは陶磁器製品，ガラスとガラス製品	68-70
14	天然または菱食真珠と貴金属およびその製品，コイン	71
15	非金属とその製品	72-83
16	機械類と電気機器およびその部品，電気製品および映像，音響機器とその部品と付属品	84-85
17	車両・航空機・船舶と輸送機器関連品	86-89
18	光学機器，写真用機器，映画用機器，測定機器，検査機器，精密機器および医療機器，時計と楽器およびその部品と付属品	90-92
19	武器・銃砲弾およびその部品と付属品	93
20	雑品	94-96
21	芸術品・収集品と骨董品	97
22	未分類	99

出所）Korea Customs Services (2003)。

第7章

地球温暖化問題ガヴァナンスのための公平基準
―― 途上国のコミットメントに向けて ――

ラピポン バンチョン-シルパ・和気 洋子

1. はじめに

　「北」と呼ばれる諸国と「南」と呼ばれる諸国の間には，ほとんどの経済問題に関して衝突がみられる。環境が公共財とみなされる環境経済学論争においても，なんらかの一致を得るには程遠い状況である。「北」と「南」の諸国は，環境の二重の役割，すなわち「直接消費される重要なサービスを提供するという役割（消費財としての環境）と，従来からの財生産に投入される資源を提供するという役割（生産財としての環境）」(Pearson, 2000, p.21)に関しても，異なる立場をとっていると言える。「北」が消費財としての環境をより重視しているのに対し，「南」では明らかに，環境を開発過程において利用すべき生産財として使用することによって最大限に利用している。

　より地域的な環境問題に関しては，意見の対立は幾分ましと言えるかもしれない。しかし，地球温暖化のような問題では，状況ははるかに複雑である。地球温暖化は1980年代後半まで，環境経済学の分野において広く認識されてはこなかった。しかし，その後わずか2，3年で，この問題は研究者の間に驚くほど広く浸透するようになった。地球規模の気候変動は，国際的な公益性の問題とみなすことができる。なぜなら，「ある国の排出ガスは，本質的に他の場所の排出ガスと完全に置き換え可能だからである。つまり，ある国によるガス排出は，地球規模のガス排出の一部なのである。また，いかなる国も『一国だけで』この問題を解決できるだけの規模をもってはいない」(Oates and Portney, 1992, p.85)。そのようなわけで，「国連気候変動枠組み

条約が，現在の状況では先進国だけにCO_2削減を要求し，途上国に対してはいかなる規制も課さないと規定した」(Qu, 2001, p.197) とき，それによって潜在的な「隠れた」ただ乗りが「公然たる」ただ乗りに変わってしまったのである。このことは必然的に，この条約の理念を，「南」では受けが良く「北」にとっては受け入れ難いものとしている。

この条約の理念が「北」からこれほど批判されている理由は，「今後の排出ガス増加の大部分が途上国から出ると予想されていることにある。また途上国ではGDPにおける農業や林業，漁業など，地球温暖化の影響を直接受けると思われる産業の割合が高いために，OECD加盟国よりも経済的に（地球温暖化による打撃に対して）脆弱だと考えられている」(Pearson, 2000, pp.396-406)。したがって，現在の世界情勢では，途上国は地球温暖化現象によって損害を受ける可能性がより高く，また，温室効果ガスの主な排出源でもある。現在の悪化しつつある状況のために被害を受けるのも，積極的な環境保護活動によって利益を受けるのも，ともに「北」の将来の世代よりむしろ途上国の将来の世代であると考えられている。

さらに，「温暖化ガスの十分な削減は，現在の市場の歪みを是正もしくは補正すれば，GDPや経済的厚生への負担なしに達成できる。これが，いわゆる「ノーリグレット（後悔しない）派」の主張である。現在のエネルギー使用は非常に非効率的であって，政府が賢明な規制と広報活動を行えば，経済を新たな生産フロンティアへ移行させることが可能だろう」(Winters, 1992, p.102) とも言われている。彼が言う市場の歪みは，途上国において特に顕著である。途上国の経済は，「通常，価格と資源配分における基本的かつ重要な歪みによって特徴付けられる。そして，このような歪みと環境的サービスにおける『貿易利益』や政策設計とには，いくつかの基本的な関連がある。このような歪みは，価格が自由市場の水準よりもかなり低く維持されていることが多いエネルギー分野にしばしば存在している」(Oates, 1992, pp.153-154)。したがって，この「ノーリグレット派」の考えによれば，「炭素排出削減というグローバルな戦略の費用を最小限に抑えるには，中進国および途上国の排出ガス削減という問題に注意を向けるべきなのである」(Pearson, 2000, p.407)。

この考え方によれば，「北」のみによる（または「北」の中のみでの）排出ガス規制は，「南」によって（または「南」の中で）実行される規制よりはるかに費用がかかる可能性がある。排出ガス規制に関する現在の国際的合意は「南」に対して「北」の削減努力へのただ乗りを許しているため，より小さな利益に対してより大きな費用を払わされる「北」からは不満が出ることが予測できる。これが，最近アメリカが京都議定書において行った約束を撤回した理由の一つであると思われる。本来，この議定書が中国やインドのような主要途上国の参加なしに成功する可能性は小さかった。しかし，世界最大の汚染国であるアメリカ抜きでは，他の署名国による努力は容易に無駄骨に終わってしまう。

　本章では，地球規模での排出ガス規制に関して，発展段階が異なる国々のための多様な基準を調和させる「公正な」案の一つの可能性について議論する。そして，経済とエネルギー，環境の相互関係について，特に東アジア諸国の経済を重視して，様々な観点から見直したい。その結果は，地球環境への悪影響を最小限にしながら経済発展の道を進む最良の方法に光を当てるものと予測される。この点については，地球温暖化に関する厄介な状況に対処するためには，最初の段階では両者の負担は非常に異なっているだろうが，「北」と「南」がより密接に協力することが望ましい。

　本章は次のように構成されている。第2節では様々な国またはグループにおけるCO_2排出とエネルギー供給の構成について論じている。また，第3節では，特に国内エネルギー構成を組み込んだ茅恒等式の計算を重視して，排出量増大の要因に焦点を絞る。第4節では，排出ガス規制と国際貿易政策の関係を論じるとともに，経済，エネルギー，環境の多国間関連の問題に移行する。第5節では，途上国と先進工業国の間での温室効果ガスの排出規制に関する協力のための新しいシナリオを提示している。最終節では，その方策の意味をさらに示すとともに，われわれの結論を要約する。

2. CO_2排出とエネルギー供給に関する地域研究

主題について議論を進める前に，本節では問題のより明確な理解のために，地球規模での排出と地域的なエネルギー構成の現状についてまとめてみたい。急速な経済成長，エネルギー消費とCO_2排出の急激な増加によって，アジア地域はわれわれの分析の主要な焦点となっている。すなわち，この地域には，地球温暖化問題の緩和に貢献しうる可能性があるのである。

(1) 地球規模でのアジアの役割について

世界経済において，20世紀の最後の数十年間にアジアが果たした役割は，非常に目覚しいものであった。言うまでもなく，アジアは世界人口の過半数を有しており，この比率は過去30年間ほとんど変わっていない。アジアからの1次エネルギー総供給（TPES）の世界に対する比率は，1971年の13.39％から1999年の22.05％へと2倍近く増大した。この地域のGDPとCO_2排出量の対世界比率は，それぞれ8.83％から21.92％，3.16％から7.97％へとどちらも2.5倍増大している。

表7-1に示した統計からは，GDPと温室効果ガスがTPESの3倍増を超えてどちらもほぼ4倍に増えており，人口増加率の1.8倍を遙かに上回っ

表7-1 主要な経済・エネルギー指標

Region	CO_2 Emission (Mt-CO_2)		TPES (Mtoe)		GDP (billion 1995 US$)		Population (millions)	
	1971	1999	1971	1999	1971	1999	1971	1999
World	14,141	22,818	5,574	9,836	14,262	32,445	3,739	5,945
OECD	9,360	12,152	3,386	5,229	11,903	26,446	882	1,116
Global Share (%)	66.19	53.26	60.74	53.17	83.46	81.51	23.59	18.78
Asia	1,249	5,001	746	2,169	451	4,585	1,885	3,127
Global Share (%)	8.83	21.92	13.39	22.05	3.16	7.97	50.41	52.59
China	798	2,931	1,088	390	104	964	841	1,254
Global Share (%)	5.64	12.85	19.52	3.97	0.73	2.97	22.50	21.09

Source: IEA 2001

ているということが読み取れる。これを世界全体の数字と比較すると，世界の人口と CO_2 排出量の増加率はどちらもほとんど同じ1.6倍であり，TPES の増加率1.7倍を下回っている。一方 GDP は，2.3倍と最も大きな成長を示している。このことから，ガス排出量の増加には，世界全体のように CO_2 増加率が人口増加率とほぼ等しい型と，アジア地域のように CO_2 増加率が GDP 成長率と等しい型の2つがあるということがわかる。

(2) 東アジアでの CO_2 排出

ここでは，対象を東アジア各国の経済のみに狭めて，国レベルで検討を深めることにしよう。東アジアでは，経済成長の奇跡が1980年代から90年代初めまで観察された。通常 CO_2 排出の指標として使用されるのは，1人当たりの CO_2 排出量と GDP 当たりの CO_2 排出量の2つである。この2つは同じ方向に向かって変化する傾向があるが，長期的な傾向は，その国の人口増加率と GDP 成長率がほぼ同じ場合を除けば，しばしば異なっている。図7-1のアジア NIEs 諸国と OECD 加盟国の1971年から1999年までの時系列データからは，1人当たりの CO_2 排出量は経済成長，すなわち発展の指標と

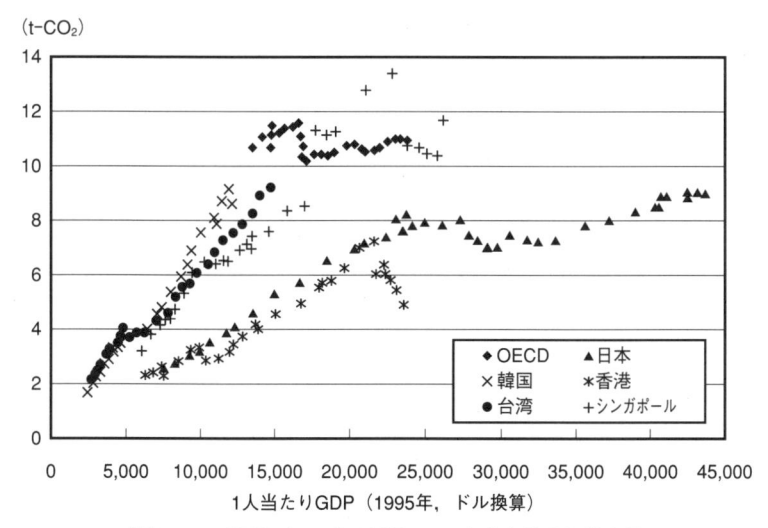

図7-1　OECD とアジア NIEs の1人当たり CO_2 排出量

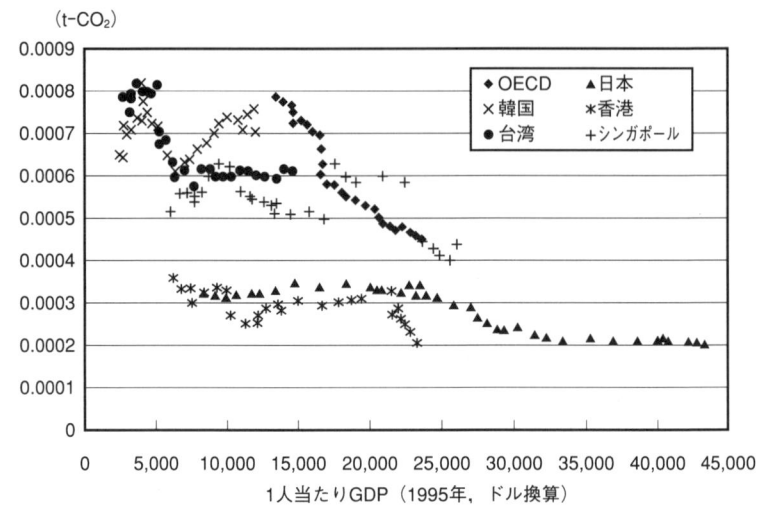

図7-2　OECDとアジアNIEsのGDP当たりCO_2排出量

しての1人当たりのGDPと同様に増加しているということが読み取れる。しかしながら、その変化の仕方は日本および香港と、その他のグループの2つに明確に分かれている。前者の上昇はなだらかであり、より環境に優しい発展の道筋を示している。それに対し、後者では1人当たりの所得も急速に成長しているが、外部コストはさらに急速に増大している。この2つの道筋は、図7-2が表すGDP当たりのCO_2排出量に関しても明確に示されている。

そこで、図7-3と図7-4に示されている東アジア地域の途上国のデータについて、より詳細に検討することにしよう。ここで断っておくが、GDP当たりのCO_2排出量がある程度の発展の後にいくらか相対的に落ち着く傾向をみせているのに対し[1]、1人当たりのCO_2排出量の方がより厄介な持続

---

[1] 図7-4から、ベトナムとミャンマー以外の東アジア途上国ではGDP当たりのCO_2量がある程度安定していることがわかる。より発展した国でのこの傾向は、図7-2が示すようにいくらかの改善を表してさえいる。したがって、そのことはここでの分析ではあまり注意に値しない。これが、最近ブッシュ政権によって提案された代替案がCO_2排出総量の削減に役立つとは思えない理由の一つである。なぜなら、GDPの成長よりも緩慢な速度でのCO_2排出量増加は、これによって止められないからである。

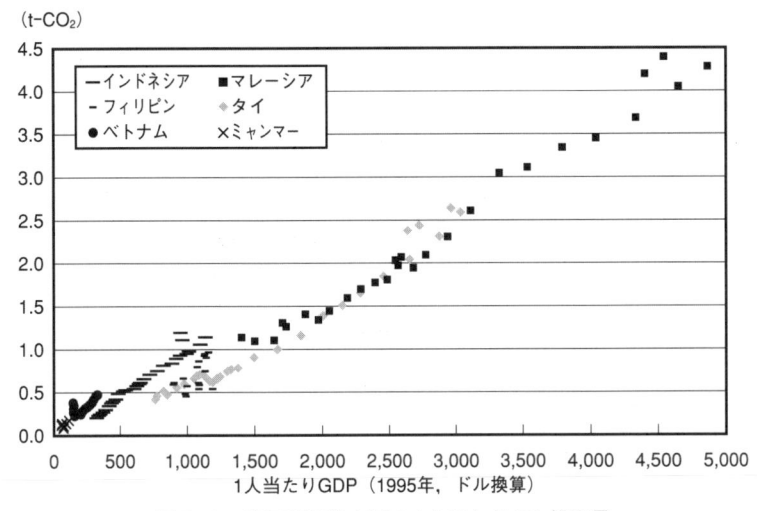

図7-3 東アジア途上国の1人当たりCO_2排出量

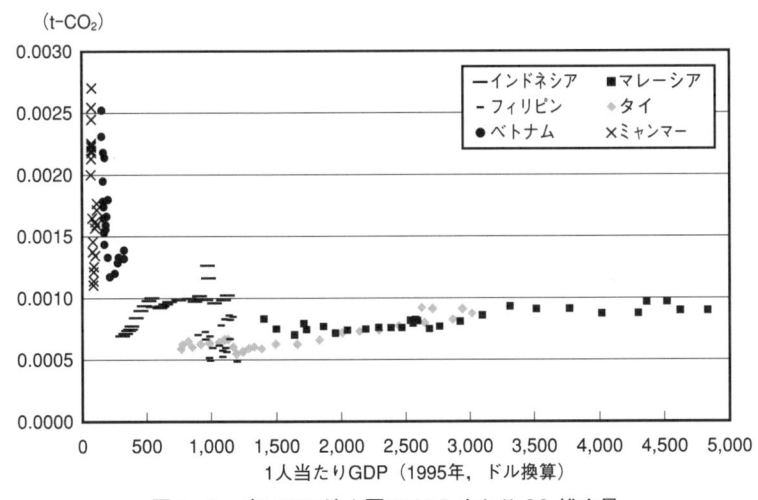

図7-4 東アジア途上国のGDP当たりCO_2排出量

的な上昇傾向を示しているので，こちらを重視する。図7-3が示している長期的な傾向からは，先に挙げた2つのグループの道筋が今後交わる可能性を認めることができなくはない。したがって，東アジアの途上国が適切な進

路，すなわち日本と香港の例に倣った進路を選ぶ可能性がいまだ存在すると仮定することは，十分に理にかなっている。本研究での議論を進めることで，地球環境に負荷を与えない成長経路という考えを発展させることが可能であろう。中国は経済規模が巨大であるため，分析のこの段階では比較から除外されていることに注意してもらいたい。というのも，中国経済の巨大さのために，他の諸国の傾向がみえにくくなる可能性があるからである。

CO_2排出量が技術的問題と関わっていることは，明確にしておくべきであろう。化石燃料の使用によってCO_2が発生するということに関して，われわれにできることは極めて限られている。また，この化石燃料消費量当たりのCO_2排出量は，国によっても時期によってもほとんど違いはない。もちろん，使用される一定量の化石燃料からのガス排出量を低下させることは望ましいことである。しかし，その問題は本研究の範囲を超えている。それは科学者および技術者に任せるべきであって，経済学者がここでできることは，所与の技術水準の下でのエネルギー効率の改善策を提示することである。ここでのわれわれが到達すべき目標は，国民経済に対する悪影響を最小限に抑える排出ガス削減の代替案を提出することであり，ここで論じているのは，エネルギー供給源についての再考という方策である。

(3) エネルギー供給構成の比較

本節で最初に論議するのは，国内エネルギー供給の構成である。1次エネルギー総供給（TPES）の数字については，本章の冒頭で簡単に説明した。本研究では，エネルギー生産量や最終エネルギー消費量ではなく，TPESを分析対象として選んでいる。TPESは，経済プロセスの下流で消費されるエネルギーに転換される資源を最もよく表すからである。TPESは最終エネルギー消費量と同様に，石油に換算した百万トン（Mtoe）を単位として計測されている。TPESの内容はさらに詳細に分類することができるが，ここでは単純化のために，全体として化石燃料供給（FES）と非化石燃料供給（NES）の2つに大別することにする。

一般的な仮定として，石炭，石油，天然ガスなどの化石資源によるエネル

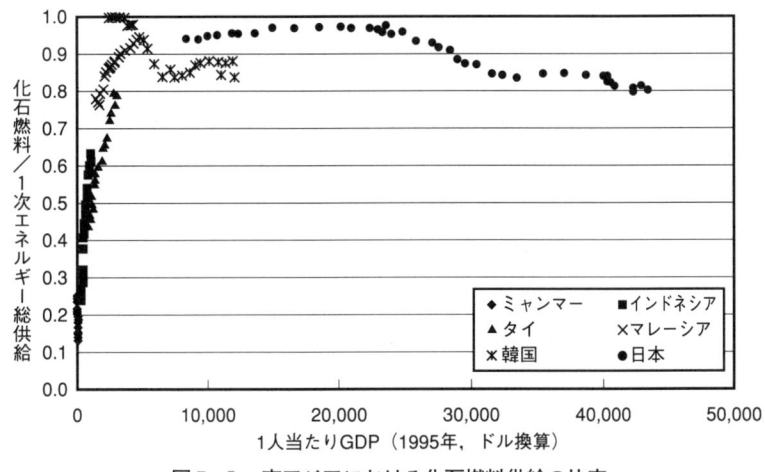

第7章　地球温暖化問題ガヴァナンスのための公平基準　219

図7-5　東アジアにおける化石燃料供給の比率

ギー供給はCO₂を発生させるが，非化石資源，すなわち原子力エネルギーや水力，再生可能エネルギーなどの資源はそうではないとする。図7-5では，上記の考え方にしたがって，東アジア6カ国における総エネルギーに対する化石燃料の割合を表示している。

　図7-6は，過去の数字の検討によって得た長期的な傾向に関するわれわれの仮説を示している。X軸は発展の水準を表すものとして1人当たりのGDPを示しており，Y軸はTPESにおけるFES（化石燃料供給）とNES（非化石燃料供給）の比率を示している。この図が示す長期的な過程は，1人当たりGDPの水準によってさらにいくつかの段階に分割でき，それによって，東アジア各国のエネルギー構成がこの過程のどこに位置するかを決定することが可能である。

　例えば，ミャンマーやベトナムなどの低所得国ではFESよりもNESのほうが高い。したがって，図7-6の0-A間でFESは低下する。次の段階では，A-C間に示されているように2つの図が交差し，FESがNESを上回るようになる。この段階にある国は，インドネシア，フィリピン，タイなどである。さらに次の段階では，B-D間のように引き続きFESの比率が上昇する。これには，中国やマレーシアのデータが該当する。かなりの長期間，Dの位置の比率に留まる傾向をみせる国もある。Dの水準にある国では，エ

FES, NES

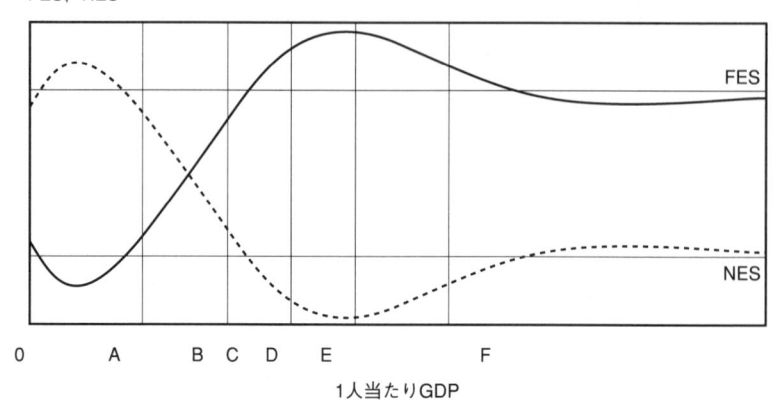

[図: 横軸「1人当たりGDP」上にA, B, C, D, E, Fの点。FES（実線）は低位から上昇しEあたりで頂点に達した後やや下降して定常、NES（破線）は高位から下降しEあたりで最低となった後やや上昇して定常。]

図7-6　東アジアにおける化石燃料と非化石燃料の割合

ネルギーのすべて，またはほとんどが化石燃料から得られていると思われる。この例は，香港や北朝鮮，シンガポールなどである。

　最も発展した段階にある国では，非化石燃料の比率がいくらか増大するが，TPESの20%を超えることはなく，定常的な状態に到達する。このD-F間の段階にあるのは，例を挙げれば日本やOECD加盟国であり，また世界全体もそうである。とはいえ，なかにはこの環境に優しい定常状態に到達せず，化石燃料への高い依存という元の位置に戻ってしまいそうな国もある。この現象は，図には示していないが，Eの位置以降にみられ，韓国や台湾で生じたことがある。この図がすべてを説明してくれるわけではないが，東アジアにおけるエネルギー供給構成と経済的な発展段階との関係についての見方は提供してくれる。

　発展した国の経済における化石燃料と非化石燃料の間のギャップは，さらに狭まることが望ましいが，この問題は今後の技術進歩にかかっている。しかし，途上国が日本や韓国，その他の諸国のように化石燃料の比率が頂点に達することなしに，安定した水準，つまり化石燃料と非化石燃料の比率がほとんど変動しない長期的な均衡状態に到達できれば，状況の改善は可能だろう。言い換えれば，エネルギー使用についてのこの望ましい定常状態への近道は，途上国によって発見され，実行されなければならないのだ。

以上の分析には，明らかにいくつかの興味深い点が存在する。第１に，香港やシンガポールのような小さな国々は化石燃料への依存度が最も高く，そのため過去30年間，Dの位置にほとんど留まったままである。同様に，北朝鮮でも本研究の対象期間中，化石燃料への高い依存度にほとんど変化がみられず，したがって香港やシンガポールと同一のカテゴリーに入れられる。フィリピンに関する統計には目立った特徴がほとんど存在しないが，少なくとも２回，エネルギー供給強度の逆転が生じている（３度目の逆転がまもなく明らかになるだろう）。明らかに，フィリピンが定常状態に到達するまでには，まだ長い時間がかかると思われる。

　驚くべきは中国の事例である。中国のエネルギー供給構成の段階は，その所得水準に比べてずっと進んでいるように思われる。これが，2020年までにアメリカを抜いて世界一のCO_2排出国になる可能性が高いという懸念が強まっている最中に（Zhang, 2000a），多くの研究において，中国が有効な排出ガス対策を行っているとみなされている理由であろう。1999年の中国のCO_2排出量は1971年の3.7倍で，アジア全体の排出量の５分の３に達している（前掲表７-１参照）。また，中国経済は東アジアで最大の成長率を達成しており，おそらく世界でも最高と思われ，１人当たりGDPは過去30年間で9.3倍に跳ね上がっている。これまでのところ，中国経済は，われわれの研究において，ここ数年で１人当たりのCO_2排出量がわずかに減少し，環境クズネッツ曲線（図７-７）を示している唯一の例である。中国のエネルギーに関して広く知られている特徴の一つは，石炭への依存度が高いことであり，図７-８が示すように1970年代後半以降TPESの過半数が石炭を基にしている。この石炭への高い依存度の結果，2000年には５％の石炭不足が予測されていた（Chan and Lee, 1997）。中国経済における石炭の重要性からすれば，高いCO_2排出量は驚くべきことではない。なぜなら，化石燃料の中でも，石炭のCO_2排出係数は0.65t-C/toeと，石油の0.54や天然ガスの0.40と比較して最も高いからである。それに対し，原子力や水力，再生可能エネルギーでは燃焼としてCO_2は排出されない（Zhang, 2000a）。可燃性エネルギーや再生可能エネルギーについては，CO_2を発生させる場合もあるが，ここでは生じないものと仮定しておく。

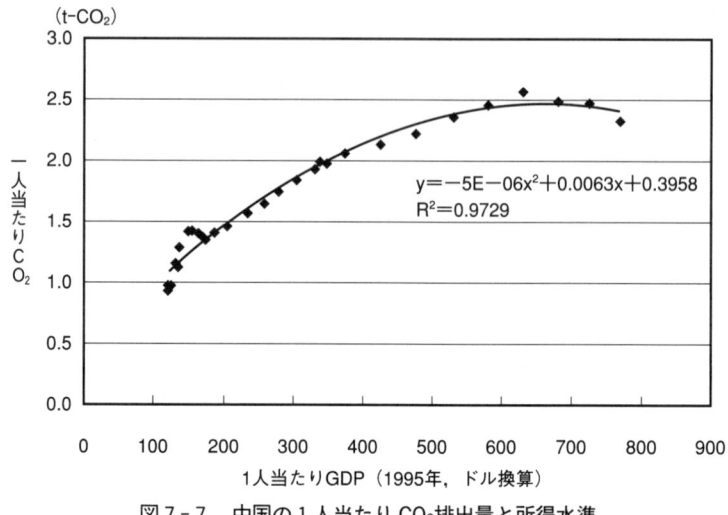

図7-7 中国の1人当たりCO_2排出量と所得水準

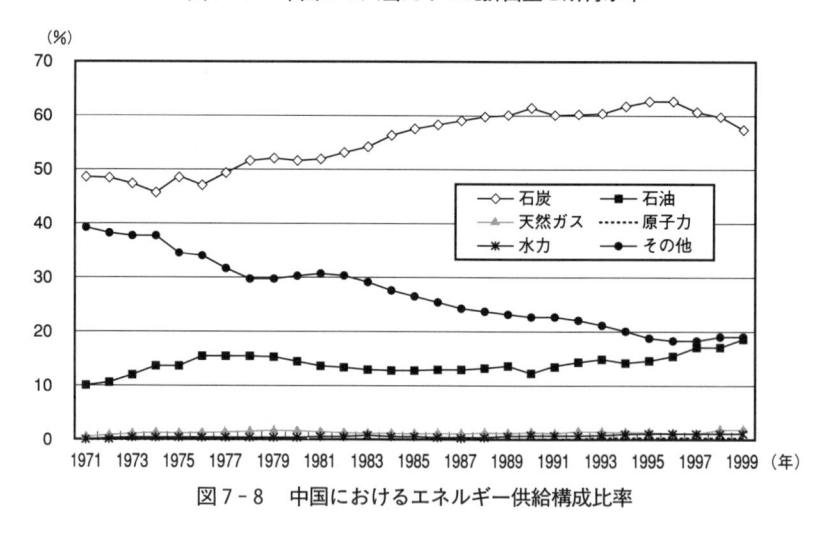

回帰式: $y = -5E-06x^2 + 0.0063x + 0.3958$
$R^2 = 0.9729$

図7-8 中国におけるエネルギー供給構成比率

凡例: 石炭、石油、天然ガス、原子力、水力、その他

　問題を明確にするため，アジア地域のデータに関しては，図7-9や図7-10のように中国を除外して検討することができるだろう。中国と比べると，その他のアジア地域のエネルギー構成がはるかに初期段階にあるということに驚く人もいるかもしれない。エネルギー構成の詳細な分類については，当論文の他の章で提示しているので参照してもらいたい。中国をアジアから除

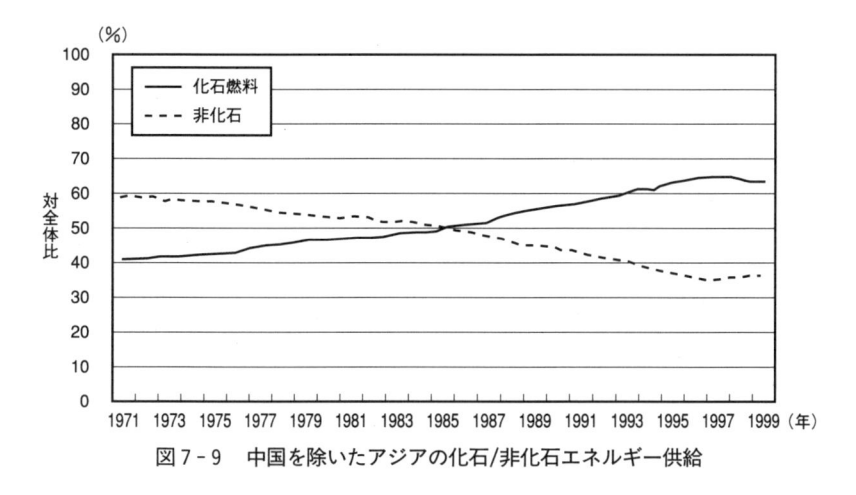

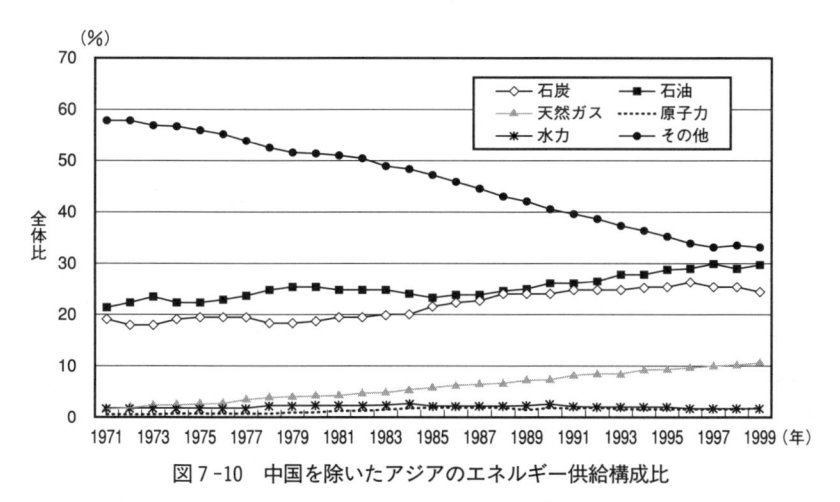

図7-9　中国を除いたアジアの化石/非化石エネルギー供給

図7-10　中国を除いたアジアのエネルギー供給構成比

外することで，エネルギー構成とCO_2排出量との関係をより明確に理解することができるだろう。

3．CO_2排出量増加の原因について

短期的・長期的なCO_2排出量の変動に関する要因分析には，茅恒等式，すなわち分解方程式の枠組みが適用できる。この恒等式は，「人口が外生的

で生産活動に対する CO_2 排出の影響が無視できるとすれば，CO_2 排出水準の規制は単位生産当たりのエネルギー量を削減することによってのみ可能だということを，基本的に表している」(Pearson, 2000, p.396)。この恒等式の考えから引き出される諸係数によって，CO_2 排出増大の具体的な要因を追究することが可能だろう。

(1) 分解方程式とエネルギー構成における変動

当該恒等式の考えに基づいて，CO_2 を C で，一次エネルギー総供給を TPES で，1995年の国内総生産（ドル）を GDP で，人口を POP で表すとする。この場合，CO_2 の量は以下の方程式によって算出できる。

$$C = \left(\frac{C}{TPES}\right) \cdot \left(\frac{TPES}{GDP}\right) \cdot \left(\frac{GDP}{POP}\right) \cdot POP \tag{3.1}$$

次に，上の本来の式に，CO_2 排出の主な原因である化石燃料を組み込むと，以下のような恒等式を拡張した式が得られる。

$$C = \left(\frac{C}{FES}\right) \cdot \left(\frac{FES}{TPES}\right) \cdot \left(\frac{TPES}{GDP}\right) \cdot \left(\frac{GDP}{POP}\right) \cdot POP \tag{3.2}$$

$$\Delta \log C = \Delta \log \left(\frac{C}{FES}\right) \cdot \left(\frac{FES}{TPES}\right) \cdot \left(\frac{TPES}{GDP}\right) \cdot \left(\frac{GDP}{POP}\right) \cdot POP$$
$$+ \Delta \log \left(\frac{GDP}{POP}\right) + \Delta \log POP \tag{3.3}$$

ここでは，FES は化石エネルギー供給量を表している。上の諸式の関係を利用すれば，短期的・長期的な期間の係数は表7-2のように表すことができる[2]。

右側の最初の項目は，技術水準，すなわち一定の化石エネルギー使用量に対する排出ガスの量を表している。2番目の項目は CO_2 排出量に対する国内エネルギー構成の変化（総エネルギーに対する化石エネルギーの比率）の影響を示している。3番目の項目は，総エネルギー強度の変化が CO_2 排出量に及ぼす影響を示している。最後に，残りの2つの項目が示しているのは，

---

[2] 計算に使用したデータは，CO_2 部門アプローチ（百万トン），化石エネルギー供給（百万石油換算トン），1995年の GDP（ドル），および人口（百万人）である。

第 7 章　地球温暖化問題ガヴァナンスのための公平基準　225

表 7 - 2　短期的・長期的な拡張茅恒等式の係数

期間		世界	OECD	AEC	日本	韓国	中国	台湾	香港	インドネシア	マレーシア	ミャンマー	北朝鮮	フィリピン	シンガポール	タイ	ベトナム	米国
71〜75	q =	2.68	1.23	4.85	3.70	10.21	6.06	7.22	4.73	10.93	6.63	−3.45	1.33	4.90	9.15	6.49	−0.27	0.36
	a_1 =	0.00	−0.12	0.36	0.06	0.47	−0.27	−0.18	−0.58	−0.28	0.78	−0.78	0.01	−0.22	0.55	0.71	7.66	0.05
	a_2 =	−0.16	−0.48	1.06	−0.25	0.01	1.52	−0.07	0.11	6.38	0.47	−4.07	−0.37	0.73	0.05	−0.11	−6.92	−0.66
	b =	−0.70	−1.34	−1.62	−0.29	1.87	−0.16	0.04	−1.17	−3.07	−2.30	−1.23	−9.46	−1.36	0.10	−0.17	−1.88	−1.44
	v =	1.58	2.10	2.64	2.55	6.09	2.83	5.58	4.29	5.48	5.26	0.32	8.60	3.03	6.70	3.15	−1.47	1.44
	n =	1.96	1.08	2.42	1.62	1.76	2.15	1.85	2.08	2.42	2.41	2.31	2.55	2.72	1.74	2.90	2.35	0.97
76〜80	q =	2.32	0.94	5.97	0.15	9.56	6.20	9.27	3.04	14.72	7.89	4.37	2.85	3.08	9.10	8.54	4.74	0.25
	a_1 =	−0.11	−0.14	−0.34	−0.53	−1.14	0.31	0.56	0.06	1.39	−6.54	1.34	−0.52	1.90	0.82	1.58	−1.55	−0.02
	a_2 =	−0.21	−0.50	1.93	−1.10	−0.63	1.44	−1.97	0.13	6.92	1.93	1.10	−0.18	−2.51	0.09	2.95	3.19	−0.41
	b =	−0.99	−1.78	−1.41	−2.78	5.21	−2.81	1.15	−7.27	−1.62	4.95	−0.25	−7.29	−1.56	−0.29	−3.39	3.41	−2.73
	v =	1.89	2.43	3.52	3.68	4.59	5.94	7.63	6.59	5.85	5.25	0.10	9.33	3.01	7.25	5.01	−2.51	2.33
	n =	1.74	0.93	2.28	0.88	1.53	1.33	1.91	3.53	2.18	2.30	2.08	1.51	2.24	1.23	2.39	2.21	1.08
81〜85	q =	1.35	0.28	4.87	1.36	4.61	6.27	3.16	8.56	3.42	6.43	3.42	6.03	−0.81	4.42	6.47	3.23	0.17
	a_1 =	−0.12	0.11	−0.19	0.53	−0.62	0.24	0.15	2.62	−0.40	0.59	−1.50	−0.24	−0.86	−2.17	−0.28	−0.26	0.20
	a_2 =	−0.61	−1.05	1.32	−1.52	−1.74	1.46	−3.78	0.26	0.87	0.12	1.65	0.22	−3.61	0.01	4.25	1.32	−0.69
	b =	−0.78	−1.65	−1.04	−0.95	−1.11	−6.98	−0.33	0.47	−2.46	0.73	−0.48	−3.32	6.19	0.82	−2.77	−4.50	−2.99
	v =	1.16	2.09	2.68	2.65	6.76	10.15	5.63	3.59	3.55	2.35	1.68	7.97	−4.89	3.86	3.51	4.85	2.75
	n =	1.69	0.77	2.10	0.65	1.32	1.39	1.49	1.61	1.87	2.64	2.08	1.39	2.35	1.89	1.75	1.81	0.90
86〜90	q =	2.20	1.52	7.77	4.15	9.31	4.85	8.39	6.86	8.78	9.26	−9.45	8.60	7.97	12.54	15.50	−2.29	1.78
	a_1 =	0.02	−0.15	0.17	−0.46	0.13	−0.27	−0.04	0.05	1.47	2.87	−0.49	0.05	−0.94	2.08	0.16	−0.74	0.01
	a_2 =	−0.16	−0.37	2.52	0.16	−0.69	0.93	1.26	0.11	2.46	0.48	−8.13	0.43	3.69	−0.01	3.73	−3.38	−0.31
	b =	−1.15	−1.63	−2.19	−0.57	1.31	−2.97	−0.92	0.54	−2.36	−2.31	−5.58	4.22	0.01	0.83	0.49	−3.48	−1.19
	v =	1.80	2.87	5.21	4.61	7.57	5.60	6.96	5.29	5.44	5.21	3.31	2.33	3.15	6.85	9.44	2.96	2.32
	n =	1.69	0.79	2.05	0.42	0.99	1.56	1.13	0.87	1.77	3.01	1.44	1.56	2.06	2.78	1.69	2.36	0.94

表 7-2 短期的・長期的な拡張茅恒等式の係数（つづき）

期間		世界	OECD	AEC	日本	韓国	中国	台湾	香港	インドネシア	マレーシア	ミャンマー	北朝鮮	フィリピン	シンガポール	タイ	ベトナム	米国
91～95	q =	0.98	1.01	6.31	1.41	9.03	5.66	6.57	-1.07	6.58	7.27	13.81	0.84	12.70	3.93	11.36	10.42	1.61
	a_1 =	0.00	-0.44	-0.18	-0.45	-1.54	-0.32	0.10	-3.89	1.33	-1.81	-0.24	0.27	2.83	-8.03	-0.14	-1.19	-0.24
	a_2 =	-0.17	-0.21	2.08	-0.78	0.74	0.99	0.94	-1.99	1.36	0.46	11.16	0.26	4.17	-0.00	4.11	7.07	-0.01
	b =	-1.04	-0.33	-2.16	1.86	3.08	-7.10	-0.69	-0.53	-3.36	-0.43	-2.08	4.71	2.80	2.30	-0.86	-3.80	-1.27
	v =	0.75	1.21	4.71	0.47	5.74	10.95	5.33	3.62	5.58	6.57	3.83	-6.06	0.52	6.75	7.31	6.43	2.12
	n =	1.43	0.77	1.86	0.32	1.01	1.15	0.89	1.72	1.68	2.48	1.14	1.67	2.38	2.91	0.94	1.91	1.01
96～99	q =	0.42	0.68	1.93	-0.16	-0.94	-2.00	6.20	9.10	4.83	4.51	5.96	-2.03	1.93	5.17	-2.08	6.80	1.55
	a_1 =	-0.20	-0.36	0.14	-0.03	-1.40	-0.69	0.27	-0.71	1.96	2.87	-0.27	0.01	1.33	5.67	-2.28	-0.82	-0.32
	a_2 =	-0.25	-0.14	0.03	-0.26	-1.69	-0.33	0.77	0.18	0.37	-0.09	3.65	-0.01	-2.83	-0.01	0.24	4.66	-0.09
	b =	-1.68	-1.30	-0.73	0.61	0.41	-8.57	-0.25	9.43	6.60	0.98	-0.97	0.51	1.28	-4.59	3.54	-3.06	-2.13
	v =	1.19	1.82	0.73	-0.70	0.79	6.62	4.56	-1.91	-5.73	-1.65	2.31	-3.74	0.14	1.55	-4.29	4.61	3.16
	n =	1.36	0.66	1.76	0.22	0.95	0.97	0.86	2.12	1.63	2.40	1.24	1.20	2.01	2.54	0.71	1.41	0.93
長期	q =	1.57	0.68	5.87	3.12	7.34	5.03	6.36	5.87	7.95	7.70	1.79	4.19	3.43	6.68	8.49	2.81	1.35
	a_1 =	-0.05	-0.11	-0.13	-0.45	-0.67	0.17	0.09	0.09	-0.07	-0.63	-0.56	-0.12	-0.31	-0.93	0.28	0.58	0.03
	a_2 =	-0.30	-0.55	1.78	-0.54	-0.71	1.02	-0.64	-0.08	3.23	0.70	0.73	0.15	-0.41	0.00	2.21	-0.04	-0.37
	b =	-0.90	-1.44	-1.53	-0.66	1.38	-4.64	-0.70	-0.82	-1.68	0.89	-2.45	-0.63	0.71	0.14	-1.03	-2.55	-1.43
	v =	1.16	1.95	3.66	3.93	6.11	7.08	6.24	4.92	4.58	4.15	2.35	3.20	0.51	5.22	5.28	2.73	2.10
	n =	1.66	0.83	2.09	0.84	1.23	1.40	1.37	1.74	1.91	2.60	1.73	1.58	2.31	2.24	1.75	2.08	1.02

q = CO_2 排出量の伸び率
a_1 = CO_2/FES の伸び率
a_2 = FES/TPES 伸び率
b = エネルギー強度の伸び率
v = 1人当たり GDP の成長率
n = 人口成長率

IEA 2001 のデータを基に著者が作成。

1) AEC は中国を除いたアジアのデータ。
2) 日本と米国の長期データは1960-99を含む。

CO_2排出量に対する1人当たりの所得と人口増加の影響である。これによって，各国の短期的・長期的な構成変化がどちらも捉えられる。次に，いくつかの顕著な特徴を，特に長期的な影響に関して簡単に指摘することにしよう。

驚くべきことは，1971年から1999年にかけて，タイが年平均8.5％という最も高いCO_2排出量の平均増加率を示しているということである（図7-11）。この数字は，以下の五つの要因に分解できる。1）化石エネルギー使用によってCO_2を排出する技術＝0.28％，2）総エネルギーに対する化石燃料の比率の変化＝2.21％，3）エネルギー強度の変化＝－1.03％，4）経済成長＝5.3％，そして5）人口増大＝1.75％（図7-12も参照）。同じ地域の他の多くの国（すなわち，中国，台湾，香港，ベトナム）と同様に，タイもまた，化石エネルギー供給当たりのCO_2排出量の増大という技術的な問題に直面していることが読み取れる。

エネルギー強度の低下は多くの国（韓国，マレーシア，フィリピン，シンガポールを除いて）で達成されているが，それらの成果は中国のそれと比べると大したものではない。中国は，年平均で5％近い低下という顕著な成果をあげている。中国が7％を超える，この地域で最高の長期所得成長を実現

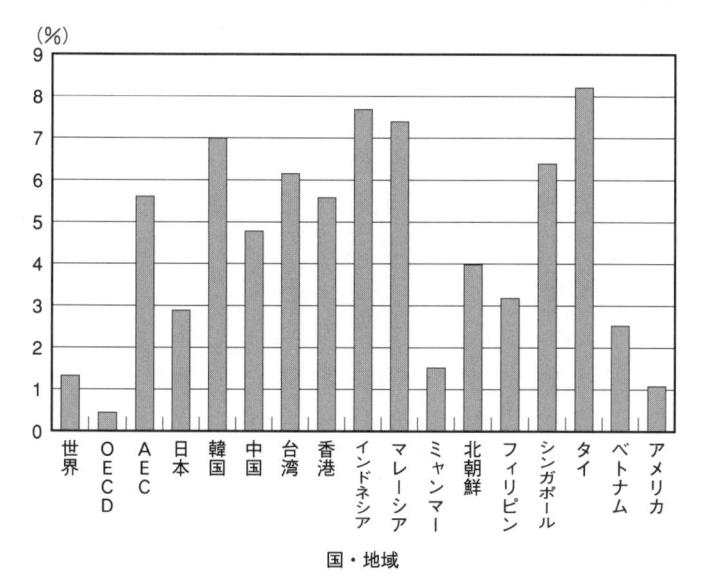

図7-11 CO_2排出の長期成長率

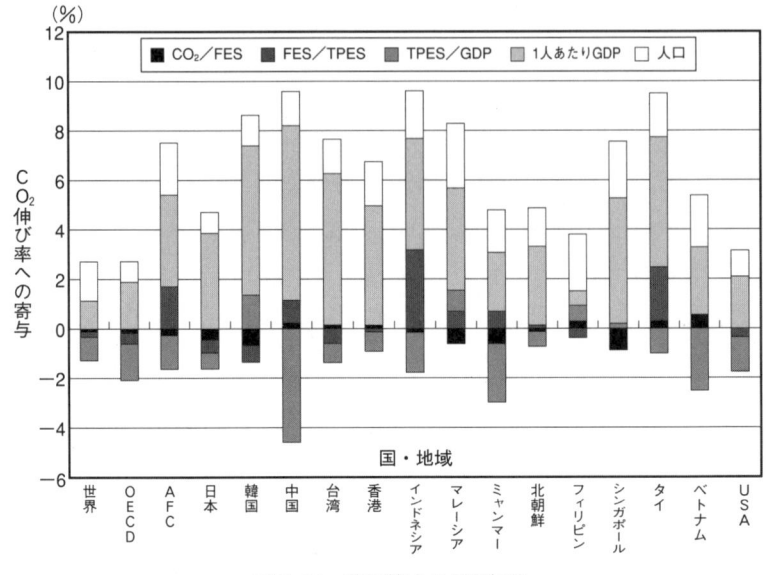

図7-12 茅恒等式の長期係数

したことを思えば，CO_2排出増加率が5％に留まったのは相対的にはまずまずと言えるだろう。このエネルギー強度の顕著な低下は，中国政府の省エネルギー政策にそってとられた様々な方策のおかげと思われる（Zhang, 2000b）。

Polenske & Lin（1993年）は，次のように指摘している。「このエネルギー強度低下の裏で作用していた力は，エネルギー効率の改善である。1980年から1981年にかけてのエネルギー強度低下に関しては，構造的変化がその主な要因である。その他の年に関しては，産業構造の変化がエネルギー消費の伸びを加速させ，エネルギー強度に対し悪影響を及ぼし圧力を上昇させている」（p.264）。彼らはまた，中国の工業分野における顕著なエネルギー効率の改善に関して，2つの要因を挙げている。「エネルギー効率の改善は，第1には省エネルギー政策の結果であり，第2には，エネルギー価格上昇への合理的な反応である」（p.259）。本節の後半では，中国におけるエネルギー強度の低下を引き起こした要因について，タイの状況と比較しながらさらに分析することにする。

表7-2と図7-12から，技術，化石エネルギー比率，省エネルギーについての「3つのマイナス」という現象が，世界全体，OECDおよび日本に関して観察できる。それに対し，その他の地域では，「2つのプラス」または「2つのマイナス」が読み取れる。技術的側面を無視し，化石燃料使用とエネルギー強度における変化のみを考慮するとすれば，結果は絶望的である。マレーシアとシンガポールがどちらもプラスの方向へ転じているのに対して，台湾，香港，ベトナム，アメリカでは化石エネルギー比率と総エネルギー強度がどちらもマイナスの方向へ変化している。東アジア地域の他の国では，プラスの影響がマイナスの影響によって多少打ち消され，「中立的」位置に留まっている。

化石燃料供給比率に関しては，インドネシアとタイはそれぞれ3.2%，2.2%と高い伸びを示している。主要な石油輸出国の一つであるインドネシアについては，この結果は当然だろう。しかし，タイの事例は真の脅威とみなすことができる。この高い伸びの原因が，同国の急速な車社会化にあることは間違いない。

(2) エネルギー強度の決定要因：タイと中国の対比

前節で指摘したように，多くの研究で，中国のエネルギー強度の急激な低下は省エネルギー節約の成功のためであるということが主張されている。この省エネルギー節約の成功は，エネルギー効率と産業構造の発展のおかげであろう。しかし，これらの成果を他の国々へ適用することは，必ずしも可能ではない。そこで次に，エネルギー強度の変化の決定要因を考察するための比較事例研究として，タイを取り上げることにしよう。

図7-13と図7-14が示すように，茅恒等式の短期的な結果からは，エネルギー強度の改善に関して，タイが中国より遙かに劣っていることが明らかである。タイが東アジア諸国の中で最も高い排出ガスの伸びを示している理由の一つはここにある。タイにおいては，エネルギー強度の最低レベルの改善が化石エネルギー供給の比較的高い伸びと歩調を合わせている。これは，同国の急激な車社会化の結果であろう。図7-15から図7-18は，中国と比較し

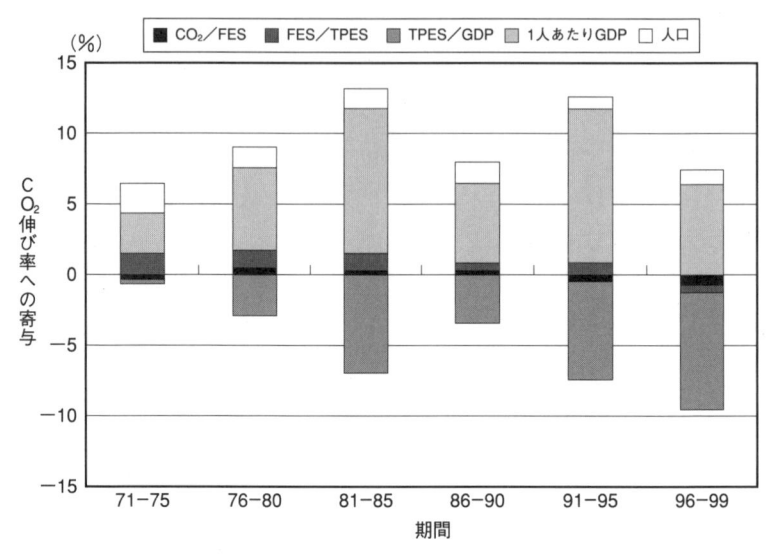

図7-13 中国に関する茅恒等式の短期係数

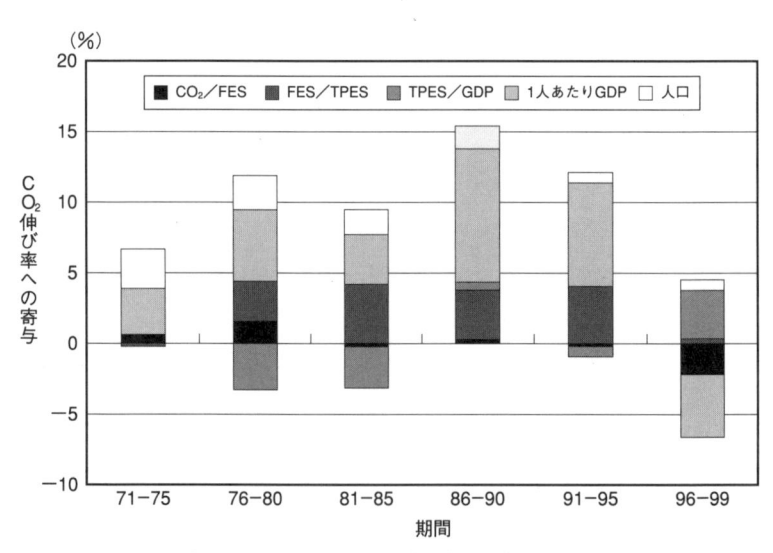

図7-14 タイにおける茅恒等式の短期係数

たタイの輸送部門の重要性をはっきり表している。タイでは，石油の50〜70％が輸送部門によって消費されており，1990年代初期の時点で輸送部門が同

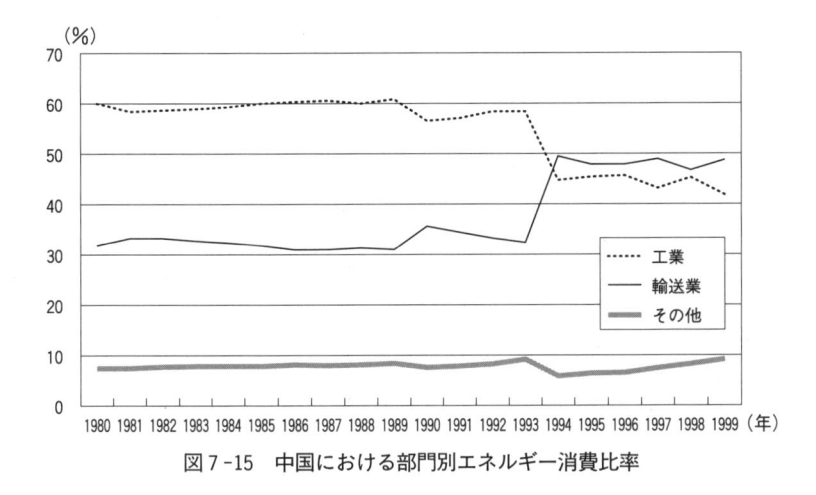

図7-15 中国における部門別エネルギー消費比率

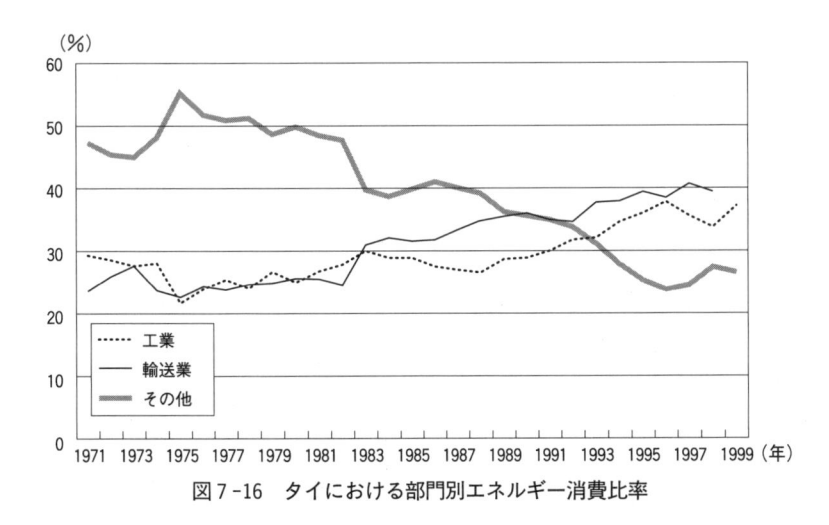

図7-16 タイにおける部門別エネルギー消費比率

国で最大のエネルギー消費分野になっている。さらに，中国が主要なエネルギー源として石炭に強く依存しているのに対し（図7-8），過去十年間のタイにおける石油の比率は他の資源を遙かに上回っている。

先に引用したPolenske & Lin（1993年）は，次のように述べている。「所与の経済におけるエネルギー強度は，2つの要因によって決定される。一つは経済的産業構造であり，もう一つは経済におけるエネルギー効率である。

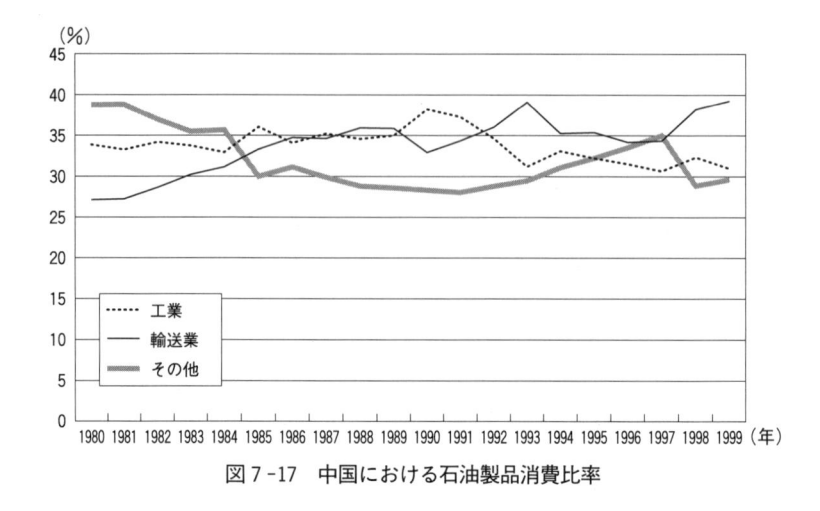

図7-17　中国における石油製品消費比率

図7-18　タイにおける石油製品の部門別消費比率

　エネルギー強度は，エネルギー効率の変化または産業構造の変化，あるいはその両方によって変化しうる。エネルギー効率の変化は，個々の産業レベルでのエネルギー強度変化の加重平均によって測られ，構造的変化は産業構造における移行によって測られる」(p.251)。
　タイと中国におけるエネルギー強度の決定要因分析には，計量経済モデルを採用し，第一階差法と対数線形法の2つの手法を使用することにしよう。

次に，部門別の既存の付加価値データと比較するため，経済を工業，農業，サービス業の3つの部門に分解する。さらに，各部門のエネルギー消費比率をエネルギー効率の表現としての各部門の付加価値に適用し，産業構造変化の指標としては，GDPに対する各部門の付加価値比率を使用する。タイでは石油製品が重要なエネルギー源となっているので，ここでは石油のみを対象にしている。なお2つの手法を同時に使用するのは，それぞれのモデルの有効性を相互チェックし，時系列データの特性によってモデル設定に誤りが生じるという潜在リスクをできるだけ回避するためである。

表7-3から7-6に示された回帰結果は非常に興味深い。というのも，中国でもタイでも，エネルギー効率と対GDP比率の双方で，農業部門がエネルギー強度（タイの場合は石油強度）に対して最小の影響力しかもたないことが示されているからである。工業およびサービス部門に関しては，結果は同様である。エネルギー強度に対する工業の影響は，中国のほうがわずかに高い。それに対しサービス部門では，タイのほうが高い重要性を示している。この結果は，われわれの分析におけるサービス部門には輸送部門も含まれているという事実によって説明される。というのも，タイの石油消費では輸送部門が最大の比率を示しているからである。他方，中国では主要なエネルギー源である石炭が工業部門でも広く使用されており，その結果，中国の事例では工業部門の高い重要性が示されている。

2つのモデルにエネルギー価格を組み込むよう試みたことは，注目に値す

表7-3 中国におけるエネルギー強度の決定要因（第一階差モデル）

従属変数：fd of log（総エネルギー消費/GDP）　　調整済みサンプル：1981, 1998
手法：最小2乗法　　　　　　　　　　　　　　　使用データ数：18（端点調整済み）

変数	係数	Std. Error	t-Statistic	Prob.
fd of log (Ind. Energy/Ind. VA)	0.536036	0.018447	29.05760	0.0000
fd of log (Agri. Energy/Agri. VA)	0.045227	0.020520	2.204054	0.0478
fd of log (Serv. Energy/Serv. VA)	0.447232	0.007291	61.34342	0.0000
fd of log (Industrial VA/GDP)	0.439151	0.164305	2.672782	0.0203
fd of log (Agricultural VA/GDP)	−0.051770	0.095900	−0.539834	0.5992
fd of log (Service VA/GDP)	0.381000	0.093305	4.083381	0.0015
R-squared	0.997981	Durbin-Watson stat		2.335367
調整後 R-squared	0.997140	Log likelihood		76.89487

出所）IEA 2001 と WDI の資料から算出。
注）fd は第一階差，VA は付加価値を表す。

表7-4　中国におけるエネルギー強度の決定要因（対数線形モデル）

従属変数：log（総エネルギー消費/GDP）　　調整済みサンプル：1980, 1998
手法：最小2乗法　　　　　　　　　　　　　使用データ数：19（端点調整済み）

変数	係数	Std. Error	t-Statistic	Prob.
定数	1.121522	0.315906	3.550176	0.0040
log (Ind. Energy/Ind. VA)	0.534265	0.017782	30.04599	0.0000
log (Agri. Energy/Agri. VA)	0.033585	0.017284	1.943124	0.0758
log (Serv. Energy/Serv. VA)	0.435140	0.007991	54.45525	0.0000
log (Industrial VA/GDP)	0.667386	0.131902	5.059698	0.0003
log (Agricultural VA/GDP)	0.094499	0.083325	1.134102	0.2789
log (Service VA/GDP)	0.484955	0.072413	6.697023	0.0000
R-squared	0.999857	F-statistic		13944.55
調整後 R-squared	0.999785	Prob (F-statistic)		0.000000
Log likelihood	86.07245	Durbin-Watson stat		2.270772

出所）IEA 2001 と WDI の資料から算出。

表7-5　タイにおける石油強度の決定要因（第一階差モデル）

従属変数：fd of log（総石油製品消費/GDP）　調整済みサンプル：1972, 1998
手法：最小2乗法　　　　　　　　　　　　　使用データ数：27（端点調整済み）

変数	係数	Std. Error	t-Statistic	Prob.
fd of log (Ind. Petroleum/Ind. VA)	0.187553	0.013014	14.41179	0.0000
fd of log (Agri. Petroleum/Agri. VA)	0.084904	0.010149	8.365890	0.0000
fd of log (Serv. Petroleum/Serv. VA)	0.693557	0.025726	26.95961	0.0000
fd of log (Industrial VA/GDP)	0.136833	0.078714	1.738356	0.0968
fd of log (Agricultural VA/GDP)	0.064389	0.036651	1.756805	0.0935
fd of log (Service VA/GDP)	0.662855	0.132506	5.002443	0.0001
R-squared	0.988762	Durbin-Watson stat		1.914831
調整後 R-squared	0.986086	Log likelihood		107.3507

出所）IEA 2001 と WDI の資料から算出。

表7-6　タイにおける石油強度の決定要因（対数線形モデル）

従属変数：log（総石油製品消費/GDP）　　　調整済みサンプル：1971, 1998
手法：最小2乗法　　　　　　　　　　　　　使用データ数：28（端点調整済み）

変数	係数	Std. Error	t-Statistic	Prob.
定数	1.535872	0.531229	2.891169	0.0087
log (Ind. Petroleum/Ind. VA)	0.216739	0.008703	24.90514	0.0000
log (Agri. Petroleum/Agri. VA)	0.089900	0.009500	9.463357	0.0000
log (Serv. Petroleum/Serv. VA)	0.724037	0.017480	41.41993	0.0000
log (Industrial VA/GDP)	0.265060	0.069982	3.787537	0.0011
log (Agricultural VA/GDP)	0.128706	0.031746	4.054270	0.0006
log (Service VA/GDP)	0.872481	0.113651	7.676849	0.0000
R-squared	0.998613	F-statistic		2519.505
調整後 R-squared	0.998216	Prob (F-statistic)		0.000000
Log likelihood	116.4353	Durbin-Watson stat		1.998427

出所）IEA 2001 と WDI の資料から算出。

る。しかし，この変数は結果的にほとんど有意ではなく，エネルギー価格とエネルギー強度についてはいかなる関係も示されていない。

4．経済・エネルギー・環境における「切断」と「結合」

　経済学の文献では，経済成長の限界について様々な形態で長い間議論されてきた。とくに持続的成長という概念が論議されたときには，その限界は廃棄物処理の機能と資源としての役割を含む有限な自然資源から直接決められるものとされていた（World Bank, 2000）。この考え方に関連して de Bruyn (2000) は，次のように述べている。「環境利用空間（EUS）による環境の利用には，資源としての利用（資源の抽出による）と，ゴミ捨て場（廃棄物と排出物の吸収）としての利用の2つがある。この2つの機能は相互に関連している。もし，汚染が深刻化すれば，資源としての機能もそれによって悪影響を受けるだろう」(p.29)。経済成長がこの様な関係によって制限されていることは明らかである。この袋小路から逃れる唯一の方法は，経済成長を環境からの収奪から「切断」する可能性をみつけることであろう。

(1) 環境クズネッツ曲線：CO_2問題解決に望みは存在するか

　環境クズネッツ曲線（EKC）は，環境経済学の分野において広く知られた現象を表現している。これが示しているのは，環境の質と経済発展のレベルとの関係である。この曲線は，通常その最もよく知られた「逆U字型」二次関数で表され，経済発展の早期段階では環境劣化が増大するが，後期段階に入ると環境の質の改善がみられることを示している。経済学者はこの現象について次のように説明している。「所得の成長によって人々の環境意識が高まり，環境保護が強化され，より厳格に実行されるようになる。環境の質は，所得弾力的な『必需品』であり，所得水準がかなり高くなるまでは，消費者支出の大きな部分を占めるようにはならない」(Taguchi, 2001, p.264)。

　Taguchi (2001) では，環境クズネッツ曲線の考え方が途上国の優位性を検討するために利用され，その結果，ASEAN諸国で日本を含めた同地域の

NIEsに比べ,より優れた環境技術および環境管理が採用されていることが見出された。とはいえ,この優位性は硫黄排出物に限定されており,炭素排出の問題に関しては途上国の優位性は見出されていない。これは「おそらく,地球温暖化に関連した炭素排出問題への取り組みが,多くの国で始まったばかりであるためだろう」(p.273) と,田口は説明している。

他方,de Bruyn (2000) は,環境クズネッツ曲線に関する多数の研究を検討した結果,「それらの研究を比較して得られた最も注目すべき結論は,経済発展とともに多様な汚染物質がどのように変動するかに関して合意がまったく存在していないということだ」(p.81) と結論している。「環境クズネッツ曲線が適用可能なのは,環境問題の解決が容易な場合,すなわち関連記録が整備され,研究も進んでいる場合だけだ」(p.87) と,彼は論じている。このことは,地球温暖化現象自体がなぜいまだに明確に理解されていないのか,炭素排出の問題がなぜ承認を得にくいのかを説明している。「この問題の分析が依存している科学的研究の多くには,依然として不確実な部分が残されている」(Pearson, 2000, p.386) という主張もある。

さらに,一定の排出目標を完全に達成するための費用は莫大な額に上る恐れがあるという試算もある (Oates, 1992)。Winters (1992) は,「CO_2排出量の40％から50％の削減という長期目標が達成された場合,そうでない場合と比べて世界のGDPが2％から4％低下する」(p.96) と主張している。したがって,炭素排出問題が,予測可能な未来において解決容易な問題であるとは決して言えないだろう。

de Bruynの上の著書では,環境クズネッツ曲線についてさらに論じられている。彼は,多くの経済学者が先進国から途上国への産業の再配置がEKC現象の背後にある強力な力であると主張していることを指摘し,これによって実際に観察された「低所得国での排出レベルの上昇と,高所得国での排出レベルの下降」(p.88) という環境クズネッツ曲線のパターンは明確に説明できると主張している。この指摘は,炭素排出問題が国境を越えた環境問題であり,産業の再配置が実際には地球全体のCO_2排出量にまったく影響しないことを考えると,的を射ているように思われる。もう一つの理由は,CO_2排出は産業部門からのみ発生しているわけではないということであ

る。それどころか，国の経済が発展の高い段階に到達すればするほど，家庭部門のエネルギー消費が増え，CO_2の排出比率も増大する傾向がある。これが，EKC現象が炭素排出量に関してはいまだ確認されていない理由である。

結論を言えば，経済成長から環境への圧力を切り離せない限り，環境の劣化は，ここでは地球温暖化問題という形をとっているが，経済に対し依然として恐るべき脅威のままなのである。しかし，環境クズネッツ曲線に関するこれまでのほとんどの研究では，経済と環境の関係の切断を，1人当たりの温室効果ガス排出量や1人当たりのGDPといった尺度において発見しようと試みられてきた。本研究では，われわれの前提の視野をさらに広げ，多国間における成長基準の関係まで含めることにしたい。

本章の図7-1と図7-3に戻ると，1人当たりのCO_2排出量と1人当たりのGDPの関係が，日本や東アジアNIEsの場合，ほんのわずかにN字型を描いていることが読み取れる[3]。アジアの途上国の場合には，直線的な関係から目立ってずれてはいない。炭素排出問題に関しては，環境クズネッツ曲線の明確な切断的関係は確認されていないというこれまでの研究の成果は，この2つの図から読み取れる結論によって確認できるだろう。

図7-19は，表7-2に示した国および国グループのCO_2排出量と1人当たりGDPの，それぞれの長期的な平均成長率を表している。45度の対角線が示しているのは，1人当たりのGDP成長率とCO_2排出量の伸びが等しい位置である。対角線の上側では，CO_2排出量の伸びが経済成長よりも速いということになる。日本と中国を除けば，東アジアの大部分の国がこの基準線より上にあり，ベトナムと台湾はちょうど線上に位置していることがわかる。ミャンマーに関しては，その位置が線のかなり下にあるものの，客観的な理由で無視することができる。というのも，ミャンマーの経済は他の国々より遙かに遅れており，政治的不安定さによって強く縛られているからである。

これらの非直線的な関係を結んでみると，さらに興味深い結果が得られる。

---

3) このN字型の環境クズネッツ曲線は，三次多項関数の形で表せる。この曲線は，一定の所得水準に達したあとのより高い所得がCO_2排出の低下と関連していること（切断），また，この2つの項目の関係がさらに上の所得水準に達したあとに再びプラスに転じていること（再結合）を示している。

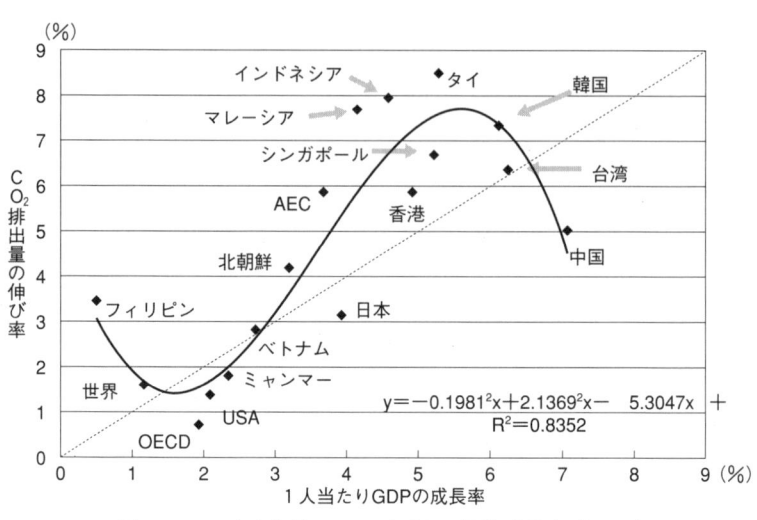

図7-19 1人当たりのGDPとCO$_2$の平均成長率 (71-99)

グラフ中の式: $y = -0.1981^2 x + 2.1369^2 x - 5.3047x$, $R^2 = 0.8352$

この傾向は逆N字型の三次多項関数で表され，CO$_2$排出量と1人当たりGDPとの成長率レベルでの長期的な関係を示している。

　国内的な変化はいまだ不明瞭ではあるが，以上の結果は各国のCO$_2$排出量の長期的な伸び率が，それぞれの経済成長に応じて異なっているということを示唆している。経済成長が1％未満と小幅な場合，そこからの成長率の上昇はCO$_2$排出の伸びの低下と関連している。次に，1ないし2％の経済成長率と5ないし6％の成長率の間では，経済成長とCO$_2$排出量の伸びとの関係はプラスの兆しがみられる。これは，急激な経済成長によってCO$_2$排出量も急速に増大することを示唆している（ほとんどの場合，GDP成長率を超える）。さらに，5ないし6％の転換点を超えて極めて高い経済成長率に達すると，CO$_2$排出量の伸びは減速し，比較的落ち着いた水準に達するように思われる。

　この現象については，化石燃料比率と所得水準との関係を表した図7-6をもとに説明することが可能である。様々な所得水準における化石燃料比率と，図7-19が表す逆N字型関数の間には，類似性がみてとれるだろう。図7-6は，図7-5に示された6ヵ国のデータを基にしていることを思い出してもらいたい。つまり，多国間的な特徴は，すでにそこに含まれていたのだ。

それに対し，図7-19に表された多国間における成長率には，それぞれの国の30年に及ぶ長期的な傾向も暗黙のうちに含まれている。

結論は次の通りである。本節で得られた分析結果は，経済成長から環境への圧力を切断し除去できる可能性があることを示唆している。この可能性の実現は，国内エネルギー構成を通してのみ可能である。この研究で取り上げた国々では，その発展過程において化石燃料供給に関して逆N型傾向を示している。また，炭素排出に関する環境クズネッツ曲線が成長尺度においても多国間的レベルでも存在することについては，強力な証拠が存在している。

(2) 所得水準とエネルギー需要

CO_2排出削減に対する主要な障害としてしばしば主張される問題に，エネルギー使用と所得水準との密接な関連がある。Chen（2001）では，次のようなことが発見されている。「CO_2排出は，台湾ではボトルネック効果を持つ。その理由の一つは，台湾ではエネルギーの所得弾力性が高いことにある(0.94)。このことは，この間の台湾のGDP成長がエネルギー使用の伸びとほぼ等しいことを示している。CO_2排出係数を一定とすれば，台湾がCO_2排出量削減のためにエネルギー消費を抑えれば，GDP成長率はそれに比例して低下するだろう」(p.149)。

彼は自分の所見を次のようにまとめている。「年間CO_2排出量が1990年レベルのままに抑えられた場合，2000年の台湾のGDPは目標成長率を34％下回り，その結果，台湾経済は深刻なダメージを受けるだろう」(p.141)。さらに彼は，台湾経済におけるエネルギー集約的産業の重要性を指摘している。タイの場合，エネルギー集約的産業の比率は台湾ほど高くはないが，前に，輸送部門が経済では顕著な重要性を担っていることを指摘しておいた。したがって，タイ経済でのエネルギー需要の所得弾力性が台湾より小さいという仮説をたてることは，単純に過ぎるだろう。この仮説を検証するために，第一階差モデルと自己回帰モデルを採用し，タイにおける石油需要の所得弾力性と価格弾力性をまとめて検討してみよう。

回帰結果は表7-7と表7-8に示されている。第一階差モデルに従えば，

表7-7 タイにおける石油消費の需要（第一階差モデル）

従属変数：fd of log（総石油消費）　　調整済みサンプル：1972, 1998
手法：最小2乗法　　　　　　　　　　使用データ数：27（端点調整済み）

変数	係数	Std. Error	t-Statistic	Prob.
fd of log (GDP)	1.035097	0.102976	10.05184	0.0000
fd of log（石油輸入価格）	−0.065083	0.027143	−2.397739	0.0243
R-squared	0.574997	Durbin-Watson stat		1.563980
調整後 R squared	0.557997	Log likelihood		49.56341

出所）IEA 2001 と WDI の資料から算出。

表7-8 タイにおける石油消費の需要（自己回帰モデル）

従属変数：log（総石油消費）　　調整済みサンプル：1972, 1998
手法：最小2乗法　　　　　　　　使用データ数：27（端点調整済み）

変数	係数	Std. Error	t-Statistic	Prob.
定数	−7.246871	0.951588	−7.615556	0.0000
log（総石油消費 at t−1）	0.525599	0.063886	8.227125	0.0000
log（石油輸入価格）	−0.079566	0.012429	−6.401612	0.0000
log (GDP)	0.493418	0.063116	7.817615	0.0000
R-squared	0.996880	F-statistic		2449.953
調整後 R squared	0.996474	Prob (F-statistic)		0.000000
Log likelihood	56.54377	Durbin-Watson stat		1.653007

出所）IEA 2001 と WDI の資料から算出。

タイにおけるエネルギー需要の所得弾力性は優に1を超えており，台湾よりも高い。このことは，GDPの変化が石油消費に関してさらに大きな変化を引き起こすということを示唆している。また，この結果は，エネルギー需要の価格弾力性が，なお顕著であるものの極めて低いということも示している。

自己回帰モデルから得られた結果は，第一階差モデルと同様の結論を意味している。GDPからの即効効果（所得弾力性）は小さくなっているが，これをタイムラグの従属変数の効果と合わせると，それぞれの係数の合計は第一階差モデルから得た数値とほぼ等しい。また，マイナスの価格効果も第一階差モデルから得た数値と大きく違ってはいない。

以上の結果は，インド，インドネシア，タイ，フィリピンでは高い経済生産水準を維持するために，エネルギー資源に対して強い需要が生まれているという，Asafu-Adjaye (2000) と一致している。彼は次のように示唆して

いる。「高い水準の経済成長はエネルギー需要を強め，またその逆も同様である。エネルギー使用の削減を目的とした省エネルギー政策によって，経済成長に悪影響が及ばないようにするには，むしろエネルギー税を下げ補助金を削減する方法を見つけるべきであろう。同時に，企業に対して汚染物質を最小限に抑える技術の採用を奨励する努力が必要である」(p.623)。

　この点に関しては，さらにいくつかの含みがある。途上国であるタイの経済構造は，エネルギー集約的産業に強く依存している。しかし，エネルギー消費と経済発展水準との密接な関係は，他の要因によっても規定できるだろう。タイの場合には，輸送部門の重要性を，省エネルギー政策による炭素排出量削減プランについての主要な手がかりと見なすことができる。急速な車社会化のために，タイは炭素排出量規制の達成に関して困難な立場に立たされそうである。これは，化石燃料から非化石燃料への移行が，自動車では発電の場合に比べて遙かに大きなコストがかかるためである。この問題を解決する唯一の可能性は，自家用車使用を抑制するための，公共輸送機関と経済的刺激を含む優れたプランであろう。

(3) 国際貿易と排出削減政策

　先進国から途上国への産業の再配置が地球規模での炭素排出削減には無効なことがすでに論じられた。ここでは，さらに国際的な貿易と投資によって炭素排出量レベルがどのように上昇しうるかをみることにする。

　多くの研究者が，CO_2排出量削減政策には国際的な要因が密接な関連をもつとみている。Piggott（1992）は，次のように指摘している。「個々の国の（炭素排出削減への国際的な提唱への）参加の意思は，より大きな国際経済を含めた様々な影響によって強められも弱められもするだろう。そのような影響としては，多国間的な生産の（または消費の）移動，エネルギー製品などの交易条件の効果，さらにエネルギー集約的な製品からそうでない製品まで含めた交易条件効果などがある」(p.115)。Alpay（2000）は，「国際貿易と環境規制の間にはつながりがあり，このことは様々な政府による汚染物質規制政策の効果を実質的に変えてしまう恐れがある」(p.275) と述べている。

同時に，Winters（1992）は，競争と産業再配置の観点から見れば，その国の削減量が大きければ大きいほど経済競争力は低下する。また，世界産業の重要な再配置が排出量の国家間の割り当てによって促されるだろうと論じている。彼の主張はこうである。「多くの場合，自由貿易は燃料効率を高め，それによって産み出された所得成長は，途上国における汚染規制政策への要求を強めることになるだろう。しかし，国によって生産単位当たりの炭素排出係数が異なる限りでは，産業の再配置は排出総量に影響を及ぼすだろう」(p.111)。

　排出規制政策がとられると，それは必然的に他の必需品と同様に化石燃料価格に影響を与え，したがって交易条件にも作用する。Winters はさらにこう指摘している。「燃料価格の上昇に加えて炭素税が飲食物の相対的な価格を著しく押し上げ，実質消費を切り下げさせるだろう」(p. 105)。一方，Piggott（1992）は次のように書いている。「ある国自身のエネルギー消費削減の交易条件効果は，エネルギー輸入国に有利に働き，彼らに対する地球温暖化の緩和による利益はそれによって強化されるだろう。反対に，生産ベースでの削減は，エネルギー輸出国の交易条件を改善し，エネルギー輸入国の交易条件を悪化させる」(p.128)。

　このゲームには，勝者と敗者の両方がいることは明らかである。Alpay（2000）はまた，次のように述べている。「削減が輸出部門からの資源の移動によって実行された場合でも，削減に取り組んだ国の交易条件は，その国が環境保全に決して消極的ではないということによって，最終的には改善されるだろう」(p.285)。Barrett（1994a）による研究もまた，「環境政策は自由貿易を妨害するだけでなく，他国の競争上の優位を犠牲にして自国産業に競争的優位を与えるため，故意に立案されていると思われる場合もある」(pp. 325-326) という同様の考え方を共有している。さらに，Bommer（1998）はこの考え方について，「環境政策は，貿易大国の交易条件改善のために利用される可能性がある。輸出製品の生産が環境に対して外部効果をもたらしている場合，規制的環境政策は生産費を上昇させ，その結果製品価格も上昇する。貿易大国は世界市場相場に影響を及ぼし，環境規制は交易条件の改善をもたらたす可能性がある」(p.15) と述べている。

したがって，それぞれの国の環境基準は，それをその国自身の経済に対して可能な限り役立たせるために，市場と国内産業の性質しだいで「緩和される」こともあれば「強化される」こともあるだろう。とはいえ，競争力向上の道具としては，環境政策が産業政策より劣っていることには，みな合意している。環境政策が競争力に関する問題の是正については有効ではないのに対し，その代替案は脆弱である。Bommer は次のように論じている。「貿易政策は，環境問題解決の方法としては，2番目，3番目，もしくは x 番目の手段である。最良の解決策は，環境問題の根本に的を当てた適切な環境政策である」(p.13)。

国家間での環境集約的な製品の貿易パターンを説明するために，比較優位の理論がしばしば持ち出されている。この理論では，環境資源に比較的恵まれている国は，環境集約的な製品の生産に関して比較優位性を有していると考えられる。

しかし，「北」と「南」の財産権の相違が環境集約的な製品の過剰生産と過剰消費の重要な一因であると論じる研究もある。Chichilnisky（1994）は，「北」には「南」よりも適切に規定された環境資源に対する財産権を有する傾向があることを見出している。彼は，「『南』では，生産の要因の一つである環境が規制を受けない公共財産として考えられているが，『北』では私有財産として認められている」(p.851) と論じている。この引用文が示しているのは，「南」「北」どちらにとってもモデルは同一であるにもかかわらず，「南」における環境資源は「北」よりも豊富であり，したがって安価であると思われているということである。

財産権を他国とは異なって定義することで，ある国が実際には存在しない，見かけだけの比較優位を有することはあるかもしれない。Chichilnisky は「これらの条件のもとでは，そこから生まれる貿易パターンにより，全体としての世界経済に対しても，途上国自身にとっても無駄が生じる。途上国は『汚染産業』に特化することでは改善されることはないし，世界もまたそれによって改善されはしない」(p.853) と示唆している。定義が適切な財産権とは厳格な CO_2 排出規制政策であり，定義がまずい財産権とはその反対であると考えれば，この考え方は CO_2 排出問題に対しても適用可能であろう。

「南」の政府が，相対的な汚染産業に対してさらに操業を許すことで獲得できる利益に誘惑されるとすれば，暗黙のうちに，将来の世代にさらに大きな負担を負わせることになる。そのうえ，そのような国が進む開発への道は，持続可能なものではない。このように，国際貿易は「南」における過剰生産と「北」における過剰消費を刺激する触媒として機能する可能性がある。本章の冒頭で，最初に行うべき活動は途上国における現在の歪みと無駄の是正によって地球温暖化問題を解決することだということを指摘しておいたが，ここで再びこの考えを強調しておくべきだろう。

5．CO_2 排出のグローバルシェアと GDP：新しい基準

本章の冒頭以来，工業化された「北」の諸国と「南」の途上国は，問題の進行の最中で違う立場に立っていることを述べてきた。このことはまた，それぞれの国グループ内にも違った見方が存在する可能性が高いことを意味している。京都議定書では先進国に対して年間総排出量の規制を約束するよう要求したが，途上国の問題には触れぬままだった。この点は，途上国において既存の歪みを是正するなら最小限の費用で状況を改善しうるということが広く認められるにつれて，非常な議論を呼ぶようになっている。「北」は，「南」よりも高いコストがかかる排出規制に単独で責任を負わなければならず，しかも削減の利益は途上国の将来世代のものとなる可能性が非常に高いため，これを不公平だと主張している。他方，「南」は北の先行国の発展過程をたどるため，汚染する権利を要求している。以下の節では，この論争について正邪の判定は抜きにして検討し，それよりもむしろ何が可能なのかを示唆することにしたい。

(1) 地球規模での参加のための多様な基準の調和

アメリカは京都議定書からの脱退にあたって，地球温暖化問題は経済活動を無視しないやり方で扱われるべきだということを強調した。そして，同議定書で定められた排出量規制の約束を実行するのではなく，GDP 当たりの

CO_2排出量に基づいた自発的な削減という新しいプランを提示した。このプランは、非常に気前がよいように聞こえ、また、果たすべき努力を過大に要求しているようにもみえない。アメリカの過去30年間のGDP当たりCO_2排出量をみると、連続した下降傾向にあることが観察できる。したがって、アメリカのプランでは、同国の産業はこれまでの水準をそれほど変えずにすむだろう。

他方、従来の基準では中国の実績は非常に目立っている。その一定した1人当たりの排出量は独特であって、他の国ではなかなか見られない。それに対し、GDP当たりの排出量は過去30年ほどで半分に低下した。しかし、それでも、中国は地球温暖化問題に関する試みにとって真の脅威であると考えられている。なぜか。答えは単純である。中国の総排出量は、その発展過程に沿って今なお継続的に上昇しており、近い将来、現在の最大の排出国であるアメリカを超えると予測されているからである。

GDP当たりの排出量も1人当たりの排出量も、どちらも上昇することもあれば下降することもある。そのどちらも他国との比較抜きに、単独で言及することはできない。われわれの研究は、ある国のCO_2排出の状況を経済活動の水準を含めて評価するための代替手段として役立つ新しい基準を作り出すことを目的としている。われわれが示唆している新しい基準とは、地球全体のCO_2排出量に対するある国の割合と、地球全体のGDPに対するその国の割合との比率である。この言葉は、つぎのように書き直すことができる。

$$\Psi_i = \frac{[CO_2^i/CO_2^w]}{[GDP^i/GDP^w]} \tag{7.1}$$

上の式では、Ψによって求めたい基準が表されている。以下では、これを「グローバルシェア基準」と呼ぶことにしよう。上付きのiとWはそれぞれある国と世界全体とを意味する。Ψが1よりも大きければ、それはその国のCO_2排出量の地球全体に対する比率が、その国のGDPの地球全体に対する比率よりも大きいことを表す。これは、その国が他国に対して環境上の特別な負担をかけており、生産における分担が費用における分担よりも小さいことを意味する。この基準を採用すれば、ある国のCO_2排出の状況に

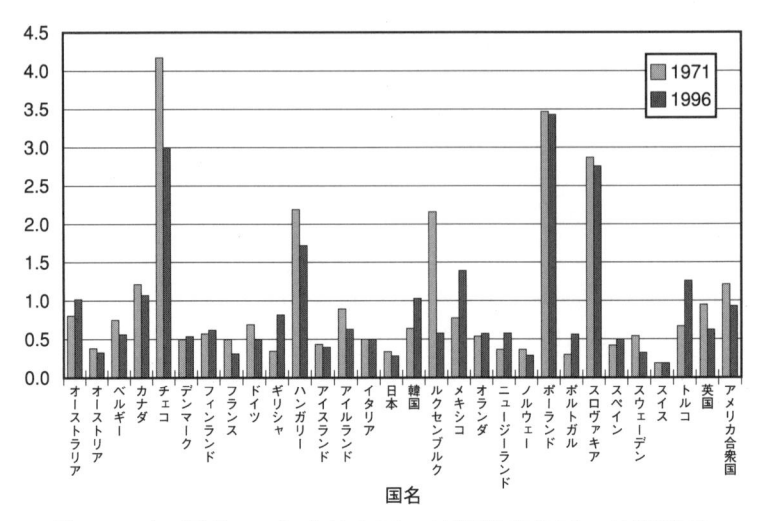

図7-20 各・国グループにおける CO_2 の対世界比率/GDP の対世界比率

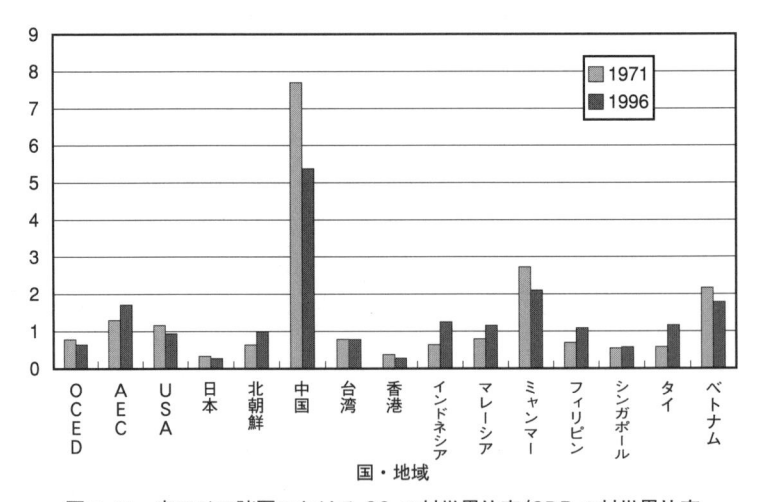

図7-21 東アジア諸国における CO_2 の対世界比率/GDP の対世界比率

ついて，環境に関して支払われた費用が平均以上か，以下か，即座に判断できるだろう。

この Ψ 指標は，分析の目的によって様々に組み合わせることが可能である。図7-20から図7-22では，それぞれの国グループに関して2つの時点でのこの指標を比較している。その結果，四半世紀間でのそれぞれの国におけ

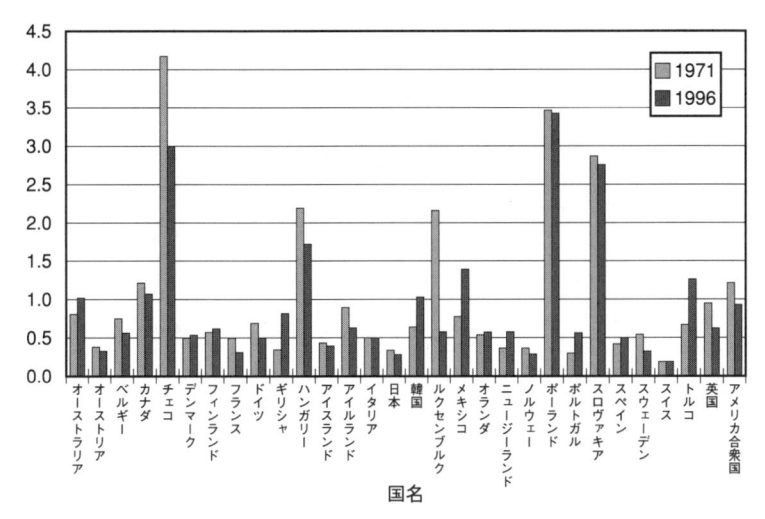

図7-22　OECD加盟国におけるCO$_2$の対世界比率/GDPの対世界比率

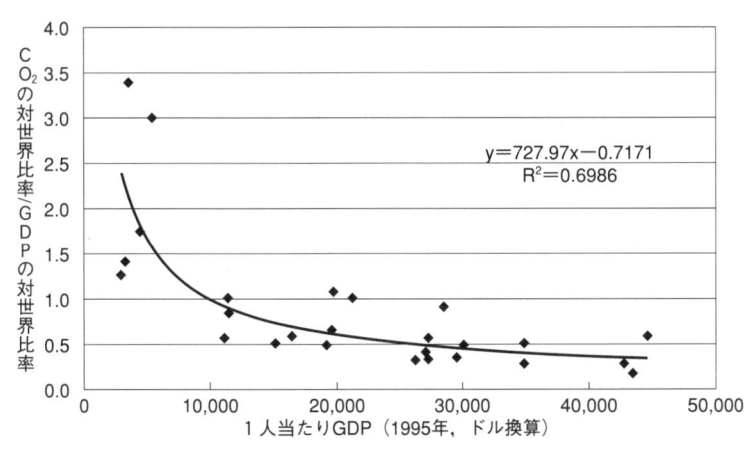

図7-23　OECDにおけるCO$_2$の対世界比率/GDPの対世界比率と1人当たりGDP（1996）

る改善または悪化が，Ψ指標の変化によって表されている。図7-23が示しているのは，指標と所得水準との関係である。この関係は他のグループではもっと分散的であって，注目に値するのはOECD加盟国についてのみであることに留意してもらいたい。この図は，年間1人当たりのGDPが約10,000ドルを超えると，Ψ指標は1を下回る傾向があり，つまりCO$_2$排出

図7-24 高所得国におけるCO_2の対世界比率/GDPの対世界比率

図7-25 低所得地域におけるCO_2の対世界比率/GDPの対世界比率

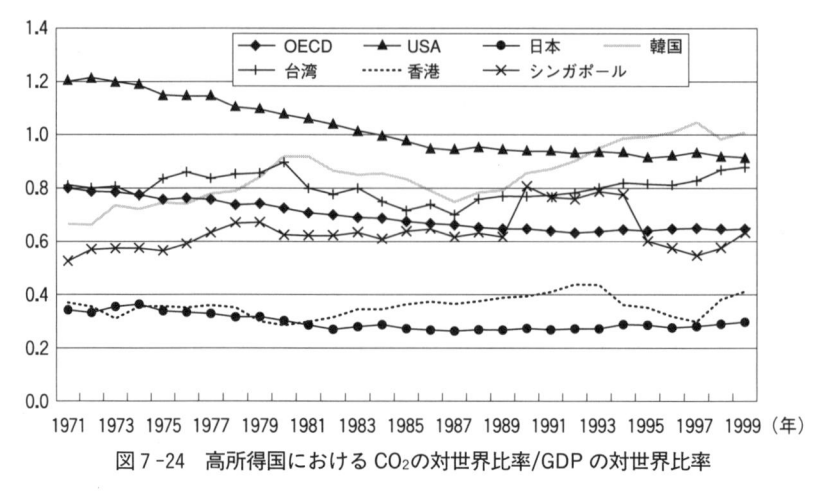

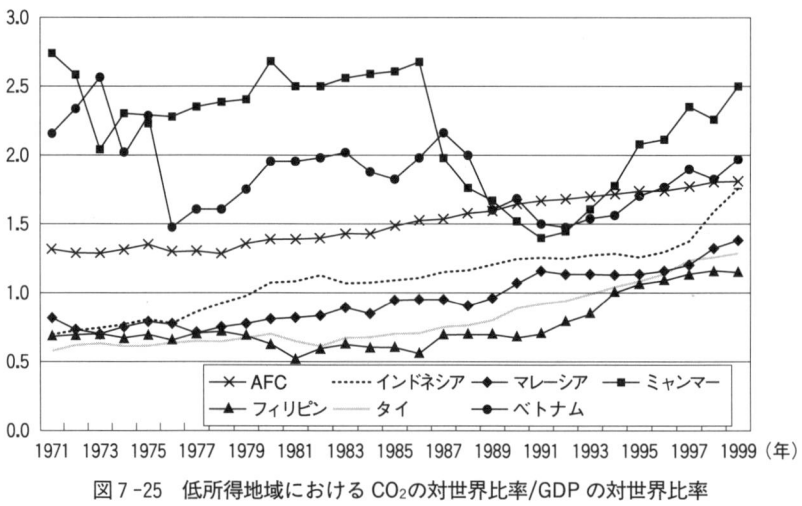

量の比率が比較的小さいことを表している。図7-24と図7-25はそれぞれ，東アジアの高所得国と低所得国に関する指標の時系列的な統計を表している。

　最後に，図7-26と図7-27では，われわれの研究のサンプルとして，中国と台湾を取り上げ，地球全体のCO_2排出量と生産に対する比率の変化を示している。中国はそのエネルギーとCO_2排出に関する政策によって成果をあげてはいるが，いまだ地球共同体に対する脅威であることが証明されてお

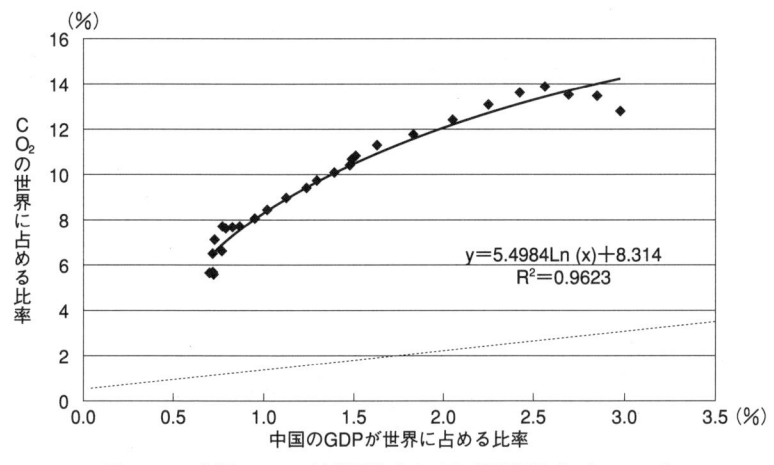

図7-26 中国のGDP対世界比率とCO$_2$対世界比率（1971-99）

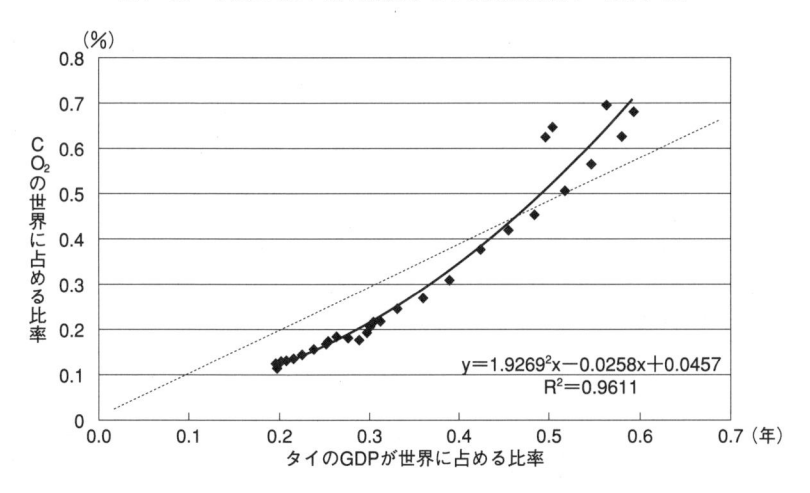

式: $y = 5.4984\mathrm{Ln}(x) + 8.314$、$R^2 = 0.9623$

図7-27 タイのGDP対世界比率とCO$_2$対世界比率（1971-99）

式: $y = 1.9269x^2 - 0.0258x + 0.0457$、$R^2 = 0.9611$

り，CO$_2$削減に向けた道のりはまだまだ先が長い。

　国際的な合意に対してさらに多くの賛同国を集めるために，温室効果ガスの排出量削減の枠組みは，ますます柔軟で妥協的になっていくに違いない。アメリカが示唆したようにGDP当たりのCO$_2$排出量を基準として使用することは，ルーズに過ぎると思われる。なぜなら，ほとんどの国ではその産業の通常の基盤に沿って，1人当たりの排出量の減少傾向が約束されているよ

うに思われるからである。したがって，この最もルーズな目標が達成されたあとには（おそらくたいした取り組みもなしに），途上国に対して次の目標を課さなければならない。この第2の目標とはわれわれが提唱するΨ指標であり，これを最小に，1未満に保つことである。

すべての国が温室効果ガス排出の削減に最大の努力を払えば，長期的にはΨ指標が地球共同体のすべてのメンバーに対して等しく1になることが予測される。しかし，これは近い将来に実現されるとは思えない。結果的に，Ψ指標は国の間で差がついたままであろうし，この指標が1よりも大きい国に対しては警告として役立つであろう。ここで注意してもらいたいのは，ほとんどの途上国が，GDP当たり排出量は長期的に低下しているもののΨ指標はいまだ大きいため，この範疇に入るということである。また，Ψ指標が実質的に1より小さい先進国にとっては，京都議定書で定められた約束が地球規模でのCO_2削減への参加に関して適切なものであろう。

多様な基準という考えは，上記のような途上国に対して積極的な参加を促すために考案されている。途上国はもはや放っておかれるのでも，他国の削減努力へのただ乗りが許されるのでもない。上記の基準のもとでは，警報ランプがつけば，途上国にも取り組みが要求されるだろう。われわれの枠組みでは途上国による明示的なただ乗りは非難されるが，われわれには途上国に対し割引券を提供するぐらいの柔軟性はある。途上国が発展の一定の水準に到達し，自国を先進国の一つとして宣言すれば，ただちに運賃全額が請求されることになるだろう。

それぞれの国での排出規制の取り組みを監視，または調整する国際的な組織が存在しないとすれば，環境に関する国際的な合意が有効であるには自己強制機能を持たなければならない。なぜなら，「国民国家は，その法的義務の履行を強制されることはない」(Barrett, 1990, p.75) からである。われわれが先に示唆した代替案では，ある国のΨ指標が小さいことは他の国のΨ指標が大きいことを意味するため，自己強制的 (Barrett, 1994b) であると考えることができる。1より大きな（小さな）Ψ指標に対しては懲罰（褒賞）を与えるだけでも，各国は状態悪化によって懲罰を課されること（あるいは受け取る褒賞が減ること）を避けるために，自国の状態の改善または維

持に，当然に熱意を持って取り組むことになるだろう。

(2) 多国間の問題および残差分析

本章では，論争に結論を下すため議論を進めてきた。ここでは，1971年の112ヵ国と1999年の136ヵ国のデータに依拠して多国間回帰モデルを用いてみよう。R-squared はほとんど等しく，CO_2排出が炭素を主体とする化石エネルギーの使用によって生じることには，疑問の余地はない。間接的に可能なことは，この化石燃料を決定する要因をみつけることである。これはここでは，化石燃料供給（FES）と呼ばれる。エネルギーの国内的均衡を前提とすれば，エネルギー供給はその需要に等しい。多くの研究では，エネルギー供給のモデルにおける説明変数として所得とエネルギー価格が採用されている。さらに，GNPにおける重工業の比率などの構造的プロクシーを追加している研究者もいる（Chan and Lee, 1997; Asafu-Adjaye, 2000）。

しかし，われわれの研究では，エネルギーはプラスの所得弾力性が1未満の必需品であるとみなされており，需要の価格弾力性の低さについては言うまでもない[4]。したがって，価格要因はこの分析では無視できる。とはいえ，1人当たりではなく国家レベルで化石燃料エネルギーを測るにあたって，モデルには人口の倍率が追加されている。要するに，エネルギーは必需品ではあっても代替可能なのである。また，化石エネルギーに対する最良の代替品は，非化石エネルギーである。化石エネルギー供給をFESで表し，国内総生産，人口，非化石エネルギー供給をそれぞれ，GDP, POP, NESで表せば，その関係は次のように表せる。

$$FES = f(\overset{+}{GDP}, \overset{+}{POP}, \overset{-}{NES}) \qquad (7.2)$$

上のモデルに1971年と1999年のデータを対数として当てはめると，表7-9と表7-10のような回帰結果が得られる。

---

4) したがって，所得が上昇すると，エネルギー需要はそれより低い割合で上昇する。しかし，価格の変動の需要に対する影響は，極めて制限的である。

表7-9　化石エネルギー供給の回帰結果（1971）

従属変数：log（化石エネルギー供給）　　使用データ数：106
手法：最小2乗法　　　　　　　　　　　　排斥データ数：6

変数	係数	Std. Error	t-Statistic	Prob.
定数	−1.533512	0.195477	−7.844957	0.0000
log（GDP）	0.850297	0.058410	14.55742	0.0000
log（人口）	0.263294	0.094273	2.792872	0.0062
log（非化石エネルギー）	−0.024162	0.053929	−0.448028	0.6551
R-squared	0.826623	F-statistic		162.1049
調整後 R-squared	0.821524	Prob (F-statistic)		0.000000
Log likelihood	−136.7735	Durbin-Watson stat		2.213929

出所）IEA 資料をもとに算出。

表7-10　化石エネルギー供給の回帰結果（1999）

従属変数：log（化石エネルギー供給）　　使用データ数：132
手法：最小2乗法　　　　　　　　　　　　排斥データ数：4

変数	係数	Std. Error	t-Statistic	Prob.
定数	−1.506542	0.174229	−8.646907	0.0000
log（GDP）	0.835379	0.043330	19.27964	0.0000
log（人口）	0.440649	0.068266	6.454874	0.0000
log（非化石エネルギー）	−0.218401	0.040910	−5.338526	0.0000
R-squared	0.850291	F-statistic		242.3310
調整後 R-squared	0.846782	Prob (F-statistic)		0.000000
Log likelihood	−148.6359	Durbin-Watson stat		1.968207

出所）IEA 資料をもとに算出。

　以上の結果からは，すべての従属変数が予想通りの兆候を示していることが読み取れる。GDPと人口はともに，化石燃料エネルギーに対してプラスの関係をもっている。一方，非化石燃料はマイナスの交差弾力性を有している。注意すべきは，1971年のデータでのこの非化石燃料変数の非重要性にもかかわらず，1999年のデータによる結論では高い重要性をもっているということである。このことは，化石燃料を非化石燃料でより完全に代替する技術が開発されたことを意味している可能性がある。

　得られた回帰結果をもとに，いわゆる「残差分析」を行うことにしよう。この分析枠組みの範囲では，モデルが化石燃料の需要供給の国際標準値を表しており，説明変数が化石エネルギーの量を決定する国内条件を表している

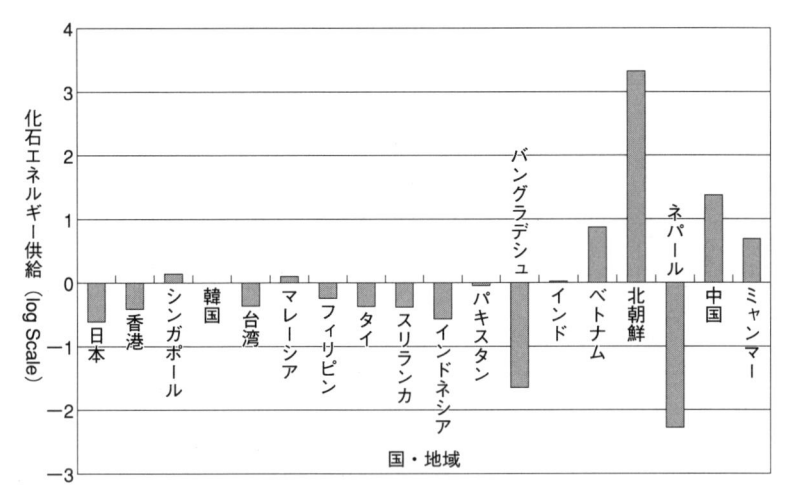

図7-28 アジア諸国の化石エネルギー供給の残差（1971）

と仮定する。したがって，モデルによって算出された当てはめ値は，地域経済に関する適切な化石燃料の均衡レベルを表す。FESの実際の数値と当てはめ値の差は残差条件すなわちUとみなされ，結果として国内的に不安定であることを示している。図7-28にみられるように，ベトナム，北朝鮮，中国，ミャンマーでは，実際のFESがその当てはめ値よりも高く，したがってプラスの残差がある。この現象が意味することは，これらの国ではFESが国内条件のために国際標準値と比較した1971年の実際のその水準よりも低くなっており，そのような状況下で省エネルギーを進めるため何かが起こったのではないかということである。

2つの時点（図7-29と図7-30）の比較によって，それぞれの国の長期的な実績を理解することができる。北朝鮮のプラスの残差は著しく大きく，ますます悪化する傾向を示している。1971年には悪い状態にあった中国とミャンマーでは，効率がいくらか改善されている。それに対し，韓国やマレーシア，タイ，台湾では改善されていない。

この枠組みはいったん脇に置いて，以前に言及した問題，1人当たりCO_2排出量の問題に戻ることにしよう。いくつかの国では，GDP当たりでは排出量の変化が捉えられるものの，国際的比較による証拠に基づく国内エ

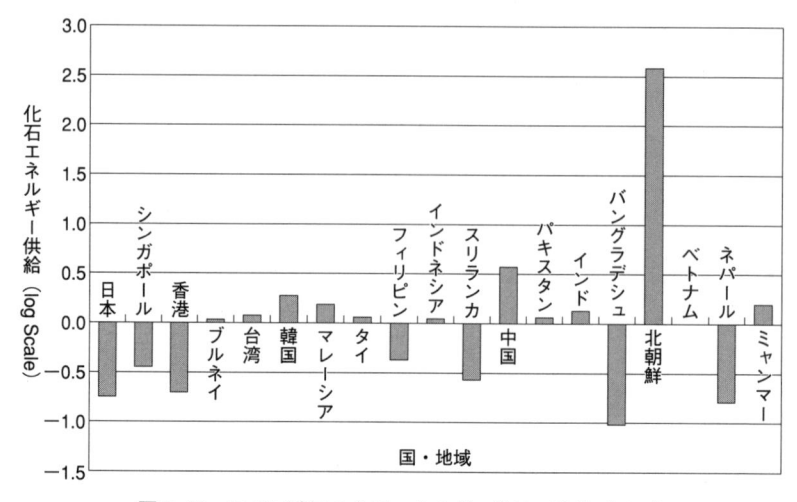

図7-29 アジア諸国の化石エネルギー供給の残差（1999）

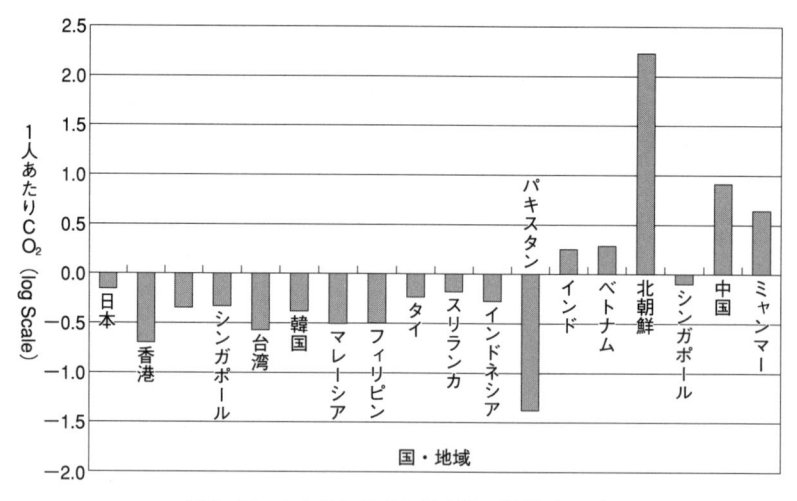

図7-30 1人当たりCO_2排出量の残差（1971）

ネルギー構成を組み込んだモデルは，関連性をもつようになる。この考え方は単純である。つぎのように，化石燃料エネルギー/総エネルギー供給という新たな代理変数を追加しただけである。

$$\left(\frac{CO_2}{POP}\right) = f\left(\overset{+}{\frac{FES}{TPES}}, \overset{+}{\frac{GDP}{POP}}\right) \quad (7.3)$$

上の関係によって，経済的代理変数と構造的代理変数の使用による1人当たりの排出量を説明することができる。式中のすべての変数は以前のモデルですでに使用されているので，ここでは定義は繰り返さない。方程式 (5.3) による回帰結果は，1971年と1999年に関しそれぞれ表7-11と表7-12に示している。ここでも先と同様に，地域経済の実績を地球全体の標準と比較して検証するために「残余分析」を適用することが可能である。図7-30と図7-31は，1971年と1999年に関する上の関係の対数から得た残余を示している。ここでも北朝鮮の状況は，中国やその他の国よりも目立っているようにみえる。台湾と韓国の実績は，長期にわたってあまりよくはない。シンガポールの排出レベルはどちらの図でも標準よりかなり下にあるが，その実績の改善は日本と香港ほど顕著でないと考えられる。このことは，図7-1で示した1人当たりのCO_2量の二重追跡現象と一致している。

断っておくが，得られた結果の中には，ここに示すほどの関連がないものもあった。実績が悪い国（プラスの残余）の大部分が，移行期にある石油輸出国である。この問題については，それらの国に対してダミーを追加するなどの様々な方法でさらに追究することが望ましいだろう。

本節での成果は，本章全体を通して議論してきたCO_2排出規制の過程を

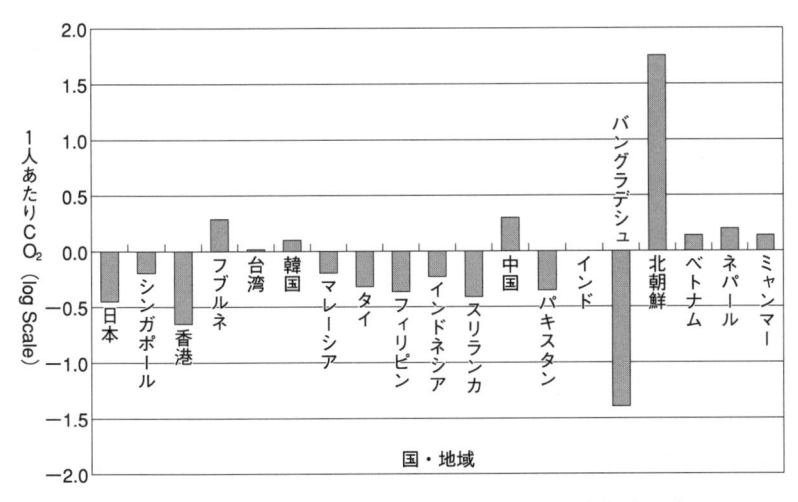

図7-31　アジアにおける1人当たりCO_2排出量の残差 (1999)

表7-11　1人当たり CO_2 排出量の回帰結果（1971）

従属変数：log（1人当たり CO_2）　　使用データ数：112
手法：最小2乗法

変数	係数	Std. Error	t-Statistic	Prob.
定数	0.589524	0.125471	4.698471	0.0000
log（1人当たりGDP）	0.516220	0.059051	8.741905	0.0000
log（化石/総エネルギー供給）	0.975944	0.118062	8.266382	0.0000
R-squared	0.797472	F-statistic		214.5982
調整後 R-squared	0.793756	Prob (F-statistic)		0.000000
Log likelihood	−123.5155	Durbin-Watson stat		2.056332

出所）IEA資料をもとに算出。

表7-12　1人当たり CO_2 排出量の回帰結果（1999）

従属変数：log（CO_2 per capita）　　使用データ数：136
手法：最小2乗法

変数	係数	Std. Error	t-Statistic	Prob.
定数	0.971488	0.085370	11.37967	0.0000
log（1人当たりGDP）	0.517227	0.036701	14.09305	0.0000
log（化石/総エネルギー供給）	1.187008	0.087958	13.49519	0.0000
R-squared	0.868908	F-statistic		440.7759
調整後 R-squared	0.866936	Prob (F-statistic)		0.000000
Log likelihood	−112.6627	Durbin-Watson stat		2.296691

出所）IEA資料をもとに算出。

確認するものである。方程式（7.2）と（7.3）に表された関係は，化石燃料の使用を非化石燃料に替えさせる政策の重要性を示唆している。これは，国内構成を図7-6に示したような国の発展過程に沿って調整すること，したがって，図7-19に示された長期的な関係を明らかにすることに役立つだろう。様々な努力を成功させることが，最終的に Ψ 指標を小さくするだろう。

6．おわりに

一般に，経済学者は「地球環境の保護は，公共財の問題としてはただ乗りとすべきである」（Alpay, 2000, p.272）とみなしている。「個々の要因としては，企業や国家ですら，自分が化石燃料を燃やすことで自分自身や世界全体

に与える損害は無視できるほど小さいと考えている点にあるだろう」(Sinclair, 1994, p.873)。しかし，状況が悪化しつつあることは確かである。この状況は，地球共同体全体に，とりわけ途上国に対して相当の影響を与えるだろうと予測されていた。結果として，途上国に対して他国の努力へのただ乗りを認める炭素排出削減の国際的合意は，多量に排出された温室効果ガスが途上国ではほとんど費用をかけずに削減可能であることが気付かれるにしたがって，予想以上に議論を呼ぶものとなっている。

　本研究では，この問題を「北」でも「南」でもない立場から扱っている。われわれは，「南」と「北」の双方がもっと歩み寄って相互に協力することを奨励し，途上国が先進国に課せられた負担よりも軽い負担で環境保護の活動に参加することを可能にする柔軟な枠組みを提唱する。この研究では，排出規制のための代わりの物差しとして，新しい基準を提案している。地球全体の排出量に対するある国の比率と，地球全体の GDP に対するその国の比率の割合が，その国が持続可能な発展という正しい道をたどっているかどうかを判定する物差しとして紹介されている。

　本章で提供した議論に基づいて，環境と経済の両方の目標を同時に達成することは，たしかに容易なことではない。多くの研究によって，CO_2 排出量の削減は国民経済に対し顕著な悪影響を及ぼす恐れがあることが示されている。本研究で示した方程式には，TPES，GDP，人口，そしてもちろん CO_2 がきわめて明確に互いに結びついていることが，暗示されている。一つの条件を他の条件に影響を与えずに阻むことは，ほとんど不可能である。しかし，さらなる調査なしにそう語ることは時期尚早であろう。われわれは，未来に対する一つの潜在的な選択肢となりうる，エネルギー構成という文字通り最小の能動スイッチに取り組もうとしているのだ。

　Dincer (1999) が指摘している，「再生可能なエネルギーの技術と効率的なエネルギー使用が，現在の環境問題に対する最も効果的で見込みのある解決手段として認められている」(p.845) という事実は，極めて重要である。この地球全体の問題に対しては取り組みの努力が払われており，途上国，なかでも東アジアの途上国が，より持続可能で環境に優しい発展に向かう道を指し示すことで，重要な役割を果たすことができるのである。「北」と「南」

の立場は，少なくとも国々のΨ指標が等しくない間は，なお違っている。しかし，進んで協力ゲームに参加する意欲が少しでも生まれれば，前へ進む大きな一歩なのである。

　地球温暖化は国境と世代を越えた問題であり，地球規模のあらゆる努力によって取り組まれなければならない。財産権をより適切に定義することや公平な環境政策，さらには現在の市場の歪みを是正する手段によって，「北」と「南」の間の溝は狭めることは可能である。京都議定書では，「発展途上世界と先進工業世界の間の溝に橋をかける」（Baumertら, 2000, p.1）重要な要素として，現実に「クリーン開発メカニズム」（CDM）が構想されている。したがって，可能なかぎり最高の成果をあげるためにこの CDM をどれだけうまく利用できるかが，決定的に重大なのである。

参考文献

Alpay, Savas (2000) Does Trade Always Harm the Global Environment? A Case for Positive Interaction. *Oxford Economic Paper* 52(2), 272-288.

Asafu-Adjaye, John (2000) The Relationship between Energy Consumption, Energy Prices and Economic Growth: Time Series Evidence from Asian Developing Countries. *Energy Economics* 22(6), 615-625.

Barrett, Scott (1990) The Problem of Global Environment Protection. *Oxford Review of Economic Policy* 6(1), 68-79.

Barrett, Scott (1994a) Strategic Environment Policy and International Trade. *Journal of Public Economics* 54(3), 325-338.

Barrett, Scott (1994b) Self-enforcing International Environmental Agreements. *Oxford Economic Papers* 46, 878-894.

Baumert, Kevin A. et al. (2000) Designing the Clean Development Mechanism to Meet the Needs of a Broad Range of Interests. *Climate Notes*, World Resource Institute (WRI), Washington DC.

Bommer, Rolf (1998) Economic Integration and the Environment: A Political-economic Perspective, Edward Elgar, Cheltenham.

Chan, Hing Ling and Lee, Shu Kam, 1997. Modelling and Forecasting the Demand for Coal in China. *Energy Economics* 19(3), 271-287.

Chen, Tser-yieth (2001) The Impact of Mitigating CO_2 Emissions on Taiwan's Economy. *Energy Economics* 23, 141-151.

Chichilnisky, Graciela (1994) North-South Trade and Global Environment. *American Economic Review* 84(4), 851-574.
de Bruyn, Sander M. (2000) *Economic Growth and the Environment: An Empirical Analysis*, Kluwer, Dordrecht.
Dincer, Ibrahim, (1999) Environmental Impacts of Energy. *Energy Policy* 27(14), 845-854.
Oates, Wallace E. (1992) Global Environment Management: Towards an Open Economy Environmental Economics. *Environment, Ethics, Economics, and Institutions*. Cariplo, Milan, 144-160.
Oates, Wallace E. and Portney, Paul R. (1992) Economic Incentives and the Containment of Global Warming. *Eastern Economic Journal* 18(1), 85-98.
Pearson, Charles S. (2000) *Economics and the Global Environment*, Cambridge University Press, Cambridge.
Piggott, John et al. (1992) International Linkages and carbon reduction initiatives. Anderson, Kym and Blackhurst, Richard (eds.), *The Greening of World Trade Issues*, Harvester Wheatsheaf, Hertfordshire, 115-129.
Polenske, Karen R. and Lin, Xiannuan (1993) Conserving Energy to Reduce Carbon Dioxide Emissions in China. *Structural Change and Economic Dynamics* 4(2), 249-265.
Qu, Geping (2001) The Establishment of a Global Sustainable Development Partnership System. *International Review for Environmental Strategies* 2(2), 195-199.
Sinclair, Peter J. (1994) On the Optimum Trend of Fossil Fuel Taxation. *Oxford Economic Papers* 46, 869-877.
Taguchi, Hiroyuki (2001) Do Developing Countries Enjoy Latecomer's Advantages in Environmental Management and Technology? - Analysis of the Environmental Kuznets Curve. *International Review for Environmental Strategies* 2(2), 263-276.
Winters, L. Alan (1992) The Trade and Welfare Effects of Greenhouse Gas Abatement: A Survey of Empirical Estimates. Anderson, Kym and Blackhurst, Richard (eds.), *The Greening of World Trade Issues*, Harvester Wheatsheaf, Hertfordshire, 95-114.
World Bank (2000) *The Quality of Growth*, Oxford University Press, New York.
Zhang, Zhongxiang (2000a) Decoupling China's Carbon Emissions Increase from Economic Growth: An Economic Analysis and Policy Implications. *World Development* 28(4), 739-752.
Zhang, Zhongxiang (2000b) Can China Afford to Commit itself and Emission Cap? And Economic and Political Analysis. *Energy Economics* 22(6), 587-614.

執筆者紹介

●編著者

和気洋子（わけ　ようこ）
慶應義塾大学商学部教授

早見　均（はやみ　ひとし）
慶應義塾大学商学部教授

●執筆者

王　雪萍（おう　せつへい，Wang Xueping）
慶應義塾大学大学院政策メディア研究科博士課程

加茂具樹（かも　ともき）
慶應義塾大学法学部専任講師

小島朋之（こじま　ともゆき）
慶應義塾大学総合政策学部長

桜本　光（さくらもと　ひかる）
慶應義塾大学商学部長

鄭　雨宗（ちょん　うじょん，Jung Woojong）
慶應義塾大学大学院商学研究科博士課程

竹中直子（たけなか　なおこ）
慶應義塾大学大学院商学研究科博士課程

中野　諭（なかの　さとし）
慶應義塾大学大学院商学研究科博士課程

吉岡完治（よしおか　かんじ）
慶應義塾大学産業研究所教授

ラピポン　バンチョン-シルパ（Rapipongs Banchong-Silpa）
タイ国外務省書記官

地球温暖化と東アジアの国際協調
　——CDM事業化に向けた実証研究

2004年9月10日　初版第1刷発行

編著者————和気洋子／早見　均
発行者————坂上　弘
発行所————慶應義塾大学出版会株式会社
　　　　　　　〒108-8346　東京都港区三田2-19-30
　　　　　　　TEL　〔編集部〕03-3451-0931
　　　　　　　　　　〔営業部〕03-3451-3584〈ご注文〉
　　　　　　　　　　〔　〃　〕03-3451-6926
　　　　　　　FAX〔営業部〕03-3451-3122
　　　　　　　振替　00190-8-155497
　　　　　　　http://www.keio-up.co.jp/
装丁————天野　誠（magic beans）
印刷・製本——港北出版印刷株式会社
カバー印刷——株式会社太平印刷社

Ⓒ 2004 Yoko Wake, Hitoshi Hayami
Printed in Japan　ISBN 4-7664-1087-4

慶應義塾大学産業研究所叢書　　　慶應義塾大学出版会

先物・オプション市場の計量分析
岩田暁一編　デリバティブ取引のエコノメトリックス。　●3400円

実証経済分析の基礎
中島隆信・吉岡完治編　多様な分析手法を具体的経済資料を元に解説。●3400円

中国の環境問題　研究と実践の日中関係
小島朋之編　環境保全と経済発展をいかにして両立させるか。　●3500円

アジア地域経済の再編成
佐々波楊子・木村福成編　アジアの相互依存関係を実証的に解説。　●3200円

中国の経済成長　地域連関と政府の役割
王在喆著　中国社会における上海の役割をあらためて問う。　●3800円

環境分析用産業連関表
朝倉啓一郎・早見均・溝下雅子・中村政男・中野諭・篠崎美貴・鷲津明由・吉岡完治著
環境に優しい社会を目指すための必携書。　●4200円

「豆炭」実験と中国の環境問題
　　瀋陽市／成都市におけるケース・スタディ
山田辰雄編　日中協力プロジェクトの実践報告。　●6800円

著作物流通と独占禁止法
石岡克俊著　著作物再販制度をめぐる議論の顛末と今後の展望。　●3200円

研究開発人材のマネジメント
石田英夫編　独創的な研究成果はどのような環境で生まれるか。　●3800円

資金循環分析　基礎技法と政策評価
辻村和佑・溝下雅子著　資金循環分析表の作成の仕方を解説する。　●2800円

参入・退出と多角化の経済分析
　　工業統計データに基づく実証理論研究
清水雅彦・宮川幸三著　産業空洞化現象の背景に迫る。　●2800円

表示価格は刊行時の本体価格（税別）です。